ERICH SCHMIDT VERLAG

Praxishandbuch Fördermittel

Wegweiser
für kleine und mittlere Unternehmen

Von
Marion Rohwedder

ERICH SCHMIDT VERLAG

Bibliografische Information der Deutschen Nationalbibliothek

Die Deutsche Nationalbibliothek verzeichnet diese Publikation
in der Deutschen Nationalbibliografie;
detaillierte bibliografische Daten sind im Internet über
http://dnb.d-nb.de abrufbar.

Weitere Informationen zu diesem Titel finden Sie im Internet unter

ESV.info/978 3 503 15486 9

Gedrucktes Werk: ISBN 978 3 503 15486 9
eBook: ISBN 978 3 503 15487 6

Dieses Papier erfüllt die Frankfurter Forderungen
der Deutschen Nationalbibliothek und der Gesellschaft
für das Buch bezüglich der Alterungsbeständigkeit und
entspricht sowohl den strengen Bestimmungen der US Norm
Ansi/Niso Z 39.48-1992 als auch der ISO-Norm 9706.

Druck und buchbinderische Verarbeitung: Hubert & Co., Göttingen

Inhaltsverzeichnis

Vorwort

Als mitarbeitende Angehörige eines kleinen Familienbetriebes legte ich die betriebswirtschaftlichen Auswertungen des Steuerberaters regelmäßig meinem Vater vor, der knietief im Tagesgeschäft steckte. Für die Beschäftigung mit den Unternehmenszahlen blieb meist nur wenig Zeit. Hinzu kam, dass die Auswertungen für ihn weder verständlich noch hilfreich waren. Mein Vater wollte schlicht wissen: Welcher Lkw fährt kostendeckend und woran liegt es, wenn ein Fahrzeug rote oder schwarze Zahlen schreibt? Es lag an mir, die Antworten zu finden. Mit diesen Fragen im Hinterkopf erarbeitete ich regelmäßig monatliche Auswertungen, die die betrieblichen Zahlen auf die einzelnen Fahrzeuge zuordneten. Ich veränderte einige Begriffe in den neu gestalteten Übersichten so, dass meinem Vater auf einen Blick klar war, um was es ging. Ich übersetzte quasi die Zahlen in seine Sprache.

Woran liegt es, dass zahlreiche Unternehmer die klassischen betriebswirtschaftlichen Auswertungen am Ende des Monats kaum eines Blickes würdigen? Ich meine, es liegt zum großen Teil daran, dass Begriffe unklar und steuerliche Hintergründe sowie betriebswirtschaftliche Zusammenhänge nicht bekannt sind. Trotzdem bin ich der Auffassung, dass nicht jeder Unternehmer eine perfekte betriebswirtschaftliche Ausbildung haben muss, geschweige denn haben kann. Die typischen Handwerker, Architekten oder Cafébetreiber von nebenan sind damit beschäftigt, ihrem Tagewerk nachzugehen: Dächer decken, Häuser entwerfen oder Kaffee ausschenken. Es bleibt oftmals keine Zeit oder es fehlt der Antrieb, sich mit den Grundlagen der Betriebswirtschaft zu befassen.

Im Rahmen meiner beruflichen Tätigkeit als Fördermittelberaterin erlebe ich immer wieder, dass Unternehmer folgerichtig nur dann eine zielführende Entscheidung treffen können, wenn sie eine *geeignete Entscheidungsgrundlage haben*. Informationen, die schnell aufgenommen und in die betriebliche Praxis umgesetzt werden können. Oft ist dazu kein allumfassendes betriebswirtschaftliches und förderspezifisches Wissen auf Seiten des Entscheiders zwingend erforderlich. Was allerdings mindestens nötig ist, ist ein *punktuelles Wissen* um die wichtigsten Strukturen eines Fachgebietes.

Vor diesem Hintergrund habe ich das vorliegende Praxishandbuch konzipiert. Mit dem Fokus auf Praxistauglichkeit habe ich Ihnen die Informationen zusammengestellt, die Sie benötigen, um sich grundlegend im Förderdschungel zu orientieren. Nur wenn Sie wissen, welche Türen in die Förderlandschaft führen, welche Schlüssel die Türen öffnen und mit welchen Werkzeugen Sie den dahinter liegenden Dschungel lichten können, können Sie in verhältnismäßig kurzer Zeit den Weg zum Fördertopf erfolgreich beschreiten. Leider ist die Fördersprache kompliziert und schreckt gerade diejenigen ab, die zur Hauptzielgruppe vieler Förderprogramme gehören, nämlich die kleinsten und kleine Unternehmen. Oft stoßen Unternehmer die Tür zum Förderdschungel auf und schrecken vor weiteren Schritten zurück, weil sie weder einen Weg sehen noch einschätzen können, ob sie die Zeit und die Mittel haben, sich zielgerichtet auf einen Topf hinzubewegen. Viele scheitern frustriert am Faktor Zeit oder Sprachgebrauch, meistens an beidem gleichzeitig.

Im vorliegenden Praxishandbuch verfolge ich den Ansatz, vordergründig verzwickte Sachverhalte in verständliche Einzelschritte zu zerlegen. So weit wie möglich vermeide ich dabei Fachbegriffe und ziele darauf ab, Unternehmen Zugang zu öffentlichen Mitteln zu verschaffen. Ich möchte dazu beitragen, den Dschungel etwas übersichtlicher zu machen, damit Sie sich in der Förderlandschaft schneller zurechtfinden können. Ein Hinweis sei an dieser Stelle noch gegeben: Wenn die Rede von „Unternehmern“ ist, schließe ich die Unternehmerinnen selbstverständlich mit ein. Aus Gründen der Lesbarkeit habe ich darauf verzichtet, die weibliche und die männliche Form zu verwenden.

Düsseldorf, im September 2013 — Marion Rohwedder

Ziel des Praxishandbuchs

Einzelunternehmer, Freiberufler und Selbstständige jeder Branche sind stark ins Tagesgeschäft eingebunden und haben üblicherweise nur eine knapp bemessene Zeit zur Verfügung, sich mit strategischer Planung oder gar zeitaufwendigen Recherchen zu beschäftigen. Das trifft umso mehr auf kleinste und kleine Unternehmen zu. Hier steht der Chef nicht selten mit an der Werkbank, bedient die Kunden in seinem Café oder seiner Boutique, erarbeitet eine Website oder liefert Waren aus. Das Buch spricht Unternehmer an, die als wichtiger Bestandteil des Wirtschaftsmotors einen großen Teil der Arbeitsplätze schaffen und dauerhaft erhalten, Steuern zahlen und zum wirtschaftlichen Wachstum Deutschlands erheblich beitragen. Es richtet sich an Unternehmer, die ihren Schwerpunkt im Kerngeschäft sehen, die Profis in ihrem Metier sind und bislang nur wenig bis gar keinen Kontakt zum Thema Fördermittel hatten. Es geht um Dachdecker, Werkzeugmacher, Architekten, Webdesigner, Schildermacher, Cafébetreiber, Gastronomen, Schreiner, IT-Spezialisten, Friseure, Baustoffhersteller, Techniker, Buchhändler, Druckereien, Mediengestalter, Hersteller von Lederwaren, Glas oder Maschinen, Baudienstleister, Fahrradhändler, Hoteliers, Textilhersteller, Modedesigner, Innenausstatter, Bäcker, Fleischer und Lebensmittelhändler, Werbetexter und die vielen anderen Berufsgruppen.

In den gewerblichen Branchen gibt es Einzelkämpfer und Betriebe mit 10, 20 oder 30 Mitarbeitern, manchmal auch mehr. Das Praxishandbuch ist speziell für Betriebe dieser Größenordnung konzipiert, die sich ein Bild über das möglicherweise vorhandene Förderpotenzial ihres Unternehmens machen und es zunächst selbst in die Hand nehmen wollen, die passenden Fördermittel zu finden.

Wie bekommen Einzelunternehmer, Freiberufler und Selbstständige Zugriff auf öffentliche Fördermittel? Gibt es eine Abkürzung zu Fördertöpfen und wie ist vorzugehen, um in möglichst kurzer Zeit eine zuverlässige Aussage über verfügbare Förderprogramme zu bekommen? Ist das überhaupt möglich? Welcher Fördertopf passt auf welches Vorhaben? Und wann ist eine Fördermittelrecherche aussichtslos?

Angesichts der Tatsache, dass es rund 3.500 verschiedene Förderprogramme gibt, geraten nicht wenige Unternehmer in berechtigte Zweifel darüber, ob der Aufwand nach Fördermitteln zu recherchieren überhaupt im Verhältnis zu den wie auch immer gearteten Vorteilen steht, die zum Zeitpunkt der Recherche üblicherweise noch gar nicht bekannt sind. Die Förderrichtlinien, die vielfach umständlich formuliert sind, auf weitere Quellen verweisen und umfangreiches Wissen über korrespondierende Rechtsgrundlagen voraussetzen, tragen nicht dazu bei, dass Einsteiger einen leichten Zugang in die Förderlandschaft bekommen.

Eine zentrale Übersicht über Mechanismen und Strukturen in der deutschen Förderlandschaft gibt es nicht. Vielmehr sind in unterschiedlichen Informationsmedien von Bundes- oder Landesbehörden, Gemeinden und anderen Beteiligten der deutschen Förderszene Teilstücke ersichtlich, die richtig zusammengesetzt ein klares Bild ergeben. Wer die Strukturen in der deutschen Förderlandschaft kennt und grundlegende Informationen darüber hat, was generell in der Bundesrepublik förderfähig ist, hat den Universalschlüssel für sämtliche Türen in die Förderlandschaft in der Hand und versetzt sich damit überhaupt erst in die Lage, einen Weg zum passenden Fördertopf zu finden.

Ziel des Praxishandbuchs ist es, eine mögliche Vorgehensweise auf dem Weg zu nutzbaren Fördertöpfen darzulegen und Unternehmen das nötige Handwerkszeug zu geben, das sie zur Erlangung von Fördermitteln wirksam einsetzen können. Bildlich gesprochen erhalten Sie eine Bedienungsanleitung für jedes Werkzeug, das Sie benutzen können, und erfahren, in welcher Reihenfolge und mit welcher Wirkung Sie diese einsetzen können. Allerdings kann ich es Ihnen nicht abnehmen, die Anwendung selber auszuprobieren. Nehmen Sie die Werkzeuge in die Hand und üben Sie den Umgang mit ihnen, bis Ihnen die Handhabung geläufig ist. Dabei wünsche ich allen Unternehmern viel Erfolg!

Zur Anwendung des Praxishandbuchs

Sie ziehen aus dem Praxishandbuch den größten Nutzen, wenn Sie es möglichst frühzeitig, idealerweise bereits in der *Planungsphase* eines betrieblichen Vorhabens zur Hand nehmen und dieses beabsichtigte Vorhaben Schritt für Schritt gründlich auf Förderpotenzial prüfen.

Projekte sind in einer frühen Phase flexibel genug, um förderrelevante Belange mit betriebswirtschaftlichen Auswirkungen praxisnah abzugleichen. Es stehen noch keine absoluten K.-o.-Kriterien im Raum, die die Nutzung von Förderprogrammen unmöglich machen würden. Sobald sich ein Projekt in der Umsetzung befindet, werden unter Umständen förderschädliche Voraussetzungen kreiert (siehe auch Kapitel 3.1 „Übersicht der K.-o.-Kriterien"), die meistens nicht mehr rückgängig gemacht werden: Haben Sie bereits ein Grundstück gekauft, ist die Standortwahl entschieden, ist einmal der Gesellschaftsvertrag einer neu errichteten GmbH unter Dach und Fach, werden Sie die Anteilsverhältnisse nachträglich vermutlich nicht mehr ändern – das sei an dieser Stelle beispielhaft angeführt, um nur zwei typische Kriterien mit schlummernder K.-o.-Wirkung zu benennen. Je früher Sie sich also mit dem Thema Fördermittel im Zuge einer anstehenden Investition oder eines geplanten, subjektiv kostspieligen betrieblichen Vorhabens beschäftigen, desto nutzbringender können Sie Ihr neues Förderwissen praxistauglich einsetzen. Deshalb lautet meine Empfehlung: Nehmen Sie das Buch dann zur Hand, wenn Sie eine betriebliche Veränderung planen, die mit Kosten verbunden ist.

Das Praxishandbuch ist in fünf Teile untergliedert. Der erste Teil dient als Grundlage auf dem Weg zu Ihrem nutzbaren Fördertopf. Diesen Teil sollten Sie sich intensiv erarbeiten und das neu erworbene Wissen mit in Ihren Geschäftsalltag nehmen. Im ersten Teil werden die wesentlichen Hintergründe dargestellt und zentrale Quellen aufgespürt, die die Ursprünge darstellen, auf die sich die verfügbaren Förderprogramme zurückführen lassen. Mit dem gebündelten Hintergrundwissen können Sie grundsätzlich vorhandenes Förderpotenzial einschätzen, ohne sich zeitaufwendig mit den Details der einzelnen Förderbereiche im zweiten Teil zu befassen. Denn nicht alles, was von der Sache her unterstützenswert und *förderwürdig* erscheint, ist vor dem Hintergrund der öffentlich festgelegten politischen Ziele auch *förderfähig*. Vielmehr gibt es klar definierte, politisch festgelegte Bereiche, die mit öffentlichen Geldern unterstützt werden. Wenn Sie diese kennen, können Sie grob einschätzen, ob Ihr Vorhaben eine reelle Chance auf Förderung hat. Besteht die Chance, ist es sinnvoll, Zeit in die Lektüre des zweiten Teils des Praxishandbuchs zu investieren.

Der zweite Teil steigt tiefer ins Detail ein. Die im ersten Teil grob umrissenen Förderbereiche werden mit Leben gefüllt und konkret dargestellt. Hier zeigt sich, ob Sie mit Ihrer Grobeinschätzung des Förderpotenzials richtig liegen oder nicht. Finden Sie in diesem Teil des Buches einen Anknüpfungspunkt zu Ihrem Vorhaben, können Sie mit hoher Wahrscheinlichkeit davon ausgehen, dass es verfügbare Fördermittel dafür gibt. Mithilfe einer Auswahl beispielhafter Programme wird verdeutlicht, wie die bereitstehenden Fördergelder kanalisiert und an gewerbliche Unternehmen ausgereicht werden. Einige Beispiele veranschaulichen die Umsetzung in die Praxis und helfen dabei, den Bezug zum Geschäftsalltag herzustellen. Sie lernen absolute K.-o.-Kriterien und heilbare K.-o.-Kriterien kennen, die den Weg zum Fördertopf verwehren.

Im dritten Teil erfahren Sie, welches Fördermittel zu welchen Konditionen für Ihr Vorhaben verfügbar ist. Sie recherchieren selbst in ausgewählten, seriösen Datenbanken. Dazu benutzen Sie einen praktischen Leitfaden und erhalten Handlungsempfehlungen für die Auswertung Ihrer Ergebnisse zur Prüfung der praktischen Nutzbarkeit. Im Anschluss wird dargelegt, wie Sie bei der Beantragung Ihrer gefilterten Programme vorgehen, welche formalen Vorgaben und auch Schwierigkeiten Sie erwarten und wie Sie diesen begegnen können. Auch praktische Hinweise zum Umgang mit Förderstellen sollen Ihnen Hilfestellung geben, erfolgreich bis an Ihr Ziel zu gelangen.

Der knapp gehaltene vierte Teil setzt auf das bisher Dargestellte auf und transportiert Ihren erarbeiteten Weg in den laufenden Geschäftsalltag. Jetzt haben Sie eine Grundlage, auf der Sie entscheiden können, ob und wie Sie das Thema Fördermittelnutzung dauerhaft in Ihren Betrieb einbinden können.

Im fünften und letzten Teil finden Sie Checklisten und Musterbögen, die Ihnen bei zukünftigen Projekten die Recherche und Nutzung von Fördermitteln erleichtern sollen.

Erster Teil
Die Grundlagen

1. Strukturen in der Förderlandschaft Deutschland

Ganz ohne Theorie kommt auch ein Praxishandbuch nicht aus. Allerdings beschränken wir uns auf die notwendigen Bereiche, die Sie im Hinterkopf haben sollten, wenn Sie sich auf eigene Faust auf die Suche nach nutzbaren Förderprogrammen machen wollen.

Lesen Sie das Kapitel aufmerksam, denn hier liegt der erste Schlüssel für Ihren Erfolg verborgen. Das Wissen um die Kernfragen

- Wer wird gefördert?
- Wie wird gefördert?
- Was wird gefördert?

öffnet Ihnen zuverlässig nutzbare Türen in die vermeintlich unübersichtliche Förderlandschaft.

Tipp

Richten Sie Ihre Aufmerksamkeit zunächst auf die Grundlagen und schaffen sich so eine gute Startposition auf dem Weg zu Ihrem Fördertopf. Denn wenn Sie die grundsätzlich gültigen Strukturen kennen und wissen, wo und wie Sie an aktuelle Informationen hierzu kommen, können Sie das vorhandene Förderpotenzial in jedem Ihrer geplanten Vorhaben zuverlässig einschätzen. Auf diese Weise sparen Sie langfristig viel Zeit und Nerven, weil Sie auf der einen Seite einen großen Teil aussichtsloser Recherchen von vornherein abblocken und auf der anderen Seite – von guten Erfolgsaussichten motiviert – gezielt recherchieren können.

In Deutschland herrscht ein regelrechter Dschungel, was Fördermittel angeht. Insgesamt sind mehr als 3.500 Förderprogramme auf dem Markt. Das liegt unter anderem auch daran, dass in vielen Fällen keine bundesweit einheitlichen Richtlinien gelten: Es kann vorkommen, dass jedes Bundesland eine eigene Variante eines Förderprogramms anbietet. Bei aller Intransparenz und Unübersichtlichkeit verhilft der aktuell geltende Subventionsbericht der deutschen Bundesregierung dem interessierten Unternehmer dabei, die generell förderfähigen Bereiche zu filtern.

Für 2013 gilt der 23. Subventionsbericht, der 24. Subventionsbericht erscheint im Jahr 2014 und wird weiterhin alle zwei Jahre aktualisiert. In dem Bericht wird die Subventionspolitik des Bundes in seinen wesentlichen Bereichen vorgestellt. Das Dokument beschäftigt sich mit den Zusammenhängen zwischen der deutschen

Förderpolitik und dem öffentlichen Finanzhaushalt und erläutert geltende Rahmenbedingungen, denn öffentliche Fördergelder dienen dem Staat dazu, politische Zielsetzungen zu erreichen. Was genau mit den Geldern aus welchen Gründen passiert, wird hier für die Öffentlichkeit festgehalten.

Einen zentralen Bereich stellt dabei die gewerbliche Wirtschaft dar. Vertiefen Sie sich in die Erläuterungen des Abschnitts „Gewerbliche Wirtschaft" im Unterkapitel „Maßnahmen zur Förderung kleiner und mittlerer Unternehmen", finden Sie eine detaillierte Darstellung der politisch gewollten Ziele, die mithilfe von und durch die Wirtschaftskraft der gewerblichen Unternehmen Deutschlands erreicht werden sollen. Wörtlich heißt es:

„Die Fördermaßnahmen zur Steigerung der Leistungs-und Wettbewerbsfähigkeit mittelständischer Unternehmen und freier Berufe sowie die Hilfen für Existenzgründer sind wichtige Bestandteile der Mittelstandspolitik der Bundesregierung. Die Schwerpunkte liegen bei der Beratung von Unternehmern und Existenzgründern, der Schulung von Betriebsinhabern, Mitarbeitern und Auszubildenden, (...). Darüber hinaus wird der Mittelstand auch durch steuerliche Regelungen gefördert (...)."[1]

Hier ist es also explizit festgeschrieben, dass Unternehmen, die Fördermittel in Anspruch nehmen, zur Umsetzung wirtschaftspolitischer Ziele beitragen. Ein Fördermittel ist vereinfacht ausgedrückt ein Mittel zum Zweck, ein Vehikel, das von der Bundesregierung bereitgestellt wird, um Unternehmern den Weg zum Ziel zu erleichtern. Das Problem liegt darin, dass Unternehmern weder die wirtschaftspolitischen Ziele präsent sind, noch von den bereitstehenden Fördermitteln wissen. Deshalb steuern Unternehmer für gewöhnlich aus eigener Kraft Ziele an, die bei genauerem Hinsehen in Einklang mit aktuellen politischen Zielen stehen – und damit vom Grunde her förderfähig wären.

Öffentliche Fördermittel sind keine Almosen vom Staat. Vielmehr handelt es sich um Steuergelder, die auch Sie als Unternehmer vorher bezahlt haben. Sie sind inzwischen durch mehrere Filter gelaufen, standen in Brüssel zur Diskussion und wurden in Absprache mit den anderen EU-Mitgliedstaaten umverteilt. Ein Teil von ihnen fließt jetzt zurück in die Bundesrepublik Deutschland. Hier werden die Gelder auf verschiedene Töpfe verteilt, die dann in Form von Darlehen, Garantien, Beteiligungen, Bürgschaften oder Zuschüssen an die Bürger zurückgeleitet werden. Die gewerbliche Wirtschaft ist dabei der bedeutendste Subventionsbereich: Rund 52 % aller Subventionen sind in der Vergangenheit hierhin geflossen.

Welche Ziele und Maßnahmen unterstützt die Bundesregierung aktuell? Bei der Betrachtung dieser und anderer Kernfragen konzentrieren wir uns im vorliegenden Praxishandbuch ausschließlich auf die gewerbliche Wirtschaft und die damit verbundenen subventionspolitischen Maßnahmen. Die anderen Zielgruppen blenden

1 Quelle: Bundesministerium der Finanzen, Dreiundzwanzigster Subventionsbericht. Bundesanzeiger Verlagsgesellschaft mbH, S. 28.

wir aus. Damit Sie in Zukunft aktiv und bewusst entscheiden können, ob sie auf ein Fördermittel verzichten oder es beantragen wollen, folgen hier die wichtigsten Rahmenbedingungen und politischen Zielsetzungen, die die drei Fragen nach dem „Wer? Wie? und Was?“ beantworten.

Das Wichtigste in Kürze

1. Verschaffen Sie sich eine gute Startposition auf dem Weg zum Fördertopf und beschäftigen Sie sich ausführlich mit den Grundlagen. Damit ersparen Sie sich langfristig viele aussichtslose Recherchestunden.
2. Die wesentlichen Inhalte finden Sie im Subventionsbericht der Bundesregierung (www.bundesfinanzministerium.de).
3. Öffentliche Fördermittel sind keine Almosen, sondern tragen zur Umsetzung wirtschaftspolitischer Ziele bei.
4. Die Gewerbliche Wirtschaft ist die Hauptzielgruppe für öffentliche Fördermittel. Sie gehören dazu!

1.1 Wer wird gefördert?

Gefördert werden verschiedene Bereiche, am umfangreichsten profitiert die gewerbliche Wirtschaft. Die Fördermaßnahmen sind explizit auf kleine und mittlere Unternehmen (KMU) ausgerichtet, also auf Einzelunternehmer genauso wie auf Firmen mit bis zu 250 Mitarbeitern. Es gibt bezüglich der Branchenzugehörigkeit einige Ausnahmen und Sonderregelungen, jedoch wollen wir uns auf den Regelfall konzentrieren, damit Sie einen ersten Überblick erhalten. Im Fokus stehen KMU, die sich am Markt etablieren wollen oder etabliert haben, Arbeitsplätze zur Verfügung stellen und generell ihren Teil zum Wirtschaftswachstum beitragen. Die Förderprogramme richten sich in erster Linie an etablierte, junge oder auch neu gegründete Unternehmen bis zu einer Größenordnung von maximal 250 Mitarbeitern. Genauer gesagt werden in Förderprogrammen mit wenigen Ausnahmen die Regelungen der EU zur Definition von kleinen und mittleren Unternehmen (KMU) zu Grunde gelegt. Kennzahlen für die Unterscheidung sind die Mitarbeiterzahl sowie Jahresumsatz oder Bilanzsumme. Derzeit gelten folgende Größenklassen:

Kategorie	Mitarbeiterzahl	Jahresumsatz	Bilanzsumme
Mikrounternehmen	< 10	≤ 2 Mio. €	≤ 2 Mio. €
Kleine Unternehmen	< 50	≤ 10 Mio. €	≤ 10 Mio. €
Mittlere Unternehmen	< 250	≤ 50 Mio. €	≤ 43 Mio. €
		Entweder	**Oder**

Abbildung 1: Europäische Kommission, The new SME definition – User guide and model declaration, 2003, S. 14. Die Zahlen sind im Jahr 2013 noch aktuell.

Der Schwellenwert für die Mitarbeiterzahl ist zwingend zu beachten. Darüber hinaus steht es den Unternehmen frei, entweder den Schwellenwert für den Jahresumsatz oder den Schwellenwert für die Bilanzsumme einzuhalten. Es besteht also eine Wahlmöglichkeit bei der Einordnung in die Größenklassen. Alles, was über den Schwellenwert der Kategorie „Mittlere Unternehmen" hinausgeht, definiert ein großes Unternehmen. Davon gibt es in Deutschland nicht mehr als rund 2 %. Das bedeutet, dass auch Sie zu den 98 % aller Unternehmer in Deutschland gehören, die durch Fördermittel aus dem Bereich gewerbliche Wirtschaft angesprochen werden.

Das Wichtigste in Kürze

Im Fokus öffentlicher Fördermittel stehen KMU, also Unternehmen, die nicht mehr als 250 Mitarbeiter haben UND deren Jahresumsatz unter 50 Mio. Euro ODER deren Bilanzsumme unter 43 Mio. Euro liegt.

1.2 Wie wird gefördert?

Fördermittel werden in unterschiedlichen Formen konzipiert. Zum einen ist eine ganze Reihe von Förderinstrumenten gesetzlich verankert. Sie drücken sich z.B. in Form von steuerlichen Vorteilen aus. Diese gesetzlich verankerten Subventionen sind aus den vorliegenden Betrachtungen fast vollständig ausgeklammert und finden nur am Rande Erwähnung.

Für viele Unternehmer gehört der nicht rückzahlbare Zuschuss zu den attraktivsten Fördermitteln, da er sich direkt kostenmindernd auf das Budget auswirkt. Förderprogramme wie das Darlehen, die Bürgschaft und die Beteiligung sind in der Förderlandschaft ebenfalls von Bedeutung. Diese Fördermittel lassen sich unter dem Oberbegriff „Finanzierungsfördermittel" zusammenfassen und spielen dann eine Rolle, wenn Fremdkapital aufgenommen wird. Die einzelnen Finanzierungsfördermittel funktionieren auf unterschiedliche Art und Weise und haben entsprechend unterschiedliche Nutzenaspekte für ein Unternehmen.

Tipp

Finanzierungsfördermittel können i.d.R. erst dann zum Tragen kommen, wenn Fremdkapital aufgenommen wird. Besteht kein Kapitalbedarf, besteht auch kein Zugriff auf Finanzierungsfördermittel. Es bleiben dann Fördermittel in Form von Zuschüssen als Option übrig.

Eine öffentliche Garantie ist ebenfalls ein Fördermittel, das von der Bundesregierung aufgelegt wird. Sie hat eine besondere Funktion: Eine Garantie federt Risiken ab, vergleichbar mit einer Versicherungsleistung (siehe auch Kapitel 1.2.5 Garantien).

Auf dem Weg zum Finanzierungsfördermittel steht als erster Schritt die Kreditanfrage bei einer Bank an. Dieser Schritt sollte sorgfältig vorbereitet werden. Grundsätzlich bekommen Unternehmen nur dann Unterstützung von einer Bank, wenn diese von dem geplanten Vorhaben überzeugt und sich darüber hinaus sicher ist, ihr geliehenes Geld auch wieder zurückzubekommen. Um eine Bank davon zu überzeugen, muss ein Unternehmen eine Reihe von Auskünften geben und zusätzlich Unterlagen wie z.B. Businessplan und Berechnungen vorlegen. Banken beurteilen die Erfolgsaussichten eines Investitionsvorhabens einerseits anhand dieser eingereichten Unterlagen, andererseits betrachten sie die Persönlichkeit des Antragstellers sowie die wirtschaftliche Struktur des Unternehmens.

Da der Weg zu Finanzierungsfördermitteln fast immer über eine Hausbank führt (Hausbankverfahren), ist die Wahl der passenden Bank ein wesentlicher Faktor. Sparkassen, Volks-und Raiffeisenbanken, die Postbank, Großbanken, Regionalbanken sowie Privatbanken bieten sich als (zukünftige) Hausbank an. Welche dieser Banken die richtige ist, hängt von den Anforderungen des Unternehmens und der Größenordnung sowie Ausrichtung des Vorhabens ab.

Es spielen also nicht nur harte Fakten eine Rolle, sondern auch "Soft Facts" und das umso mehr, wenn nicht die kontoführende Hausbank als Finanzierungspartner gewählt wird, sondern eine neue Bank gewonnen werden soll. Banken beurteilen eine Finanzierungsanfrage eines noch unbekannten Unternehmens auch danach, wie sich der Unternehmer im Bankgespräch verkauft. Aus diesem Grund ist es wichtig, selbstsicher und überzeugend aufzutreten. Sie sollten die Details Ihres Vorhabens präsent haben, sich mit den Zahlen und Berechnungen auskennen und im Bankgespräch als zuverlässiger, vertrauenswürdiger und kompetenter Geschäftspartner agieren. Falls Sie für die Erstellung der Finanzierungsunterlagen einen Berater eingeschaltet haben sollten und diesen mit zum Bankgespräch nehmen, so ist es empfehlenswert, wenn dieser lediglich ergänzende Ausführungen übernimmt. Für den erfolgreichen Verlauf einer Finanzierungsanfrage ist es erfahrungsgemäß hilfreich, wenn der Unternehmer der Hauptansprechpartner für die Bank ist.

Tipp

Zuschüsse zu Finanzierungs-Beratungskosten können Sie z.B. über das Programm „Unternehmerzuschuss“ vom Bundesamt für Wirtschaft- und Ausfuhrkontrolle beantragen. Die Förderquote liegt bei 50-75 % und ist auf 1.500 € für ein Beratungsthema begrenzt. Weitere Informationen finden Sie unter www.beratungsfoerderung.info/beratungsfoerderung.

Zunächst kommt es also darauf an, der Hausbank das Vorhaben in seinen wichtigsten Punkten vorzustellen. Das erfolgt durch ein gezielt formuliertes Kurzkonzept bzw. einen ausführlichen Businessplan nebst detaillierten Berechnungen. Der Umfang der Ausführungen hängt eng mit dem Projekt und mit den Anforderungen der jeweiligen Bank zusammen. Die kontoführende Hausbank benötigt zur Einschätzung des Vorhabens häufig weniger Informationen als eine fremde Bank. Sprechen Sie Ihren Bankberater an und klären diesen Punkt, bevor Sie mit den aufwendigen Arbeiten beginnen, die zur Erstellung eines ausführlichen Businessplans nebst Berechnungen notwendig sind.

Wenn Sie eine Finanzierungsanfrage bei einer fremden Bank stellen, sollte Ihnen klar sein, dass Sie diese nicht nur von der Tragfähigkeit der geplanten Investition, sondern auch von der Seriosität Ihres Unternehmens sowie Ihrer eigenen Person überzeugen müssen. Besonders wichtig ist die Darstellung der Kreditwürdigkeit, die sich vor allem an der Kontoführung und der Beziehung zur Hausbank in der Vergangenheit ablesen lässt. Wenn Sie eine fremde Bank einschalten wollen, sollten Sie im Gespräch auf Fragen vorbereitet sein, die darauf abzielen, warum Sie das Projekt nicht über Ihre kontoführende Bank finanzieren.

Ein weiterer ausschlaggebender Punkt bei der Risikoeinschätzung einer Kreditanfrage ist die Kapitaldienstfähigkeit. Die Kapitaldienstfähigkeit gibt an, ob ein Unternehmen in der Lage ist, den Kredit inklusive Zinsen zuverlässig zurückzuzahlen. Die Informationen holt sich die Bank aus dem Finanzplan, der den Businessplan ergänzt. Der Finanzplan stellt anhand der Rentabilitätsvorausschau, dem Liquiditätsplan, dem Finanzierungsplan und dem Kapitalbedarfsplan die realistisch zu erwartende betriebswirtschaftliche Entwicklung des Unternehmens dar. Darüber hinaus erwartet eine Bank die Nennung von banküblichen Sicherheiten. Regelmäßig akzeptiert werden Wertpapiere, Lebensversicherungen, Immobilien, Bankguthaben, Anlagevermögen oder Bürgschaften. Die Abfrage der Informationen erfolgt zumeist über die sogenannte Selbstauskunft, die Sie wiederum mit Belegen und Nachweisen untermauern müssen.

Wenn Investitionsvorhaben aufgrund fehlender Kapitaldienstfähigkeit abgelehnt werden, besteht praktisch keine Chance auf eine Finanzierung. Ist eine Bank grundsätzlich bereit, ein Unternehmen bei der Umsetzung der Investitionsvorhaben zu unterstützen, es bestehen jedoch heilbare Mängel wie z.B. fehlende Sicherheiten, zu geringe Eigenkapitalquote oder die Bank will nicht das volle Haftungsrisiko übernehmen, dann können Finanzierungsfördermittel, die diese Schwächen gezielt ausgleichen, der Schlüssel für die Zusage der Bank sein.

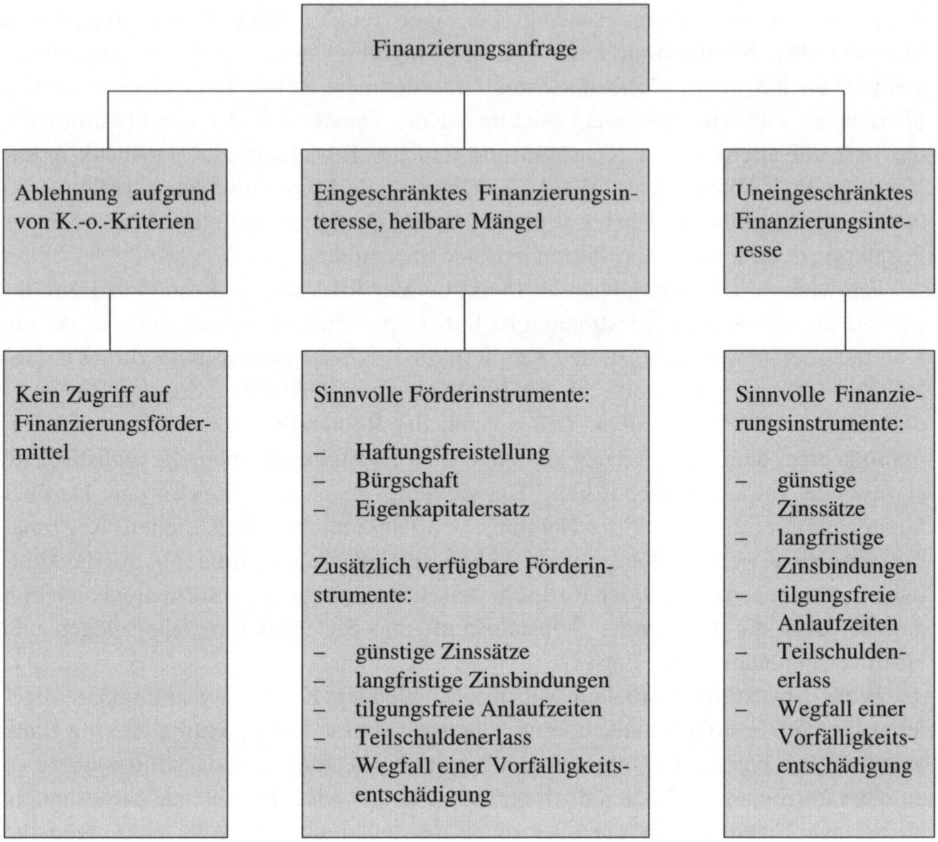

Abbildung 2: Weg zu Finanzierungsfördermitteln über die Hausbank

Berechnungsvorlagen zur Erstellung von Rentabilitätsvorausschau, Liquiditätsplanung, Investitionsplanung und Gesamtfinanzierung gibt es in großer Zahl auf dem Markt. In Verbindung mit dem schriftlichen Konzept ergeben die beiden Teile zusammen den Kern der Unterlagen, die eine Bank im Rahmen von Finanzierungsanfragen zur Prüfung benötigt. Ausführliche Informationen, kostenfreie Berechnungsvorlagen sowie Tipps und Tricks rund um die Finanzierungsanfrage hält beispielsweise das Portal der KfW-Bank unter www.kfw.de bereit. Hier stehen auch Hinweise auf bundesweit nutzbare Förderdarlehen. Darüber hinaus ist eine telefonische Beratungshotline eingerichtet, die fachkundig dabei hilft, das passende KfW-Förderprogramm festzustellen. Auch Landesbanken und Landesförderinstitute halten auf ihren Internetseiten vergleichbare Informationen für länderspezifische Förderprogramme bereit und haben telefonische Beratungshotlines. Nutzen Sie diese wertvollen Informationsquellen, bevor Sie in ein Bankgespräch gehen. Denn wenn Sie um die Konditionen möglicher Förderdarlehen wissen, schaffen Sie sich aktiv eine starke Verhandlungsposition.

Arbeitshilfe „Checkliste Businessplan“

Die ausführliche „Checkliste Businessplan“ hilft dabei, im textlichen Teil der Finanzierungsanfrage alle relevanten Informationen für eine fremde Bank zusammenzustellen. Gleichzeitig dient sie als Leitfaden für die Formulierung von Vorhabensbeschreibungen, die im Zuge großvolumiger Zuschuss-Anträge gefordert werden. Sie ist deshalb als Basis für spätere Förderanträge unverzichtbar. Sie finden die „Checkliste Businessplan“ im vierten Teil „Checklisten und Arbeitshilfen“.

Das Wichtigste in Kürze

1. Darlehen, Bürgschaften, Beteiligungen und Garantien sind Finanzierungsfördermittel. Nur wenn Fremdkapitalbedarf besteht, besteht auch Zugriff auf Finanzierungsfördermittel.
2. Finanzierungsfördermittel können fehlende Sicherheiten, eine zu geringe Eigenkapitalquote und ungeeignete Haftungsverhältnisse ausgleichen.
3. Der Weg zu Finanzierungsfördermitteln verläuft über Banken. Diese müssen Sie zuerst von Ihrem Vorhaben überzeugen.
4. Neben harten Fakten spielen auch Soft Facts eine Rolle: Präsentieren Sie sich als kompetenten Ansprechpartner und verstecken Sie sich nicht hinter einem Berater.
5. Wirtschaftliche Beratungsleistungen können über das Förderprogramm „Unternehmerzuschuss“ vom Bundesamt für Wirtschaft und Ausfuhrkontrolle mit maximal 1.500 € bezuschusst werden.
6. Klären Sie mit dem Bankberater, welche Unterlagen und Informationen er haben möchte, *bevor* Sie mit zeitaufwendigen Ausarbeitungen beginnen.
7. Arbeitshilfen, Tipps und Tricks finden Sie auf der Seite der KfW-Bank unter www.kfw.de. Nutzen Sie auch die kostenfreie Beratungshotline der KfW-Bank.

1.2.1 Darlehen

Als Förderbanken fungieren in Deutschland einerseits die KfW-Bankengruppe und andererseits die Landesbanken der einzelnen Bundesländer. Sie unterstützen Unternehmen bei der Realisierung von Investitionen, die ihnen von Hausbanken zur Finanzierung vorgeschlagen werden.

Vorhaben, die ein tragfähiges Konzept, nachgewiesene Kapitaldienstfähigkeit und ausreichend Sicherheiten vorweisen, können in den Genuss von geldwerten Vorteilen kommen, die Förderdarlehen bereithalten:

- günstige Zinssätze und langfristige Zinsbindungen
- tilgungsfreie Anlaufzeiten
- Teilschuldenerlass
- Möglichkeit der vorzeitigen Auslösung ohne Vorfälligkeitsentschädigung

Sieht eine Bank Schwächen bei den Sicherheiten, kann ein Förderdarlehen mit Haftungsfreistellung diesen Mangel ausgleichen. Eine Haftungsfreistellung bedeutet für das Unternehmen, dass die begleitende Hausbank nur einen kleinen Teil des Haftungsrisikos übernimmt, das Hauptrisiko verbleibt bei der Förderbank. Deshalb trägt ein Darlehen mit Haftungsfreistellung entscheidend dazu bei, dass Hausbanken ein Vorhaben trotz mangelnder Sicherheiten begleiten können. Für den Unternehmer bedeutet der Abschluss eines solchen Darlehensvertrags, dass er zwei Gläubiger hat, nämlich die Hausbank und die Förderbank.

Falls ein Vorhaben aufgrund mangelnder Kapitaldecke von der Bank abgelehnt werden würde, können Eigenkapital *ersetzende* Förderdarlehen die Lösung sein. Zwar handelt es sich nach wie vor um ein Darlehen, das ein Unternehmen aufnimmt, jedoch wird es in der Bilanz des Unternehmens als Eigenkapital verbucht. Damit steigt die ausgewiesene Eigenkapitalquote in der Bilanz des Unternehmens. Eigenkapital ist für Banken ein wesentlicher Faktor bei der Risikoeinstufung und Bewertung eines Unternehmens im Zusammenhang mit Finanzierungen. Nicht selten gelten bankinterne Richtlinien bezüglich der nachweislichen Mindestkapitalquote von Unternehmen. Selbst wenn alle anderen Rahmenbedingungen eines Projektes erfüllt wären, würde ein Vorhaben aufgrund einer zu geringen Eigenkapitalquote abgelehnt werden.

Förderdarlehen können auch als Nachrangdarlehen konzipiert sein. Nachrangdarlehen haben *eigenkapitalnahen* Charakter. Sie treten mit ihrem Rang hinter andere Gläubiger zurück, sobald es zur Verwertung von Unternehmensvermögen kommt. Nachrangdarlehen stärken die Bonität eines Unternehmens und ermöglichen dadurch den Zugriff auf weitere Finanzierungsbausteine. Sie können für die Finanzierung laufender Kosten und für Investitionen ins Anlagevermögen eingesetzt werden. Für die Bereitstellung eines Nachrangdarlehens sind *keine Sicherheiten* erforderlich. Das Ausfallrisiko verbleibt bei der Förderbank, die Haftung beim antragstellenden Unternehmen. Alleine wegen dieser Konstellation kann ein Nachrangdarlehen bei der Aufstellung der Gesamtfinanzierung ein wichtiges Förderinstrument sein. Für diesen Vorteil müssen Unternehmen jedoch in der Regel tiefer in die Tasche greifen: Die Zinsen sind höher als bei üblichen Bankkrediten.

Das Wichtigste in Kürze

1. Förderdarlehen punkten mit günstigen Zinssätze und langfristigen Zinsbindungen, tilgungsfreie Anlaufzeiten, Teilschuldenerlass und der Möglichkeit der vorzeitigen Auslösung ohne Vorfälligkeitsentschädigung. Doch nicht jedes Förderdarlehen hält alles gleichzeitig bereit.
2. Eine Haftungsfreistellung lenkt das Risiko von der Hausbank auf die Förderbank um. Damit versetzt sie die Finanzierungspartner in die Lage, miteinander ins Geschäft zu kommen.
3. Ein Eigenkapital ersetzendes Darlehen erhöht die Eigenkapitalquote eines Unternehmens und sorgt für eine Risikominderung. Das Ergebnis ist, dass die Bank bessere Konditionen anbieten kann.
4. Nachrangdarlehen stärken die Bonität eines Unternehmens und ermöglichen auf diese Weise den Zugriff auf weitere Finanzierungsbausteine.

1.2.2 Bürgschaften

Damit eine Bank einen Kredit begleitet, fordert sie bankübliche Sicherheiten an. Bankübliche Sicherheiten sind Vermögensgegenstände, die im Falle des Zahlungsverzugs bzw. Zahlungsausfalls von der Bank eingezogen werden bzw. zu Geld gemacht werden können. Gibt es solche Sicherheiten nicht, kann auch eine Bürgschaft diesen Zweck erfüllen. Dabei unterscheidet man zwischen einer privaten und einer öffentlichen Bürgschaft.

Private Bürgschaften werden auch als persönliche Bürgschaften bezeichnet. Es bürgen Privatpersonen für die Rückzahlung eines Darlehens. Die Vereinbarung zwischen dem Kreditnehmer, dem Bürgen und der Bank lautet, dass die Bank ohne Umwege über gerichtliche Verfahren Zugriff auf den Bürgen hat. Kurz gesagt: Wenn der Hauptschuldner nicht zahlen kann, tritt der Bürge ein. Diese Konstellation nennt sich selbstschuldnerische Bürgschaft. Eine private Bürgschaft kann durch Familienangehörige, Freunde und Bekannte, aber auch durch Geschäftspartner oder eine Bürgengemeinschaft erbracht werden. In jedem Einzelfall ist abzuwägen, welche Konstellation sinnvoll und individuell machbar ist. Zu empfehlen ist in jedem Fall der Abschluss eines Vertrags, der die wichtigsten Rahmendaten zur Höhe, Dauer und den weiteren Rückzahlungsbedingungen regelt.

Da sich private Bürgschaften erfahrungsgemäß auf überschaubare Beträge beziehen, kommen öffentliche Bürgschaften gerade bei größeren Beträgen in Betracht. Das Prinzip ist bei öffentlichen und bei privaten Bürgschaften gleich. Als Bürge tritt eine Bürgschaftsbank ein. Sie gewährt sogenannte Ausfallbürgschaften. Die Ausfallbürgschaften gelten für Beträge bis maximal 1 Mio. €. Bei höheren Beträgen bis zu 10 Mio. € greifen Landes- oder Bundesbürgschaftsprogramme. Ausfallbürgschaften sind für die Kreditinstitute Sicherheiten, die sie voll anerkennen und in eine Gesamtfinanzierung einbeziehen können. Was jedoch von immenser Wichtigkeit für die richtige Verwendung einer öffentlichen Bürgschaft ist, ist das Wissen um die Besicherungsquote: eine Bürgschaftsbank bürgt für bis zu 80 % des abzusichernden Risikos. Die restlichen 20 % verbleiben im Obligo der Hausbank.

Auch wenn eine Ausfallbürgschaft für das Kreditinstitut eine vollwertige Sicherheit darstellt, so bedeutet sie für den Kreditnehmer keine Haftungsbefreiung. In der Praxis bleibt er für die gesamte Kreditsumme haftbar, hat jedoch zwei Gläubiger. Als Kreditnehmer kommen gewerbliche Unternehmen, Freiberufler und in wenigen Bundesländern ausnahmsweise auch die sonst ausgeschlossenen Berufsgruppen der Fischer, Gartenbauer und Landwirte infrage. Eine Voraussetzung für den Zugang zu öffentlichen Bürgschaften ist, dass der Antragsteller ohne diese Bürgschaft keine bzw. eine zu geringe Kreditsumme von der Bank erhalten würde. Darüber hinaus ist es zwingend erforderlich, dass das Vorhaben als betriebswirtschaftlich sinnvoll und tragfähig eingeschätzt wird. Eine Ausfallbürgschaft kann sehr flexibel genutzt werden. Nicht nur für klassische betriebliche Investitionen und Wachstumsfinanzierungen oder Existenzgründungen kann sie zum Zuge kommen, sondern auch für die Ablösung eines Kontokorrentkreditrahmens mit hohen Zinsen. Um an eine Bürgschaft zu kommen, gibt es generell zwei Wege.

1. Ein Existenzgründer oder aktiver Unternehmer richtet sich mit seinem Finanzierungsvorhaben direkt an die Bürgschaftsbank und legt seinen detaillierten Businessplan zur Beurteilung vor. Bei positiver Prüfung werden regelmäßig Ausfallbürgschaften mit einer Quote von 60-80 % vorgeschlagen und bewilligt. Die direkte Abwicklung bei der Bürgschaftsbank heißt auch "Bürgschaft ohne Bank", kurz BOB genannt.
2. Befinden Sie sich bereits in den Verhandlungen mit Ihrer Hausbank und haben keine ausreichenden Sicherheiten zur Verfügung, stellen Sie zusammen mit Ihrer Hausbank den Antrag bei der Bürgschaftsbank. Voraussetzung dafür ist, dass Ihre Hausbank grundsätzlich bereit wäre, ihr Finanzierungsvorhaben zu begleiten.

Das Wichtigste in Kürze

1. Eine Bürgschaft stellt eine vollwertige Sicherheit dar.
2. Bürgschaften können ohne Bank (BOB) und zusammen mit der Bank beantragt werden.
3. Eine Bürgschaft ist keine Haftungsbefreiung. Sie bleiben für die Gesamtsumme haftbar und haben zwei Gläubiger: die Bank und den Bürgen.
4. Eine Bürgschaft ermöglicht der Bank den direkten Zugriff auf den verbürgten Betrag.
5. Schließen Sie auch bei privaten Bürgschaften einen Vertrag ab.

1.2.3 Zuschüsse

Die Nutzung von Zuschüssen unterliegt bestimmten Prinzipien, die Ihnen häufig begegnen werden:

1. Geld fließt dahin, wo Geld ausgegeben wird. Zuschüsse werden erst dann bezahlt, wenn Investitionen getätigt bzw. Ausgaben nachweislich realisiert wurden. Unternehmen müssen also regelmäßig in Vorleistung gehen.
2. Zum Ende eines Jahres nehmen Förderstellen Evaluierungen vor. In der Evaluierungsphase werden die verwendeten Mittel des laufenden Jahres festgestellt, noch offene Anträge in monetärer Hinsicht hinzugenommen und mit den Mitteln abgeglichen, die der Förderstelle im Folgejahr zur Verfügung stehen. Das bedeutet, dass zum Jahresende und in den ersten Wochen eines neuen Jahres mit einem Antragstau zu rechnen ist. Die Bearbeitungszeiten können sich deshalb erheblich in die Länge ziehen.
3. Zuschüsse sind Ermessensleistungen und gesetzlich nicht verankert. Es ist deshalb empfehlenswert, die Kommunikation mit Ihrer Sachbearbeitung bei einer Förderstelle aufmerksam, seriös und vorausschauend zu führen. Schließlich wollen Sie einen Geschäftspartner von Ihrer Idee überzeugen und die finanzielle Unterstützung erhalten. Das erfordert – nicht nur in der Förderlandschaft – ein wenig Fingerspitzengefühl.
4. An die Ausreichung eines Zuschusses werden regelmäßig Bedingungen geknüpft. Die Zuschüsse nennen sich zwar "nicht rückzahlbare Zuschüsse“, gleichwohl können Sie zurückgefordert werden. Das geschieht immer dann, wenn augenfällig wird, dass Förderbedingungen umgangen oder auf andere Art nicht eingehalten wurden.

In den Genuss von Zuschüssen kommt derjenige, der im Sinne des ausgewählten Förderprogramms ein Projekt auf den Weg bringt, das der Zielerreichung des Programms in die Karten spielt. Aus diesem Grunde ist es von großer Bedeutung, sich die Richtlinien eines Zuschusses sehr genau durchzulesen. Leider ist es oft so, dass Richtlinien recht theoretisch formuliert sind und auf den ersten Blick nur wenig Praxisbezug erkennen lassen. Erst auf den zweiten Blick erschließt sich dem Leser, worauf ein Programm abzielt. Das ist einer der Gründe, warum es vergleichsweise aufwendig ist, dass Förderpotenzial eines Unternehmens auf Zuschussfähigkeit zu prüfen und ein passendes Programm ausfindig zu machen. Im Umgang mit Zuschussprogrammen ist es empfehlenswert, sich möglichst viel Informationsmaterial zu besorgen. Lesen Sie Flyer, Merkblätter, Praxisberichte und Anlagen zur Förderrichtlinie. Die dort zu findenden Informationen helfen häufig ein gutes Stück weiter. Wie und wo Sie die Grundrecherche beginnen, wie Sie diese vertiefen und auswerten, Ihr Projekt vor den Förderstellen am besten präsentieren und Ihre Chancen auf Förderung maximieren, erfahren Sie „step by step“ im Praxisteil des Buchs anhand eines ausführlichen Beispiels.

Das Wichtigste in Kürze

1. Zuschüsse werden regelmäßig erst dann ausbezahlt, wenn die förderfähigen Ausgaben nachweislich erfolgt sind.
2. In der Evaluierungsphase können die Bearbeitungszeiten von Anträgen erheblich länger sein, als üblich.
3. Zuschüsse werden unter ganz bestimmten Bedingungen gewährt, die Sie erfüllen müssen. Bei Nichteinhaltung droht die Rückforderung.
4. Lesen Sie alle verfügbaren Informationen zu dem angestrebten Programm.
5. Zugriff auf Zuschüsse zu erhalten, erfordert ein gewisses Gespür für die Fördersprache und ein hohes Maß an Beharrlichkeit.

1.2.4 Beteiligungen

Beteiligungskapital stellt eine Alternative zu klassischen Bankkrediten dar. Beteiligungskapital spielt immer dann eine Rolle, wenn die Erfolgschancen für ein Projekt schwer zu beurteilen sind. Das ist regelmäßig der Fall, wenn langwierige Forschungs- und Entwicklungsphasen anstehen, über deren Verlauf und Ausgang kaum spekuliert werden kann. Unternehmen, die Forschung und Entwicklung betreiben oder auch mit der Markteinführung eines Produktes beschäftigt sind, gelten aus

Bankensicht gemeinhin als risikoreich. Doch auch Unternehmen aus klassischen gewerblichen Bereichen können Bedarf an einer Beteiligung haben, wenn sie beispielsweise größere Summen in Immobilien, Maschinen oder Geräte investieren möchten. Der Kapitalbedarf ist hoch, die Sicherheiten sind in der Regel unzureichend, damit sind solche Unternehmen für Banken keine verlässlichen Kreditnehmer und stoßen deshalb dort auf verschlossene Türen.

Da die Bundesregierung aber innovative Unternehmen in wachstumsstarken Branchen unterstützen möchte, gibt es öffentliche Beteiligungsgesellschaften, die risikoreiche Projekte unterstützen. Auch hier gilt, dass Sie den Beteiligungsgeber von Ihrem Vorhaben überzeugen müssen. Beteiligungsgesellschaften verzichten auf typische Sicherheiten, fordern dafür jedoch Beteiligungen. Diese können als stille Beteiligung aufgelegt sein, erfolgen aber auch ganz oft als Stamm-oder Grundkapital. Das bedeutet, dass ein Unternehmen, das sich Beteiligungskapital beschafft, ein Stück der Kontrolle über sein Unternehmen aus der Hand gibt und Gewinnanteile verkauft. Aus dieser Sicht stellt eine Beteiligung keine kurzfristige Betriebsmittelfinanzierung, sondern eine langfristige Geschäftspartnerschaft dar. Für Unternehmen, die aufgrund des Risikopotenzials ihres Vorhabens oder aus anderen Gründen nicht an eine Bankfinanzierung kommen, sind Beteiligungen unter Umständen jedoch die einzige Alternative.

Das Wichtigste in Kürze

1. Um an öffentliches Beteiligungskapital zu kommen, müssen Sie zunächst die Beteiligungsgesellschaft von Ihrem Vorhaben überzeugen.
2. Sie müssen als Gegenleistung für das investierte Kapital der Beteiligungsgesellschaft Anteile an Ihrer Firma verkaufen und damit Stimmrecht und Gewinne langfristig teilen

1.2.5 Garantien

Garantien können als weitere Sicherheit im Rahmen einer Gesamtfinanzierung eingesetzt werden. In Zusammenhang mit Fördermitteln spricht man auch von Bankgarantien. Diese werden z.B. von den Landesbürgschaftsbanken, der KfW oder von PricewaterhouseCoopers AG begleitet. Garantien gewährleisten die Zahlung eines vereinbarten Geldbetrags für den Fall, dass ein Geschäft nicht erfüllt wird. Sie können als Sicherheiten im Rahmen einer Finanzierung eingesetzt werden und stärken die Bonität des Kreditnehmers. Sie werden von Banken wie liquide Mittel angesehen und funktionieren wie ein direktes Zahlungsversprechen.

Bei einer Bankgarantie übernimmt eine Bank die Verpflichtung, einen bestimmten Geldbetrag zu zahlen, wenn der Erfolg eines Projektes ausbleibt oder aber ein möglicher Schaden eintritt. Dabei spielt es keine Rolle, welche Gründe für das Ausbleiben des Erfolges oder das Eintreten eines Schadens ausschlaggebend sind. Der vereinbarte Betrag ist auf erste Anforderung zu bezahlen. Bankgarantien werden auch gerne im internationalen Geschäftsverkehr eingesetzt. Sie sind ein gängiges Mittel zur Außenhandelsfinanzierung. Je nach Geschäft haben sie unterschiedliche Ausgestaltungen und Formen:

1. Eine **Bietungsgarantie** sichert das Risiko von Unternehmen ab, die beispielsweise öffentliche Projekte umsetzen. Wenn die Umsetzung nicht vertragsgemäß ausgeführt wird, können die öffentlichen Auftraggeber über die Bietungsgarantie den entstandenen Schaden ausgleichen lassen.
2. **Anzahlungsgarantien** werden vereinbart, um im Falle einer ausbleibenden oder verspäteten Lieferung die im Vorfeld darauf geleistete Anzahlung zurückzuerstatten.
3. Exportiert ein Unternehmer Ware ins Ausland, gewährleistet die **Zahlungsgarantie** den Ausgleich des (Rest-)Kaufpreises.
4. **Liefer- und Leistungsgarantien** werden abgeschlossen, um die termintreue Lieferung von Waren abzusichern. Wird die Ware nicht geliefert, kann der vereinbarte Garantiewert angefordert werden.

Im Gegensatz zu Bürgschaften unterliegen Garantien von innerdeutschen Geschäften keinen gesetzlichen Regelungen. Sie sind formfrei, selbstschuldnerisch und haben keine Zahlungsobergrenze. Im internationalen Handel existieren zumindest Richtlinien für Garantien, die auf Anforderung zu zahlen sind. Diese Richtlinien sind Grundlage der Verpflichtungs- oder Haftungserklärungen im Außenhandel.

Das Wichtigste in Kürze

1. Eine Garantie ist ein direktes Zahlungsversprechen und wird von einer Bank wie liquide Mittel eingestuft.
2. Garantien werden von Banken als Sicherheit verwertet und steigern die Bonität eines Unternehmens.
3. Das Zahlungsversprechen wird eingelöst, wenn der Erfolg eines Projektes ausbleibt oder ein abgesicherter Schaden eintritt.
4. Garantien können als Bietungsgarantie, Anzahlungsgarantie, Zahlungsgarantie oder Liefer- und Leistungsgarantie gestaltet sein.

1.3 Was wird gefördert?

Öffentliche Beihilfen lassen sich in zwei Kategorien aufteilen. Zum einen gibt es Beihilfen nach Wirtschaftszweigen, in der Fördersprache als sektorale Beihilfen bezeichnet, zum anderen gibt es horizontale Beihilfen. Horizontal eingesetzte Beihilfen gelten über sämtliche Wirtschaftszweige hinweg. Gemeint ist, dass Zielsetzungen beispielsweise aus den Bereichen Umweltschutz, Energie, Forschung und Entwicklung oder Innovation unabhängig von Branchen und Wirtschaftszweigen verfolgt werden.

Gemäß des 23. Subventionsberichtes der Bundesregierung flossen in der Vergangenheit 86 % aller öffentlichen Beihilfen in horizontale Ziele. Die restlichen 14 % verteilten sich auf Wirtschaftsbereiche wie das verarbeitende Gewerbe, Landwirtschaft und den Dienstleistungssektor. Wir greifen uns aus den sektoralen Beihilfen explizit die gewerbliche Wirtschaft heraus. Wer sich für detaillierte Statistiken hierzu interessiert, dem sei ein weiteres Mal zur vertiefenden Lektüre der aktuell geltende Subventionsbericht der Bundesregierung empfohlen (www.bundesfinanzministerium.de).

1.3.1 Gesetzlich verankerte Subventionen

Ein großer Teil der gesetzlich verankerten Subventionen findet sich als Steuervergünstigung in den Steuergesetzen wieder. Da wir uns im vorliegenden Praxishandbuch jedoch auf Fördermittel ohne Rechtsanspruch auf Gewährung konzentrieren, sind sie nur der Vollständigkeit halber erwähnt. Hintergrund ist, dass der Staatshaushalt insgesamt finanziell handlungsfähig bleiben soll.

Die Bundesregierung zielt grundsätzlich darauf ab, möglichst nur vorübergehend zu subventionieren und hält darüber hinaus die aktuell neu gesteckten ökologischen Ziele im Auge. Deshalb prüft sie regelmäßig die Entwicklung und passt die Finanzhilfen und Steuervergünstigungen entsprechend an. Spürbar wurde dieses Vorgehen für viele Bundesbürger z.B. in Zusammenhang mit der Erhebung einer Luftverkehrssteuer oder mit der Abschaffung der Eigenheimzulage. Gleichzeitig wurden keine nennenswerten Steuervergünstigungen neu eingeführt.

Langfristig soll das Volumen der gesetzlichen Vergünstigungen weiter sinken. Aus diesem Blickwinkel betrachtet wird das Wissen um die praktischen Wege zu öffentlichen Fördermitteln noch interessanter.

1.3.2 Gewerbliche Wirtschaft

Mit öffentlichen Geldern werden ganz unterschiedliche Wirtschaftszweige gefördert. Dazu gehören:

1. Gewerbliche Wirtschaft
2. Ernährung

3. Landwirtschaft und Verbraucherschutz
4. Verkehrswesen
5. Wohnungswesen
6. Sparförderung und Vermögensbildung
7. Altersvorsorge

Wir greifen aus den bestehenden Fördermöglichkeiten gezielt den Zweig der gewerblichen Wirtschaft heraus. Mit wenigen Ausnahmen erfolgen die Förderungen branchenübergreifend und decken breit gestreute Zielsetzungen ab. Grundsätzlich gilt: Je marktferner ein Projekt ist, desto höher ist die Förderintensität. Je näher ein Projekt an der Markteinführung steht, desto geringer fallen die Förderquoten aus.

Projekte, die ein enormes Maß an Forschungs- und Entwicklungsarbeit erfordern (z.B. in den Forschungslabors von Hochschulen) und weit entfernt davon sind, am Markt eingeführt zu werden, können mit höheren Förderquoten rechnen. Forschungs- und Entwicklungsarbeit, auch und gerade an Hochschulen und Instituten, wird mit einer Quote von bis zu 100% gefördert.

Gelangt ein Projekt in die nächste Phase und ist damit einen Schritt näher am Markt, so dass z.B. ein Prototyp gebaut, ein Testlauf gemacht oder die Pilotphase eingeleitet wird, sinken die Förderquoten im Allgemeinen.

Ist die Erprobungsphase erfolgreich abgeschlossen, folgt die Phase der Markteinführung und Etablierung. Jetzt investieren andere Unternehmen in das neue Produkt (Investitionsphase). Die Investitionen werden mit niedrigeren Förderquoten bezuschusst.

Die Marktnähe eines Vorhabens hat also sehr großen Einfluss auf die Förderintensität und verdeutlicht das Prinzip der sinkenden Förderquoten.

Forschungs- und Entwicklungsphase:	hoher Zuschuss	marktfern
Patentierungsphase:	mittlerer Zuschuss	⇩
Investitionsphase:	geringer Zuschuss	marktnah

Abbildung 3: Übersicht der Förderintensität von Zuschüssen in Bezug auf die Marktnähe

Praxisfall

Der Geschäftsführer eines kleinen Heizungsbauunternehmens (8 Mitarbeiter) mit Sitz in Hessen hat die Idee, ein neues Speichermedium für Kälte und Wärme zu entwickeln. Zu diesem Zweck arbeitet er mit einer Hochschule zusammen, um Testläufe und Probeanwendungen durchzuführen. In der Entwicklungsphase erhält er Zuschüsse über die Förderinitiative „Energiespeicher". Die Förderquote liegt bei 80 % bezogen auf die Entwicklungskosten, die Hochschule wird für dieses Projekt sogar mit 100 % gefördert.

Die Patentierung des neu entwickelten Wärmespeichers wurde über das Programm „KMU Patentaktion" mit 50 % bezuschusst. Die Käufer des neu entwickelten und inzwischen zugelassenen Speichers erhalten unterschiedlich hohe Investitionskostenzuschüsse, je nachdem über welches Programm ein Zuschuss beantragt wurde. Über die „Richtlinie zur Förderung von Maßnahmen an gewerblichen Kälteanlagen" wurde die Investition in den neuen Speicher mit 25 % bezuschusst.

Forschungs- und Entwicklungsphase:	80 % Zuschuss	marktfern
Patentierungsphase:	50 % Zuschuss	⇩
Investitionsphase:	25 % Zuschuss	marktnah

Zu den förderfähigen Gebieten der gewerblichen Wirtschaft gehören:

- Rationelle Energieverwendung
- Technologie- und Innovationsförderung
- Regionale Strukturpolitik
- Förderung von kleinen und mittleren Unternehmen

Dabei lernen wir ein wichtiges Werkzeug kennen, um dem vorhandenen Förderpotenzial im eigenen Unternehmen auf die Spur zu kommen. Verschaffen Sie sich zunächst einen generalistischen Überblick über alle Förderbereiche. So erfahren Sie die wichtigsten Schwerpunkte, die die Bundesregierung fördert. Wenn Sie auch zukünftig einen allgemeinen Überblick über die Förderlandschaft für die gewerbliche Wirtschaft haben möchten, sei Ihnen die Lektüre des jeweils geltenden Subventionsberichtes der Bundesregierung ans Herz gelegt. Greifen Sie gezielt den Teil für die gewerbliche Wirtschaft heraus. Hier wird alle zwei Jahre aufs Neue und auf wenigen Seiten die aktuelle Zielsetzung in Sachen Fördermittel offengelegt.

Das Wichtigste in Kürze

1. Die gewerbliche Wirtschaft ist ein wichtiger Förderzweig der Bundesregierung.
2. Viele Förderungen erfolgen überwiegend branchenübergreifend und decken breit gestreute Ziele ab.
3. Die Förderintensität nimmt mit zunehmender Marktnähe ab.

Die folgenden Ausführungen zeigen in stark konzentrierter Form die wesentlichen Inhalte der förderfähigen Gebiete innerhalb der gewerblichen Wirtschaft. Sie sind in 4 Punkte aufgeteilt:

1. Der Hintergrund
2. Die Zielsetzung
3. Der Weg
4. Die Maßnahmen

Diese Konzeption ist darauf ausgerichtet, Ihnen so schnell wie möglich einen Überblick über die unverkennbaren Eckpunkte zu verschaffen. Auf diese Weise bekommen Sie einen Eindruck von den wirtschaftspolitischen Gründen, den groben Leitlinien zur Umsetzung sowie den praktischen Ansätze zur Verwirklichung.

Tipp

Zu jedem Fördergebiet gibt es ausführliche Informationen. Bei tiefergehendem Interesse ist der Internetauftritt des Bundesfinanzministeriums eine seriöse Informationsquelle (www.bundesfinanzministerium.de). Im Themenbereich „Öffentliche Finanzen“ finden Sie ist viel Wissenswertes, unter anderem auch den jeweils aktuelle Subventionsberichtes der Bundesregierung.

1.3.3 Rationelle Energieverwendung und erneuerbare Energien

1.3.3.1 Der Hintergrund

Fukushima 2011: Die Reaktorkatastrophe veranlasste die Bundesregierung dazu, den Ausstieg aus der Kernkraft auf Grundlage des bereits konzipierten Energiekonzeptes zu forcieren. Schritt für Schritt werden Kernkraftwerke vom Netz genommen. Um die Energieversorgung zu sichern, müssen Alternativen her.

Hinsichtlich der Energieversorgung hat Deutschland eine einschneidende Entscheidung getroffen, als es sich auf die Fahnen geschrieben hat, diese zukünftig und langfristig aus erneuerbaren Quellen zu decken. Kernenergie gehört zumindest auf dem Papier der Vergangenheit an, ein neues Energiekonzept wurde auf den Weg gebracht und die Umstrukturierung der Energieversorgung initiiert.

1.3.3.2 Die Zielsetzung

Erneuerbare Energien sollen EU-weit anteilig zum gesamten Energieverbrauch auf 20 % anwachsen. Dieses Ziel soll bis zum Jahr 2020 erreicht werden. Deutschland hat sich in Brüssel dazu verpflichtet, bis zu diesem Zeitpunkt im Verkehrsbereich 10 % der Energie aus erneuerbaren Quellen zu nutzen. Die Quote soll weiter anwachsen und zwar auf 60 % bis zum Jahr 2050. Parallel dazu soll der Gesamtenergieverbrauch bezogen auf das Jahr 2008 bis zum Jahr 2020 um 20 % sinken, bis zum Jahr 2050 um 50 %.

1.3.3.3 Der Weg

Damit das gelingen kann, müssen erneuerbare Energien wettbewerbsfähig werden. Zusätzlich muss sich das Konsumverhalten der Verbraucher ändern. Wirtschaft und Verbraucher gleichermaßen müssen an einem Strang ziehen, um einerseits massive Energieeinsparungen zu generieren und andererseits die Produktion von Energie aus erneuerbaren Ressourcen auszuweiten. Tatsächlich müsste die Produktionssteigerungsrate bei 100 % liegen, um die gesetzten Ziele zu erreichen. Vor diesem Hintergrund lässt sich erkennen, dass gesetzlich verankerte Maßnahmen allein nicht ausreichen, sondern dass weitere Finanzhilfen und monetäre Anreize zur Erreichung der Ziele eingeführt werden müssen.

1.3.3.4 Die Maßnahmen

Diese gesetzlichen Maßnahmen wurden vorgesehen:

- Stromeinspeisungsvergütungen nach dem Erneuerbare-Energien-Gesetz
- Kraft-Wärme-Kopplungsgesetz
- Biokraftstoffquotengesetz
- Diverse ordnungsrechtliche Regelungen

- Vorübergehende steuerliche Abschreibungsmöglichkeiten im Wohngebäudesektor (Diese sollen ab 2015 unabhängig vom Staatshaushalt in Anlehnung an den Markt neu konzipiert werden.)

Zusätzlich sind folgende nicht gesetzlich verankerte Maßnahmen verfügbar:

- Förderung der energetischen Sanierung des Gebäudebestandes durch zinsgünstige Darlehen, zum Teil mit Teilschuldenerlass (KfW-Bank)
- Investitionskostenzuschüsse für Solarkollektoranlagen, Biomasseanlagen, Wärmepumpen, Nutzung von Tiefengeothermie
- Kostenlose Beratungsangebote und Zuschüsse zu Beratungskosten rund um das Thema Energie zur Beeinflussung des Verbraucherverhaltens

1.3.4 Technologie- und Innovationsförderung

1.3.4.1 Der Hintergrund

Kleine und mittlere Unternehmen (KMU) stellen über 60 % der Arbeitsplätze in der Wirtschaft. In der Industrie sind es immerhin noch 44 %. Rund 30.000 KMU betreiben fortwährend Forschung und Entwicklung (FuE), etwa dieselbe Anzahl forscht und entwickelt gelegentlich. Betrachtet man die monetären Aufwendungen, die KMU zwischen 2005 und 2010 im Bereich FuE hatten, so ist ein Anstieg von 35 % zu verzeichnen – und das, obwohl die Wirtschafts-und Finanzkrise um sich griff. Betriebe von kleiner und mittlerer Größe trugen unter anderem durch FuE erheblich dazu bei, dass Arbeitsplätze in Deutschland gesichert und sogar neue geschaffen werden können.

Im Vergleich zu anderen Ländern zeigt sich, dass der Anteil an innovativen KMU in Deutschland hoch ist. Die Betriebe sind internationaler Konkurrenz ausgesetzt, der sie nur entgegentreten können, indem sie betriebliche Organisationslösungen verbessern, neue Produkte und Dienstleistungen entwickeln oder bestehende Sortimente innovativ verändern und letztendlich erfolgreich am nationalen und auch am internationalen Markt einführen. Ein besonderer Schwerpunkt liegt zudem auf der Effizienz von Produktionsprozessen, um im Wettbewerb mithalten zu können.

Forschung und Entwicklung sind untrennbar miteinander verbunden. Sie erfordern Kapital, Wissenserweiterung und Wissensanwendung, Risikobereitschaft und strategische Planung betriebswirtschaftlicher Mechanismen. Um diese Faktoren in einem Unternehmen zu platzieren, bedarf es enormer Anstrengungen und vorausschauender Planung. Doch im Vergleich zu großen Unternehmen haben KMU nicht selten Probleme mit der Finanzierung, ihr Personalstamm ist zu gering oder fachlich nicht gut genug ausgebildet. Auch gehen sie ein vergleichsweise höheres Risiko ein, als große Unternehmen, die beispielsweise auf eine eigene Abteilung für FuE zurückgreifen können. KMU haben nicht die Möglichkeit, das Risiko über mehrere Projekte zu streuen, vielmehr betreiben sie in der Regel ein einzelnes Projekt und sind auf den Erfolg angewiesen. Auf der Suche nach Fachkräften für innovative Projekte stehen sie in direkter Konkurrenz zu großen Unternehmen, die faktisch 80 % der Arbeitsplätze im Bereich FuE stellen. Die Platzierung einer Innovation am Markt ist darüber hinaus eine besondere Herausforderung, die KMU nicht selten unterschätzen.

1.3.4.2 Die Zielsetzung

Bis zum Jahr 2015 sollen insgesamt 3 % des Bruttoinlandsproduktes (BIP) in den Bereich Forschung und Entwicklung investiert werden. Die Bundesregierung hat deshalb ein Budget von zusätzlich 12 Mrd. € in ihrer Legislaturperiode für den Bereich Bildung und Forschung reserviert, um diese Ziele mit weiteren flankierenden Maßnahmen zu erreichen:

- Die Aktivitäten von KMU im Bereich FuE sollen sich weiter festigen.
- Die Zahl der KMU im Bereich FuE soll sich steigern.
- KMU sollen auf Fachwissen aus Forschungseinrichtungen besseren Zugriff erhalten.
- Der innerdeutsche und transnationale Wissenstransfer soll tiefgreifend verbessert werden
- KMU sollen im Hinblick auf ihre Wettbewerbsfähigkeit gestärkt werden
- Das technische und wirtschaftliche Risiko für Unternehmen mit technologiebasierten Projekten soll gemindert werden.
- Deutschland soll im europäischen Vergleich und darüber hinaus zu einem Vorbild auf dem Sektor der Elektromobilität avancieren

1.3.4.3 Der Weg

Die Verzahnung von Wirtschaft und Wissenschaft soll grundlegend verbessert werden, um schnell marktfähige Produkte entwickeln zu können. Im Fokus stehen staatlich finanzierte (Grundlagen-) Forschung sowie die Umsetzung der Forschungsergebnisse in der Wirtschaft. Die systematische Umsetzung wissenschaftlicher Erkenntnisse in wirtschaftlich nutzbare Produkte soll durch bereits bestehende Partnerschaften zwischen Wissenschaft und Wirtschaft oder durch neu zu gründende Unternehmen forciert werden. Die fachübergreifende Zusammenarbeit von Forschungsinstituten mit unternehmensorientiertem Blick soll praktisch nutzbare, innovative Dienstleistungen, Verfahren und Produkte auf den Markt bringen.

Auf diese Weise sollen deutsche Firmen langfristig von den Eigenentwicklungen profitieren und ihre Arbeitsplätze sichern sowie ausbauen können. Dazu müssen die Finanzierungsmöglichkeiten verbessert, Kooperationen realisierbar, Netzwerke geknüpft, das Innovationsrisiko gemindert und die Markteinführung innovativer Lösungen unterstützt werden.

1.3.4.4 Die Maßnahmen

- Nicht rückzahlbare Zuschüsse für Aufwendungen aus dem Bereich FuE
- Nicht rückzahlbare Zuschüsse und zinsgünstige Darlehen für einzelbetriebliche und Kooperationsprojekte
- Zentrales Innovationsprogramm Mittelstand (ZIM, derzeit das wichtigste Instrument für KMU , bestehend aus den Bausteinen Kooperation, Netzwerke und Einzelprojekte)
- Förderung von Grundlagenforschung

1.3.5 Regionale Strukturpolitik

1.3.5.1 Der Hintergrund

Regionen, die ein vergleichbar schwaches wirtschaftliches Gefüge aufweisen, sollen sich unter anderem mit Hilfe von gezielter Regionalpolitik ausgewogen entwickeln können. Sie sollen durch den Ausgleich ihrer Defizite im Vergleich zu strukturstärkeren Regionen messbar aufholen. Eine Gleichbehandlung der strukturschwachen Regionen ist dabei eine wesentliche Voraussetzung, um die regionalen Entwicklungsunterschiede zu kompensieren. Das geschieht auch vor dem Hintergrund des Grundgesetzes, dass die Lebensverhältnisse in ganz Deutschland möglichst gleichartig gestaltet sein sollen.

1.3.5.2 Die Zielsetzung

Die regionale Strukturpolitik soll Unterschiede zwischen den Regionen ausgleichen. Gleichzeitig soll sie das Wachstum in den strukturschwachen Regionen unterstützen, denn sie zielt darauf ab, Investitionen in strukturschwache Regionen zu holen. Dabei ist das Prinzip der "Hilfe zur Selbsthilfe" weit oben angesiedelt. Langfristig sollen folgende Ziele erreicht werden:

1. Schaffung von dauerhaften Arbeitsplätzen
2. Sicherung vorhandener Arbeitsplätze
3. Stärkung der Investitionstätigkeit
4. Strukturwandel vorantreiben
5. Einkommenslage regional verbessern
6. Kommunale Infrastruktur stärken
7. Wettbewerbsfähige Unternehmen ansiedeln
8. Verknüpfung regionaler Wirtschaftspartner zur Entwicklung tragfähiger Wirtschaftskonzepte

9. Stärkung lokaler Initiativen
10. Ausbau der Breitbandnetze in ländlichen Regionen

1.3.5.3 Der Weg

Die Förderung erfolgt bundesweit, jedoch vorrangig in den neuen Bundesländern. Betriebliche Investitionen der gewerblichen Wirtschaft sowie Maßnahmen zur Verbesserung kommunaler wirtschaftsnaher Infrastrukturen wie z.B. Quartierssanierungen, öffentliche Verkehrssysteme, Gleis- und Schienenanschlüsse etc. sollen weiter ausgebaut werden. Die Förderung soll gestaffelt nach Größe der investierenden Unternehmen erfolgen. Kleine Unternehmen erhalten eine stärkere Förderung als große Unternehmen. Ein wichtiges Kriterium dabei ist die Anzahl der erhaltenen oder neu geschaffenen Arbeitsplätze.

Es gibt einen allgemeinen Koordinierungsrahmen, innerhalb dessen sich die Bundesländer bewegen können. Die Förderintensität ist in einer Fördergebietskarte festgelegt. Die Bewertung von strukturschwachen Regionen erfolgt seit 2007 in einem bundeseinheitlichen Verfahren. Dabei werden Einkommens-und Arbeitsmarktgrößen herangezogen, um die Förderintensität einer Region festzulegen. Die Länder sind jedoch alleine verantwortlich für die Umsetzung und Durchführung der Maßnahmen. Da die einzelnen Bundesländer unterschiedliche wirtschaftliche Schwächen aufweisen, erfolgt die regionale Förderung entsprechend individuell und kann sich regional unterschiedlich entwickeln. Die Länder kontrollieren die Einhaltung der allgemeinen Bestimmungen und müssen Rechenschaft beim Bund und der EU ablegen.

1.3.5.4 Die Maßnahmen

Das wichtigste Förderprogramm ist die Gemeinschaftsaufgabe „Verbesserung der regionalen Wirtschaftsstruktur"(GRW). Dieses Fördermittel bietet nicht rückzahlbare Zuschüsse für Unternehmen, Kommunen und öffentliche Einrichtungen an. Die Zuschüsse werden für Investitionen bezahlt, aber auch für Beratungsleistungen mit allgemeinen wirtschaftlichen Inhalten.

Darüber hinaus stehen Finanzierungsfördermittel zur Verfügung, um entsprechende Investitionen auf den Weg zu bringen. Die Zinssätze sind variabel und richten sich grundsätzlich nach den individuellen wirtschaftlichen Gegebenheiten des investierenden Unternehmens und ggf. der gesetzlichen Vertreter.

1.3.6 Förderung kleiner und mittlerer Unternehmen (KMU)

1.3.6.1 Der Hintergrund

Nach Auffassung der Bundesregierung vernachlässigen insbesondere Existenzgründer sowie kleine und mittlere Unternehmen häufig unternehmerische Aufgaben, die insbesondere das Rechnungswesen oder auch die strategische Planung betreffen. Stattdessen überlassen sie zahlreiche alltägliche Handlungsschritte dem Zufall oder pflegen ein „Management-by-Kontoauszug", ohne einen Überblick über die Liquidität, die Rentabilität oder die Kosten zu haben. Das Risiko, das Unternehmer eingehen, indem sie diese Aufgaben verdrängen oder vernachlässigen, ist groß. Insolvenzanwälte stellen immer wieder fest, dass vor allem diejenigen Unternehmen zahlungsunfähig werden, die keinen Überblick über die Lage ihres Unternehmens haben und nur „von Tag zu Tag" planen.

Ein Grund dafür ist nicht zuletzt mangelndes Know-how. Es fehlt am notwendigen Handwerkszeug, um beispielsweise ein betriebliches Controlling aufzubauen, um sich einen Überblick über Einnahmen und Ausgaben zu verschaffen oder um das Wachstum des Unternehmens strategisch anzugehen. Es werden Fehler in der Personalplanung gemacht, Organisationsstrukturen stimmen nicht oder die Produkt- und Dienstleistungsqualität geht am Markt vorbei.

Die Bundesregierung geht davon aus, dass Unternehmen, die zu diesen Themen professionell aufgestellt sind, vergleichsweise sicherer am Markt stehen. Angesprochen sind in erster Linie Unternehmen, die Arbeitsplätze erhalten oder schaffen, wirtschaftlich wachsen wollen und damit zur Steigerung des Bruttosozialprodukts beitragen. Allerdings sieht die Bundesregierung auch Potenzial in bestehenden Unternehmen, die in eine finanzielle Schieflage geraten sind und durch fundiertes wirtschaftliches Know-how aus der Krise heraus wieder in sicheres Fahrwasser gelenkt werden können. Auch hier stehen an erster Stelle der Erhalt und die Schaffung von Arbeitsplätzen und der Ausbau der Wirtschaftskraft eines Unternehmens, das in der Konsequenz auf lange Sicht auch die betrieblichen Steuern zu Gunsten des Staates entrichten kann.

1.3.6.2 Die Zielsetzung

Die Ziele bei der Förderung kleiner und mittlerer Unternehmen liegen auf der Hand. Zum einen sollen bestehende Unternehmen gestärkt werden, damit sie sicher und konkurrenzfähig am Markt stehen, zum anderen gilt es, die Wettbewerbsfähigkeit weiter auszubauen, damit sie im internationalen Vergleich Leistungen erbringen können, die die Position Deutschlands festigen. Die Implementierung betriebswirtschaftlichen Know-hows soll die Unternehmen in die Lage versetzen, professionelle und marktgerechte Dienstleistungen sowie Produkte anzubieten. Auch Unternehmen, die sich in einer Krise befinden, jedoch das Potenzial in sich tragen, erfolgreich weiter geführt zu werden, sollen wirtschaftliche Unterstützung beanspruchen können.

1.3.6.3 Der Weg

Die öffentliche Unterstützung soll Unternehmen animieren, sich professionelle wirtschaftliche Beratungsleistungen einzukaufen, um Betriebsinhaber, Geschäftsführer und andere Verantwortliche individuell zu schulen. Darüber hinaus ist es wichtig, Einrichtungen für Aus-, Fort- und Weiterbildung zu schaffen, um den Mitarbeitern Zugang zu qualitativ hochwertigem Fachwissen zu erschwinglichen Preisen zu ermöglichen. Berufsbildungsstätten sollen sich vermehrt als Technologie-Transferzentren konzipieren, damit sie das theoretische Wissen in praktisch nutzbare Anwendungen umsetzen und gewerbliche Unternehmen durch die Nutzung profitieren.

Ein weiterer Ansatz zur Förderung von KMU findet sich in der Steuergesetzgebung: Bei der Veräußerung oder Aufgabe von Unternehmen sind steuerliche Erleichterungen vorgesehen. Eine weiterer steuerlich verankerter Weg hat eine indirekte Wirkung: Nimmt ein Privathaushalt haushaltsnahe Dienstleistungen in Anspruch, die im Kern der Modernisierung und Instandhaltung von Wohnraum dienen, können sie die Ausgaben steuerlich geltend machen. Das Instrument soll dafür sorgen, dass KMU mehr Aufträge aus den Privathaushalten bekommen.

1.3.6.4 Die Maßnahmen

Neben den o.g. steuerlichen Maßnahmen werden Programme aufgelegt, die in Form von Zuschüssen konzipiert sind. Bezuschusst werden:

1. Kosten für die Beratung von Unternehmen und Existenzgründern zu allen wirtschaftlichen, technologischen und finanziellen Fragestellungen
2. Kosten für die Schulung von Betriebsinhabern Mitarbeitern und Auszubildenden
3. Allgemeine Qualifizierungsmaßnahmen für den Arbeitsmarkt
4. Der Bau und die Ausstattung von Berufsbildungszentren

Das Wichtigste in Kürze

1. Die gewerbliche Wirtschaft wird von der Bundesregierung gezielt unterstützt.
2. Die Förderintensität nimmt mit steigender Marktnähe ab.
3. Förderfähige Gebiete der gewerblichen Wirtschaft sind:

   – Rationelle Energieverwendung und erneuerbare Energien

- Technologie- und Innovationsförderung
- Regionale Strukturpolitik
- Förderung von KMU

4. Erste Informationsquelle zum Thema Fördermittel ist das Bundesfinanzministerium (www.bundesfinanzministerium.de).

Zweiter Teil
Die Förderbereiche

2. Hier steckt das Förderpotenzial: Fokus auf gewerbliche Unternehmen

Der zweite Teil des Praxishandbuchs beschäftigt sich detaillierter mit den Bereichen, in denen grundsätzlich Förderpotenzial für gewerbliche Unternehmen steckt. Betrachtet werden zunächst die Top 5 der interessantesten Förderbereiche:

- Existenzgründung und -festigung
- Unternehmensfinanzierung
- Infrastruktur und Regionalförderung
- Innovation
- Beratung

Zusätzlich können Sie sich einen Überblick über diese Förderbereiche verschaffen:

- Umwelt und Energie
- Arbeit, Aus- und Weiterbildung
- Messen und Ausstellungen
- Außenwirtschaft
- Kultur, Medien und Sport
- Gesundheit und Soziales
- Landwirtschaft und ländliche Entwicklung
- Sonstiges: Städtebau und Stadterneuerung, Wohnungsbau und -modernisierung

Zu jedem der Bereiche wird jeweils eine subjektive Auswahl von Förderprogrammen vorgestellt. Dabei nenne ich überwiegend bundesweit geltende Programme, so dass jeder interessierte Unternehmer unabhängig vom Firmensitz angesprochen wird. Manchmal gibt es jedoch keine bundesweit geltenden Programme, so dass ich in diesen Fällen länderspezifische Programme ausgewählt habe. Die Programmauswahl soll Ihnen einen Eindruck von der Vielfalt der Fördermöglichkeiten geben und ist keineswegs als abschließende Aufzählung zu verstehen oder erhebt einen Anspruch auf Vollständigkeit – das wäre angesichts der sich ständig ändernden Förderlandschaft auch praktisch unmöglich.

Die Darstellung der Programme beschränkt sich bewusst auf einige wenige Kernpunkte. Diese habe ich im beschreibenden Teil nicht in der typischen Fördersprache, sondern allgemeinverständlich und möglichst konkret formuliert, um die Ausrichtung und Zielsetzung eines Programms zu verdeutlichen und Ihnen einen direkten, praxisnahen Einstieg zu ermöglichen. Hierzu ein kurzes Beispiel:

Beispiel

Text in der Original-Programmrichtlinie:

Die Unterstützung erfolgt in Form eines definierten Managementprozesses (KIC Inno Energy Highway), in dessen Verlauf die technologischen, wirtschaftlichen, organisatorisch-personellen und finanziellen Dimensionen der Unternehmensgründung analysiert und entwickelt werden.

Text im Praxishandbuch

(...) stellt das Programm „KIC Inno Energy Highway" Fördermittel in erster Linie für Kosten im Bereich Beratung und Coaching zur Verfügung. Im Kern stehen hier Themen wie z.B. Marktanalyse, gewerblicher Rechtsschutz, Businessplanerstellung etc. Weiter werden auch Lebenshaltungskosten von Gründern sowie die Weiterentwicklung von Produkten oder Dienstleistungen bezuschusst.

Tipp

Interessiert Sie ein Programm näher, rufen Sie im Internet die kostenfreie Online-Datenbank www.foerderdatenbank.de vom Bundesministerium für Wirtschaft und Technologie auf. Sie können das relevante Programm durch Eingabe des Titels oder durch Teile davon aufrufen. Hier finden Sie die vorgestellten Programme detailliert und mit den notwendigen Hinweisen für die weitergehende Recherche (siehe auch Kapitel 4.2. Datenbanken und Informationsquellen).

Diese grundlegenden Informationen vorweggeschickt, stelle ich Ihnen im nächsten Kapitel die Top 5 der Förderbereiche vor, die von gewerblichen Unternehmen nach meiner Erfahrung stark genutzt werden. Es ist sehr gut möglich, dass Sie bereits hier erste Anknüpfungspunkte finden, die Sie direkt auf Ihren Betrieb übertragen können. Aber auch die anderen, später erläuterten Förderbereiche tragen Potenzial in sich, das möglicherweise ebenfalls in Ihrem Unternehmen steckt. Sobald Sie Kenntnis von den grundsätzlich vorhandenen Förderbereichen haben, können Sie diese in Ihrem eigenen Betrieb erkennen und prüfen, inwieweit praktisch nutzbare Förderprogramme mit eingebunden werden können.

2.1 Die Top 5 der Förderbereiche

2.1.1 Existenzgründung und -festigung

Die Phase der Existenzgründung und -festigung scheint auf den ersten Blick geradezu prädestiniert zu sein, was die Einbindung von Fördermitteln angeht: Tatsächlich wurden einige Förderprogramme speziell für diese Unternehmensphase aufgelegt. Auf der anderen Seite gibt es Fördermittel, von denen Existenzgründer explizit ausgeschlossen werden. Hinzu kommt, dass die Definition, was im Sinne der Förderrichtlinien als Existenzgründung einzustufen ist, in Abhängigkeit vom Förderprogramm variiert: Manche Programme stellen auf die Person des Gründers ab, andere fragen nach dem Unternehmensalter. Die Grenzen, ab wann ein Unternehmen oder ein Unternehmer nicht mehr in der Existenzgründungsphase ist, liegen aus Fördersicht bei 12 Monaten, 3 Jahren, 5 Jahren und gelegentlich auch bei 10 Jahren ab Aufnahme der Geschäftstätigkeit. Geprüft ist das recht schnell: In jedem Förderprogramm ist klar definiert, wer als Antragsteller akzeptiert wird, und wer nicht.

Eine gute Nachricht vorweg: Existenzgründer haben zu vielen Fördermitteln denselben Zugang wie bereits am Markt etablierte Betriebe auch. Sind Existenzgründer ausgeschlossen, wird das jeweils vermerkt.

Tipp

Sind Sie Existenzgründer oder ist Ihr Unternehmen noch jung? Dann ist nicht nur das Kapitel „Existenzgründung und -festigung" von Interesse für Sie. Förderpotenzial steckt auch in allen anderen Bereichen. Prüfen Sie auch die anderen Kapitel auf Ihren Nutzen für Sie, denn auch junge Unternehmen haben zu den meisten anderen Bereichen Zugang

Einen Sonderfall aus Fördersicht stellen Zuschüsse für die Gründung aus der Arbeitslosigkeit heraus dar, die von den zuständigen Agenturen für Arbeit ausgereicht werden. Zu nennen sind hier das Einstiegsgeld und der Gründungszuschuss. Da diese Formen der Förderung gesetzliche Verankerung finden, soll an dieser Stelle nicht detailliert darauf eingegangen werden. Ein Hinweis für alle Interessierten: Eine Förderung aus diesen Töpfen richtet sich nach Ihren persönlichen Verhältnissen und wird von der örtlichen Arbeitsagentur bzw. von der zuständigen Kommune (häufig beim Amt für Jugend und Familie oder beim Fachbereich Soziales und Wohnen – landläufig auch Sozialamt genannt) verwaltet. Diese sind erste Anlaufstellen, wenn es um das Einstiegsgeld oder den Gründungszuschuss für den Start in die Selbständigkeit geht.

Die Formen der Förderung für Existenzgründer unterscheiden sich nicht von denen für andere Betriebe. Sie kommen als Finanzierungsfördermittel wie z.B. Darlehen oder in Gestalt von nicht rückzahlbaren Zuschüssen daher. Existenzgründungen können ganz unterschiedlich ausfallen. Zum einen gibt es die sogenannten Kleingründungen. Diese können z.B. aus einem bestehenden Arbeitsverhältnis heraus nebenberuflich mit nur wenigen Stunden pro Woche erfolgen. Auch die schrittweise Rückkehr in den Beruf nach erziehungsbedingten Pausen oder der Wunsch, eine Arbeitslosigkeit zu beenden, sind nicht selten Hintergrund von Kleingründungen. Hier liegt der Finanzierungsbedarf oft bei weniger als 10.000 € bis ca. 25.000 €. Glaubt man den Statistiken, finanzieren deutlich mehr als 50 % ihre Selbständigkeit aus eigenen Mitteln. Lediglich knapp über 40 % der Existenzgründer und jungen Unternehmen suchen nach externen Finanzierungsmöglichkeiten, die zum Teil auch aus dem direkten Umfeld geleistet werden. Unterm Strich nehmen rund 25 % der Gründer und Jungunternehmer Kreditkapital auf.

Gerade Existenzgründer, deren Finanzierungsvolumen unter der 25.000 € Schwelle liegt, müssen mit ihrem Geld überlegt haushalten. In der Gründungsphase kommen durchaus vergleichbare Probleme und Fragestellungen auf sie zu wie bei kapitalintensiveren Gründungsvorhaben auch. Bei Kleingründungen zeigt sich allerdings immer wieder, dass weder Eigenkapital vorhanden ist noch Sicherheiten bestehen, die für eine Bank infrage kommen könnten. Brauchen die Gründer Fremdkapital, stehen sie nicht selten vor einem Dilemma: Gründungen in dieser Größenordnung sind für Banken praktisch uninteressant. Das liegt daran, dass bei dem relativ geringen Kreditvolumen für die Bank kein lukratives Geschäft zu machen ist. Es überrascht deshalb nicht, dass das bankseitige Interesse an einer Finanzierung für Kleinstgründungen spürbar zurückhaltend ausfällt. Bewegt sich das Kreditvolumen oberhalb der 25.000 € Grenze, stoßen potenzielle Kreditnehmer bei Banken erfahrungsgemäß auf mehr Interesse.

Für angehende Unternehmer, die sich in der sensiblen Vorgründungs- oder bereits in der aufreibenden Gründungsphase befinden, steht eine Palette von Finanzierungsfördermitteln und Zuschüssen zur Verfügung, die zum Teil auch ohne die Einbindung der Hausbank den Weg in die Selbständigkeit erleichtern.

Fallbeispiel: Klassische Existenzgründung		
Sachverhalt	**Fördermittel**	**Praxistipps**
Ein arbeitsloser Handwerker aus NRW sucht sich im Vorfeld seiner beabsichtigten Gründung Unterstützung von einem erfahrenen Unternehmensberater. Er lässt sich zur Rechtsformwahl, Sortimentsgestaltung und dem zukünftigen Standort beraten.	Zuschuss zu den Kosten der Vorgründungsberatung. Zu beantragen, **bevor** ein Unternehmensberater beauftragt wird. Anlaufstellen: Die Investitions-, Wirtschafts- und Förderbanken der Länder. Zuschuss: 50 % zu den Beratungskosten, max. 1.600 €	Greifen Sie auf die Beraterdatenbank der KfW-Bankengruppe zurück (https://beraterboerse.kfw.de) und wählen einen Berater in Ihrer Nähe aus. Sprechen Sie mit zwei oder drei Beratern, bevor Sie sich entscheiden, und sichern Sie sich ab, dass das Erstgespräch kostenfrei ist. Klären Sie vor oder während des Erstgespräches, ob der Berater ein Beratungs-Zuschussprogramm kennt und Erfahrung in der Anwendung hat.
Nach Klärung der Rahmenbedingungen meldet er sein Gewerbe an. Für sein Vorhaben benötigt er Startkapital in Höhe von 40.000 €. Um die Finanzierung auf die Beine zu stellen und den Kredit bei der Bank zu beantragen, benötigt er Unterstützung.	a) Zuschuss zu den Kosten der Finanzierungsberatung über das Programm „Gründercoaching Deutschland". Zuschussquote 90 %, bei Gründung aus der Arbeitslosigkeit heraus maximal 3.600 €. Nutzung des Förderkredites Startgeld über die Hausbank b) Finanzierung über das Programm „ERP*-Gründungskredit Startgeld" (*ERP = European Recovery Program)	Sie benötigen einen registrierten Gründercoach, der bei der KfW-Beraterbörse eingetragen ist (https://beraterboerse.kfw.de). Sprechen Sie vor Antragstellung mit ihm durch, wo Sie seine Unterstützung benötigen und klären Sie Umfang und Kosten ab. Diese Angaben müssen Sie später im Antrag machen. Informieren Sie sich vor dem Bankgespräch auf der Internetseite des Bundesministeriums für Wirtschaft und Technologie über Förderkredite für Gründer. Wenn Sie die Konditionen kennen, können Sie diese Informationen im Bankgespräch nutzen.

Fallbeispiel: Innovative Existenzgründung

Sachverhalt	Fördermittel	Praxistipps
Ein Hochschulabsolvent hat im Rahmen seines Studiums eine innovative Möglichkeit zur Speicherung und Nutzung von Energie für Elektrofahrzeuge entwickelt. Dabei hat er eng mit einer Partneruniversität in Frankreich zusammengearbeitet. Er hat sich gerade mit dieser Geschäftsidee selbständig gemacht und möchte nun weiteres praktisches Know-how erwerben und geschäftliche Kontakte knüpfen. Daraus ergibt sich eine Option auf eine externe Kapitalbeteiligung: Ein deutsches Unternehmen hat Interesse bekundet, die innovative Geschäftsidee zu unterstützen.	Das Förderprogramm „Erasmus für Jungunternehmer" ermöglicht ihm einen Auslandsaufenthalt in Frankreich, um seine Geschäftsidee mit einem kleinen Unternehmen in Frankreich weiter zu verfolgen. In diesem Unternehmen bekommt er auch die Gelegenheit, seine Führungsqualitäten zu prüfen und neue Geschäftskontakte in seiner Branche zu knüpfen. Darüber hinaus kommt er mit anderen Gründern und Unternehmen aus Deutschland und Frankreich in Kontakt, die im gleichen Sektor tätig sind. Der Zuschuss beträgt 900 € pro Monat, die Aufenthaltsdauer beläuft sich auf 6 Monate.	Über den Internetauftritt www.erasmus-entrepreneurs.eu finden Sie eine Datenbank zur Recherche der verfügbaren antragannehmenden Stellen. Wählen Sie eine nahe gelegene Vermittlungsstelle aus und nehmen sie Kontakt auf. Parallel können Sie bereits den Antrag online stellen, der dann Grundlage für die weitere Bearbeitung Ihrer Anfrage ist.
Im Anschluss an den Auslandsaufenthalt will er seine Geschäftsidee am Markt etablieren. Es stehen Fragen zur Patentfähigkeit, Markteinführung und Finanzierung des Vorhabens im Raum.	Über das Programm „KIC Inno Energy Highway" lässt sich der Jungunternehmer von einem erfahrenen Coach beraten. Dieser hilft ihm dabei zu klären, ob ein ähnlich gelagertes Patent bereits auf dem Markt ist, bereitet mit ihm den Businessplan vor und erstellt eine Marktanalyse. Die Leistungen haben einen Geldwert von 60.000 €. Über das Programm „KIC Inno Energy Highway" werden für die Dauer von einem Jahr zusätzlich Lebenshaltungskosten in	Anträge können jederzeit direkt bei KIC InnoEnergy Germany GmbH unter www.kic-innoenergy.com gestellt werden. KIC prüft die Anfrage sorgfältig und nimmt eine Einschätzung des Erfolgspotenzials vor. Wenn KIC an dem Projekt interessiert ist, treten sie mit dem Gründer in den Dialog. Es wird eine Geheimhaltungsvereinbarung getroffen, um die Interessen des Gründers zu wahren. Die Förderung in Form von Beratungsleistungen erfolgt,

	Höhe von 1.000 € pro Monat übernommen.	ohne dass Geld fließt. Vielmehr beansprucht KIC InnoEnergy Germany GmbH für die gewährte Unterstützung eine Beteiligung am Stammkapital. Sie geben also ein Stück der zu erwartenden Gewinne langfristig ab.
Die Bank konnte mit Hilfe der professionellen Businessplanung von den Erfolgsaussichten des Vorhabens überzeugt werden und stimmt einer Finanzierung des Vorhabens zu. Der Gesamtfinanzierungsbedarf liegt bei 250.000 €.	Die Finanzierung besteht aus mehreren Bausteinen: Der externe Kapitalgeber, der an einer Beteiligung interessiert ist, gibt 100.000 € in Form eines Darlehens und einer Beteiligung am Stammkapital im Verhältnis 30/70 in die Firma. Über das Programm „ERP Startfonds" können weitere 70.000 € Beteiligungskapital finanziert werden. Die restliche Summe fließt aus dem Förderprogramm „ERP-Gründungskredit Startgeld". Zur Absicherung des Kredites wird eine öffentliche Bürgschaft eingesetzt.	Die Konditionen der Kredite werden im Einzelfall festgelegt und richten sich nach der Risikoeinschätzung der begleitenden Bank und nach dem weiteren wirtschaftlichen Umfeld des Antragstellers.

Förderprogramme für die Vorgründungsphase

- Beratungszuschüsse in der Vorgründungsphase (länderspezifische Zuschüsse)
- KIC InnoEnergy Highway (Zuschuss)
- Erasmus für Jungunternehmer (Zuschuss)
- ERP-Gründungskredit Startgeld (Darlehen)
- ERP-Gründungskredit Universell (Darlehen)
- ERP-Kapital für Gründung (Beteiligung)
- Gründerwettbewerb – IKT Innovativ (Wettbewerb)

Die subjektive Auswahl von Förderprogrammen soll Ihnen einen Eindruck von der Vielfalt der Fördermöglichkeiten geben, ist aber keineswegs als abschließende Aufzählung zu verstehen und erhebt auch keinen Anspruch auf Vollständigkeit.

2.1.1.1 Beratungszuschüsse

In der Vorgründungsphase stehen keine bundesweit einheitlichen Förderprogramme zur Verfügung. Es gibt in den meisten Bundesländern länderspezifische Beratungszuschüsse, auf die Sie **vor** der Gründung zurückgreifen können. Wichtig ist, dass das Unternehmen noch nicht angemeldet wurde, denn das wäre ein nicht heilbares K.-o.-Kriterium (siehe Kapitel 3) für die Beantragung von Beratungszuschüssen in der Vorgründungsphase. Die Palette der zuschussfähigen Beratungsleistungen ist breit. Grundsätzlich können Beratungsleistungen zu zahlreichen betriebswirtschaftlichen Fragestellungen gefördert werden. Dazu gehören Fragen nach Rechtsform, Standort, Finanzierung u.v.m. Welche Leistungen im Einzelnen förderfähig sind, ist im Kapitel 2.1.5 Beratung ausführlich erläutert. Die Förderquoten variieren je nach Bundesland und liegen zwischen 20 % und 95 %, wobei fast immer eine monetäre Obergrenze für einen Beratungstag (8 Stunden) festgelegt ist. Diese schwankt zwischen 300 € und 650 € pro Tag.

Die Verwaltung und Bewilligung von Zuschüssen für Beratungskosten in der Vorgründungsphase obliegt den Ländern. Entsprechend individuell müssen Sie die Internetseiten der zuständigen Landesregierungen auf das verfügbare Programm prüfen. Im Folgenden erhalten Sie einen Überblick der verfügbaren Vorgründungsberatungszuschüsse sortiert nach Bundesländern (Stand März 2013).

Baden-Württemberg: „Exi-Gründungs-Gutschein", in der Regel kostenlose Kompaktberatung zur Klärung der Sachverhalte, danach individuelle Intensivberatung mit einem Zuschuss in Höhe von 70-80 % der vereinbarten Tagessätze. Eine monetäre Obergrenze ist nicht explizit festgelegt. Anlaufstelle: Ministerium für Finanzen und Wirtschaft Baden-Württemberg, www.gruendung-bw.de

Bayern: „Existenzgründercoaching", Zuschuss bis 560 € pro Beratungstag. Anlaufstelle: Bayerisches Staatsministerium für Wirtschaft, Infrastruktur, Verkehr und Technologie, www.startup-in-bayern.de

Berlin: „Coaching in der Vorgründungsphase", Zuschuss 95 % der Beratungskosten, Anlaufstelle: zukunft im zentrum GmbH, www.start-chance.de

Brandenburg: „Förderung der Existenzgründung und Unternehmensnachfolge“, Zuschuss bis 650 € pro Beratungstag, Anlaufstelle: LASA Brandenburg GmbH, www.lasa-brandenburg.de

Hessen: „Gründungs- und Mittelstandsförderung“, Programmteil Betriebsberatung und Unternehmerschulung, Zuschuss bis zu 450 € pro Beratungstag, Anlaufstelle: Wirtschafts- und Infrastrukturbank Hessen, www.wibank.de

Nordrhein-Westfalen: „Beratungsprogramm Wirtschaft“, Zuschuss bis 400 € pro Beratungstag, Anlaufstelle: NRW.Bank, www.nrwbank.de

Rheinland-Pfalz: „Betriebsberatungen für Existenzgründer“, Zuschuss bis 400 € pro Beratungstag, Anlaufstelle: Investitions- und Strukturbank Rheinland-Pfalz, www.isb.rlp.de

Saarland: „Zuwendungen für Beratungen kleiner und mittlerer Unternehmen, aktives Risikomanagement und Unternehmensnachfolge“, Zuschuss bis 400 € pro Beratungstag, Anlaufstelle: Saarländische Investitionskreditbank AG, www.sikb.de

Sachsen: „Mittelstandsförderung – Gründungsberatung“, Zuschuss bis 600 € pro Beratungstag, Sächsische Aufbaubank, www.sab.sachsen.de

Sachsen-Anhalt: „Förderung von Unternehmensgründungen“ (ego.-START), Zuschuss 90 % der Beratungskosten, maximal 6.000 €, Anlaufstelle: Investitionsbank Sachsen-Anhalt, www.ib-sachsen-anhalt.de

Schleswig-Holstein: „Zukunftsprogramm Arbeit – Prioritätsachse A – Potenzialberatung“, Zuschuss bis 300 € pro Beratungstag, Anlaufstelle: Investitionsbank Schleswig Holstein, www.ib-sh.de

Thüringen: „Existenzgründerpass“, Zuschuss bis zu 1.500 € insgesamt, Gesellschaft für Arbeit- und Wirtschaftsförderung mbH, Anlaufstelle: www.gfaw-thueringen.de

2.1.1.2 KIC InnoEnergy Highway (Zuschuss)

Für Existenzgründer und junge Unternehmen, die im Bereich „Erneuerbare Energien“ und „Energieeffizienz“ tätig sind, stellt das Programm „KIC Inno Energy Highway“ Fördermittel in erster Linie für Kosten im Bereich Beratung und

Coaching zur Verfügung. Im Mittelpunkt stehen hier Themen wie Marktanalyse, gewerblicher Rechtsschutz, Businessplanerstellung etc. Weiter werden auch Lebenshaltungskosten von Gründern sowie die Weiterentwicklung von Produkten oder Dienstleistungen bezuschusst.

Konditionen	
Antragsteller	Existenzgründer und junge Unternehmen (max. Unternehmensalter ist nicht festgelegt)
Zuschuss	60.000 € pro Jahr für Beratung und Coaching 12.000 € für Lebenshaltungskosten sowie weitere Zuschüsse für die Entwicklung von Produkten und Dienstleistungen (die Höhe ist nicht festgelegt)

Die Antragstellung erfolgt über KIC InnoEnergy Germany, www.kic-innoenergy.com.

2.1.1.3 Erasmus für Jungunternehmer (Zuschuss)

Über das Programm „Erasmus für Jungunternehmer“ werden Personen angesprochen, die die feste Absicht haben, ein Unternehmen zu gründen – also noch in der Vorgründungsphase sind – und junge Unternehmen, deren Gründung nicht länger als drei Jahre zurückliegt. Ziel des Programms ist, den jungen Unternehmern eine praktische Ausbildung zu ermöglichen, um Ihre Geschäftsidee weiterzuentwickeln und so einen erfolgreichen Start vorzubereiten. Die Entwicklung von Führungsqualitäten für den Jungunternehmer steht dabei genauso im Mittelpunkt wie die Knüpfung neuer Geschäftskontakte auf beiden Seiten der Grenze. Darüber hinaus wird der Informationsaustausch zum Thema Gründung gefördert und der Zugang zum Markt im Allgemeinen erleichtert. Durch die Vernetzung mit dem europäischen Ausland sollen Kenntnisse und Erfahrungen über bestehende Grenzen hinweg transportiert und nutzbar gemacht werden. Als Partner für die Jungunternehmer aus Deutschland kommen kleine und mittlere Unternehmen in Betracht, die bereits am Markt etabliert sind. Die finanzielle Unterstützung erfolgt in Form von Zuschüssen zu Reise- und Unterhaltskosten. Die Höhe variiert und ist eng verbunden mit dem Gastland.

Konditionen	
Antragsteller	Existenzgründer und Unternehmen bis 3 Jahre nach Gründung
Zuschuss	in Abhängigkeit vom Partnerland, die Höhe ist nicht festgelegt

Die Antragstellung erfolgt über: Erasmus for Young Entrepreneurs Support Office, www.erasmus-entrepreneurs.eu.

2.1.1.4 ERP-Gründungskredit Startgeld (Darlehen)

Das „Startgeld“ kann bei einem Finanzierungsbedarf für Investitionen und Betriebsmittel bis zu 100.000 € in der Vorgründungsphase **und** in der Gründungsphase bis zu einem Unternehmensalter von drei Jahren beantragt werden. Eine wichtige Eigenschaft des Startgelds ist, dass bis zu 100 % des Gesamtfinanzierungsbedarfs über diesen Kredit abgedeckt werden können. Das „Startgeld" kann zweimal gewährt, der Darlehenshöchstbetrag jedoch insgesamt nicht überschritten werden.

Konditionen	
Antragsteller	Existenzgründer und Unternehmen bis 3 Jahre nach Gründung
Kredit	100.000 € max.
Haftungsfreistellung	ja
Tilgungsfreie Anlaufzeit	2 Jahre max.
Laufzeit	10 Jahre max.

Die Antragstellung erfolgt über Ihre Hausbank. Aktuelle Konditionen können auf der Internetseite der KfW-Bankengruppe unter www.kfw.de eingesehen werden.

2.1.1.5 ERP-Kapital für Gründung (Beteiligung)

Das Darlehen „ERP-Kapital für Gründung“ ist ein Nachrangdarlehen und erfüllt somit Eigenkapitalfunktion. Im Hinblick darauf, dass die Eigenkapitalquote einen spürbaren Einfluss auf die Festlegung der Zinssätze eines Darlehens hat, führt die Einbindung dieses Förderprogramms zu einer Zinskostenersparnis. Die ersten zehn Jahre wird der Kredit zinsverbilligt vergeben. Mit diesem Kredit können Immobilien, Grundstücke, Sachanlageinvestitionen, Betriebs- und Geschäftsausstattung, Material, Waren und in eingeschränktem Maße auch Ersatzteile sowie Messe- und Beratungskosten finanziert werden. Auch sind die Erwerbskosten für die Übernahme eines Unternehmens förderfähig. Allerdings ist eine Mindest-Eigenkapitalquote von 10 % in den neuen und 15 % in den alten Bundesländern erforderlich. Eine Vollfinanzierung ist nicht möglich, lediglich ein Anteil an der Gesamtfinanzierung in Höhe von 50 % in den neuen und 45 % in den alten Bundesländern.

Konditionen	
Antragsteller	Existenzgründer und Unternehmen bis 3 Jahre nach Gründung
Kredit	500.000 € max.
Haftungsfreistellung	ja
Tilgungsfreie Anlaufzeit	7 Jahre max.
Laufzeit	15 Jahre max.

Die Antragstellung erfolgt über Ihre Hausbank. Aktuelle Konditionen können Sie auf der Internetseite der KfW-Bankengruppe unter www.kfw.de einsehen.

2.1.1.6 Gründerwettbewerb IKT Innovativ (Wettbewerb)

Zwei Mal im Jahr schreibt das Bundesministerium für Wirtschaft und Technologie einen lukrativen Gründerwettbewerb für Existenzgründer und junge Unternehmen in der Informations- und Kommunikationsbranche aus. Die Abgabetermine sind regelmäßig zum 31. Mai und 30. November eines Jahres. Einzureichen sind knappe Darstellungen der Geschäftsidee.

Konditionen	
Antragsteller	Privatpersonen und Unternehmen bis 4 Monate nach Gründung
Preisgeld	30.000 € max. (Hauptpreis) sowie ein umfangreiches Coaching

Die Antragstellung erfolgt über: VDI/VDE Innovation + Technik GmbH, www.gruenderwettbewerb.de.

Förderprogramme für die Existenzgründungsphase

- Gründercoaching Deutschland (Zuschuss)
- ERP-Gründungskredit Universell (Darlehen)
- ERP-Startfonds (Beteiligung)

Die subjektive Auswahl von Förderprogrammen soll Ihnen einen Eindruck von der Vielfalt der Fördermöglichkeiten geben, ist aber keineswegs als abschließende Aufzählung zu verstehen und erhebt auch keinen Anspruch auf Vollständigkeit.

2.1.1.7 Gründercoaching Deutschland (Zuschuss)

Mit dem Programm "Gründercoaching Deutschland" sollen Beratungsleistungen von Existenzgründern bis fünf Jahre nach Gründung bezuschusst werden. Nicht antragsberechtigt sind Existenzgründer, die überwiegend Unternehmensberatung oder landwirtschaftliche Primärerzeugnisse anbieten oder im Sektor Fischerei und Aquakultur tätig sind. Förderfähig sind vielfältige Coachingthemen in den Bereichen Wirtschaft, Finanzen und Organisation. In der Praxis suchen Sie zunächst einen Gründercoach aus der KfW-Beraterbörse unter https://beraterboerse.kfw.de aus. Führen Sie ein oder zwei kostenlose Erstgespräche, um einen geeigneten Berater zu finden, und stellen Sie dann ggf. einen Antrag bei der örtlichen Wirtschaftsförderung oder IHK. Wer für Sie zuständig ist, können Sie auf der Online-Antragsplattform unter www.rp-suche.de per Postleitzahlensuche feststellen.

Konditionen	
Antragsteller	KMU bis 5 Jahre nach Gründung
Zuschuss	50 % - 90 %, 4.500 € max.

Die Antragstellung erfolgt über einen zuständigen Regionalpartner bei der KfW-Bank, www.kfw.de.

2.1.1.8 ERP-Gründungskredit Universell (Darlehen)

Der Gründungskredit „Universell" bedient Kreditanfragen von Existenzgründern und jungen Unternehmen bis zu einem Alter von drei Jahren, die mehr als 100.000 € jedoch maximal 10 Mio. € betragen. Der Kredit steht für Investitionen und Betriebsmittel zur Verfügung. Auch hier können 100 % des Finanzierungsbedarfs abgedeckt werden.

Konditionen	
Antragsteller	Existenzgründer und Unternehmen bis 3 Jahre nach Gründung
Kredit	100.000 € bis 10 Mio. € max.
Tilgungsfreie Anlaufzeit	3 Jahre max.
Laufzeit	20 Jahre max.

Die Antragstellung erfolgt über Ihre Hausbank. Aktuelle Konditionen können Sie auf der Internetseite der KfW-Bankengruppe unter www.kfw.de einsehen.

2.1.1.9 ERP-Startfonds (Beteiligung)

Für innovative Technologieunternehmen mit einem maximalen Alter von zehn Jahren, die neue Produkte, Verfahren oder Dienstleistungen auf den Markt bringen wollen und die bereits einen externen Kapitalgeber („Lead Investor"[2]) haben, kann über den „ERP-Startfonds" eine zusätzliche Beteiligung beantragt werden. Voraussetzung ist, dass der Lead Investor bei der KfW-Bank akkreditiert ist. Ist er das nicht, erfolgt die Zulassung bei der KfW als Einzelfallentscheidung. Es können auch Privatpersonen als Lead Investor auftreten.

Das geförderte Unternehmen darf maximal 49 Mitarbeiter beschäftigen und die Jahresbilanzsumme bzw. der Jahresumsatz muss unter 10 Mio. € liegen. Der KfW-Beitrag richtet sich in erster Linie nach der bereits bestehenden Beteiligung des Lead Investors, maximal erreicht er die gleiche Höhe. Es ist erforderlich, dass der Lead Investor einen Kooperationsvertrag unterzeichnet, in dem die Betreuung der

2 Lead Investor: Begriff, der in Zusammenhang mit Beteiligungskapital benutzt wird. Davon ausgehend, dass sich an einem Unternehmen mehrere Kapitalgeber beteiligen, wird als Lead Investor derjenige bezeichnet, der sich meist zuerst oder ggf. mit der höchsten Summe beteiligt.

KfW-Beteiligung geregelt ist. Das Kapital soll die Entwicklung und Markteinführung neuer oder verbesserter Produkte, Verfahren und Dienstleistungen finanziell unterstützen.

Konditionen	
Antragsteller	Existenzgründer und Unternehmen bis 10 Jahre nach Gründung
Kredit	5 Mio. € max., jedoch höchstens 2,5 Mio. € in 12 Monaten. Es sind 2 Finanzierungsrunden möglich
Laufzeit	variabel

Im Modul „Frühphase" sollen die Investitionen für den Aufbau einer adäquaten Unternehmensstruktur, die Erstellung von grundlegenden Unterlagen (Geschäftsplan, Patent- und Markenrecherchen) sowie die ersten Produkt- und Verfahrensentwicklungen unterstützt werden. Sicherheiten werden von der KfW nicht eingefordert.

Konditionen	
Antragsteller	Existenzgründer und Unternehmen bis 3 Jahre nach Gründung
Kredit	150.000 € max. in Form von Genussscheinen

Die Antragstellung erfolgt direkt an die KfW. Alle Formulare, Konditionen und Rahmenbedingungen sind unter ww.kfw.de hinterlegt.

2.1.2 Unternehmensfinanzierung

Der Bereich der „Unternehmensfinanzierung" deckt im Prinzip die meisten Investitionsvorhaben ab, die über Fördermittel bedient werden können. Einen Teil der Förderprogramme, die sich dem Bereich Unternehmensfinanzierung zuordnen lassen, haben wir bereits im Kapitel 2.1.1 Existenzgründung und -festigung kennengelernt. Betriebswirtschaftlich betrachtet gibt es zwei unterschiedliche Formen der Unternehmensfinanzierung: die Außenfinanzierung und die Innenfinanzierung.

Die **Außenfinanzierung** meint die Finanzierung durch Zuführung von Kapital von außen. Die Außenfinanzierung kann auf verschiedenen Wegen erfolgen:

- durch Anteilseigner bzw. Eigentümer als klassische Eigenfinanzierung
- durch neue Eigentümer, die sich der Finanzierung annehmen – als Beteiligungsfinanzierung (vgl. Beteiligung)
- durch Gläubiger, zum Beispiel durch Lieferanten oder Banken – als Fremdfinanzierung (vgl. Darlehen).

Die **Innenfinanzierung** meint die buchmäßige Minderung des Gewinns, der als Grundlage für die Berechnung von Steuern oder auch für Gewinnausschüttungen herangezogen wird. Ein typisches Instrument für die Innenfinanzierung ist die Bildung von Rückstellungen und Abschreibungen. Sinkt der Gewinn, mindert sich die Steuerlast und entsprechend mehr Geld steht im Betrieb für geplante Investitionen zur Verfügung. Auch wenn ausschüttungsfähige Überschüsse einbehalten werden, spricht man von einer Innenfinanzierung bzw. einer Selbstfinanzierung.

Der Förderbereich „Unternehmensfinanzierung“ lässt sich jeder Entwicklungsphase zuordnen, entsprechend breit sind die Förderprogramme konzipiert. Aus Fördersicht lassen sich die aufgelegten Programme in die Kategorie Außenfinanzierung einordnen. Zusätzlich zu den oben beschriebenen Varianten sind auch hier Programme in Form von nicht rückzahlbaren Zuschüssen konzipiert, die für die Unternehmensfinanzierung bereitstehen.

Fallbeispiel: Unternehmensfinanzierung

Sachverhalt	Fördermittel	Praxistipps
Ein Friseurgeschäft existiert seit 6 Jahren und plant jetzt die Erweiterung des Angebotes. Zusätzlich zur klassischen Friseurdienstleistung sollen kosmetische Behandlungen angeboten werden. Dazu ist ein Umbau mit Erweiterung der bestehenden Immobilie notwendig sowie die Anschaffung von Inventar. Der Finanzierungsbedarf liegt bei 100.000 €.	Zur Erstellung des Businesplans zieht das Unternehmen einen Berater hinzu. Die Beratungsleistungen zur Erstellung des Businessplans und Unterstützung der Kreditverhandlungen werden über das Programm „Förderung unternehmerischen Know-hows für kleine und mittlere Unternehmen sowie freie Berufe durch Unternehmensberatungen“ (siehe Kapitel 2.1.5 Beratung) mit 1.500 € bezuschusst. Die Finanzierung wird über den KfW-Unternehmerkredit vorgenommen. 50.000 € werden von der Haftung freigestellt. Bei einer vereinbarten Laufzeit von 20 Jahren sind die ersten 3 Jahre tilgungsfrei. Die Absicherung der verbleibenden 75.000 € erfolgt über die Immobilie.	Den Beratungszuschuss vom Bundesamt für Wirtschaft und Ausfuhrkontrolle können Sie nach Ende der Beratungsleistung unter Nachweis der gezahlten Rechnungen und der erhaltenen Leistungen beantragen. Wichtig ist, dass der Berater bei der BafA akkreditiert ist bzw. sich akkreditieren lässt. Sprechen Sie Ihren gewählten Berater vor Auftragserteilung darauf an.

Förderprogramme für die Unternehmensfinanzierung

- KfW-Unternehmerkredit (Darlehen)
- Mikrokreditfonds Deutschland (Darlehen)
- Beteiligungskapital für Wachstum, Innovation und Nachfolge (Beteiligung)
- Bürgschaften des Bundes und der Länder (Bürgschaft)

Die subjektive Auswahl von Förderprogrammen soll Ihnen einen Eindruck von der Vielfalt der Fördermöglichkeiten geben, ist aber keineswegs als abschließende Aufzählung zu verstehen und erhebt auch keinen Anspruch auf Vollständigkeit.

2.1.2.1 KfW-Unternehmerkredit (Darlehen)

Unternehmen, die in der Regel mindestens drei Jahre am Markt sind, und Privatpersonen, die Gewerbeimmobilien verpachten oder vermieten, gehören zur Zielgruppe des KfW-Unternehmerkredits. Dieses Darlehen ist universell einsetzbar: es unterstützt mittel- und langfristige Finanzierungsvorhaben im In- und Ausland. Finanziert werden unter anderem der Erwerb von Grundstücken und Gebäuden, gewerbliche Baukosten, der Kauf von Maschinen, Anlagen, Fahrzeugen und Einrichtungen, Betriebs- und Geschäftsausstattungen, der Erwerb von Patentrechten und Lizenzen, Kosten für Beratungsleistungen, Kosten für die erste Teilnahme an einer Messe, Warenlager und Betriebsmittel. Das Programm besteht aus zwei Teilen: einer Fremdkapitaltranche und einer Nachrangkapitaltranche. Diese beiden Tranchen[3] sind zwingend gleich groß. Ein besonderer Vorteil dieses Darlehens ist, dass bis zu 100 % der förderfähigen Kosten finanziert werden können.

Konditionen	
Antragsteller	Unternehmen ab dem 3. Jahr nach Gründung sowie Vermieter und Verpächter von Gewerbeimmobilien
Kredit	25 Mio. € max.
Laufzeit	2, 5, 10 oder 20 Jahre

Die Antragstellung läuft über die begleitende Hausbank, die die Unterlagen an die KfW-Bankengruppe durchleitet (www.kfw.de).

3 Eine Tranche bedeutet in diesem Zusammenhang „Teilbetrag eines staatlichen Kredites“.

2.1.2.2 Mikrokreditfonds Deutschland (Darlehen)

Existenzgründer und Unternehmen mit bis zu 49 Mitarbeitern und maximal 10 Mio. € Jahresumsatz oder Jahresbilanzsumme sind Zielgruppe des Mikrokreditfonds Deutschland. Voraussetzung ist, dass ein Finanzierungsbedarf besteht, der mit eigenen Mitteln nicht aufgebracht werden kann. Bei der Vergabe der Kredite wird schwerpunktmäßig auf die Gründerpersönlichkeit bzw. auf die Persönlichkeit des Unternehmers abgestellt. Fehlen dem Gründer/Unternehmer die Sicherheiten, können z.B. Bürgschaften aus dem Freundes- und Verwandtenkreis als Ersatz dienen.

Konditionen	
Antragsteller	Existenzgründer und KMU jeden Alters
Kredit	20.000 € max.
Laufzeit	3 Jahre

Die Antragstellung läuft direkt über eines der Mikrokreditunternehmen, die auf der Internetseite www.mikrokreditfonds.de aufgelistet sind.

2.1.2.3 Beteiligungskapital für Wachstum, Innovation und Nachfolge (Beteiligung)

Über das Beteiligungskapital-Programm können Wachstums- und Innovationsvorhaben sowie der Finanzierungsbedarf für Nachfolgeregelungen in Unternehmen, die mindestens zehn Jahre alt sind, gefördert werden. Das Unternehmen darf nicht mehr als 50 Mio. € Jahresumsatz aufweisen. Es gibt eine Reihe von Ausschlusskriterien. So sind Unternehmen, die an der Börse notiert sind, ebenso ausgeschlossen wie Unternehmen, die bereits eine Förderung über ein anderes Programm mit Haftungsfreistellung nutzen. Die Beteiligung erfolgt nur dann, wenn bereits ein anderer Kapitalgeber („Lead Investor") involviert ist. Der Lead Investor muss in einem Kooperationsvertrag verbindlich der operativen Verwaltung der KfW-Beteiligung zustimmen. Der KfW-Beitrag richtet sich nach der bereits bestehenden Beteiligung und ist im Einzelfall abzustimmen.

Konditionen	
Antragsteller	Unternehmen mit einem maximalen Jahresumsatz von 50 Mio. €
Kredit	5 Mio. € max., jedoch mindestens 500.000 €. Es sind mehrere Finanzierungsrunden möglich
Laufzeit	variabel

Die Antragstellung erfolgt direkt an die KfW-Bank. Weitere Details erhalten Sie im Internet unter www.kfw.de.

2.1.2.4 Bürgschaften des Bundes und der Länder (Bürgschaft)

Das Bürgschaftsprogramm fördert Unternehmen der gewerblichen Wirtschaft, die nachweislich nicht über ausreichend bankübliche Sicherheiten verfügen. Die Bürgschaft dient zur Besicherung von Krediten. Grundvoraussetzung ist, dass das Finanzierungskonzept tragfähig ist und das antragstellende Unternehmen keine Alternative zur öffentlichen Bürgschaft hat. Jedes Bundesland verfügt über ein eigenes Landesbürgschaftsprogramm, wobei diese grundsätzlich ähnlich konzipiert sind.
Das Ausfallrisiko wird mit 80 % übernommen, so dass für die begleitende Bank ein Restrisiko von 20 % verbleibt. Eine angemessene Eigenbeteiligung ist erforderlich.

Konditionen	
Antragsteller	KMU
Bürgschaft	Übernahme von 80 % des Ausfallrisikos der Kreditsumme
Laufzeit	variabel

Anträge bis 1 Mio. € können vom Unternehmen direkt bei der Landesbürgschaftsbank gestellt werden (BOB = Bürgschaft ohne Bank, siehe Kapitel 1.2.2). Bei einem Bürgschaftsvolumen von mehr als 1 Mio. € bis 10 Mio. € max. erfolgt die Antragstellung nach dem Hausbankprinzip bei der zuständigen Landesbürgschaftsbank bzw. dem zuständigen Landeswirtschaftsministerium. Bürgschaften, die einen Kredit absichern sollen, der mehr als 10 Mio. € beträgt, laufen über die Wirtschaftsprüfungsgesellschaft PricewaterhouseCoopers AG, Berlin, www.pwc.de.

2.1.3 Infrastruktur und Regionalförderung

Fördergelder, die den Bereich „Infrastruktur und Regionalförderung“ abdecken sollen, fließen ausschließlich in Projekte, die die hier gesteckten Ziele unterstützen. Mit dem Begriff Infrastruktur sind Einrichtungen gemeint, die als öffentliches Gut von der Allgemeinheit genutzt werden können. Typische infrastrukturelle Einrichtungen sind die Verkehrsnetze wie Straßen, Wasserwege und Schienennetze, aber auch öffentlich-soziale Einrichtungen wie Kindergärten, Alten- und Jugendheime. Hinzu kommen Versorgungs- und Entsorgungseinrichtungen (Energienetze, Wasserversorgung, Kommunikationsnetze). Man bezeichnet diesen Komplex auch als sogenannte wirtschaftsnahe Infrastruktur, der in den Förderprogrammen gelegentlich eine Rolle spielt. Auch der Bereich der Bildung sowie Forschung und Entwicklung wird zum Teil über Programme der Infrastrukturförderung unterstützt. In erster Linie ist damit der Aufbau von Fachwissen gemeint, der volkswirtschaftlich betrachtet als Produktionsfaktor eingestuft wird. In der Fördersprache bezeichnet man Investitionen in diesem Bereich als "Humankapitalbildung“.

Von Regionalförderung spricht man dann, wenn die gewerbliche Wirtschaft in einer bestimmten Region gemäß politischer Zielsetzungen bei ihren Investitionstätigkeiten unterstützt wird. Die Intensität der Regionalförderung hängt von der wirtschaftlichen Leistungsfähigkeit einer Region ab. Der Vergleich wird nicht nur innerdeutsch angestellt, sondern EU-weit. Wesentliche Zielsetzungen der Regionalförderung sind, wirtschaftliche Aufholprozesse zu stimulieren und auf dem Weg dahin über die Ansiedlung von Unternehmen Dauerarbeitsplätze zu schaffen und die regionale Wirtschaftskraft langfristig zu stärken sowie weiter auszubauen. Beide Bereiche, die Infrastruktur- und die Regionalförderung, überschneiden sich streckenweise und ergänzen sich sinnvoll. Deshalb sollte man bei Förderprogrammen aus diesem Bereich im Hinterkopf behalten, dass die Abstimmung mit örtlichen Behörden und regionalen politischen Vertretern zumindest im Bereich der Investitionszuschüsse eine nicht zu vernachlässigende Rolle spielt und bei der Projektplanung frühzeitig berücksichtigt werden sollte.

Fallbeispiel: Infrastruktur- und Regionalförderung

Sachverhalt	Fördermittel	Praxistipps
plant die Erweiterung des Betriebes. Es soll eine Fertigungshalle errichtet werden, in der 5 neue Arbeitsplätze entstehen. Der Vertrieb der Möbel erfolgt unter anderem über das Internet und erreicht Kunden in ganz Deutschland, zum Teil wird auch ins Ausland geliefert. Die Investition in Maschinen, Fertigungsstraßen und Gebäude beläuft sich auf 1.5 Mio. €, die Eigenkapitalquote liegt bei 30 %. Die Umsetzung der Investition ist innerhalb von 8 Monaten geplant und wurde noch nicht begonnen.	Die Investitionskosten in Höhe von 1,5 Mio. € können im Kreis Hof mit 40 % über das Programm Gemeinschaftsaufgabe „Verbesserung der regionalen Wirtschaftsstruktur“ - Einzelbetriebliche Investitionsförderung“ bezuschusst werden. Für die Finanzierung wird das ERP-Regionalförderprogramm genutzt.	Antragstellung aus dem Zuschussprogramm „Gemeinschaftsaufgabe“ ist vor Vorhabensbeginn. Planen Sie dabei ein, dass die Bearbeitung durch die Förderstelle oft mehrere Monate in Anspruch nimmt. Vor Einreichung von umfangreichen Antragsunterlagen, die aus Businessplan, Finanzkonzept und diversen Unterlagen bestehen, ist ein persönliches Gespräch mit der Förderstelle ratsam. So können Sie relativ schnell abklopfen, ob Ihr Projekt Chancen auf Förderung hat.

Förderprogramme für die Infrastruktur- und Regionalförderung

- Gemeinschaftsaufgabe Verbesserung der regionalen Wirtschaftsstruktur (Zuschuss)
- ERP-Regionalförderprogramm (Darlehen)
- Fündigkeitsrisiko Tiefengeothermie (Darlehen)
- Bürgschaften des Landes Sachsen-Anhalt für Betriebsmittelkredite mit regionaler Zielsetzung (Bürgschaft), Zielgebiet Sachsen-Anhalt

Die subjektive Auswahl von Förderprogrammen soll Ihnen einen Eindruck von der Vielfalt der Fördermöglichkeiten geben, ist aber keineswegs als abschließende Aufzählung zu verstehen und erhebt auch keinen Anspruch auf Vollständigkeit.

2.1.3.1 Gemeinschaftsaufgabe Verbesserung der regionalen Wirtschaftsstruktur (Zuschuss)

Mit dem Programm „Gemeinschaftsaufgabe Verbesserung der regionalen Wirtschaftsstruktur" werden Investitionen und Betriebsmittel finanziert ggf. auch Beratungsleistungen bezuschusst. Die Investitionsförderungen gehen in ausgewiesene strukturschwache Regionen. Ziel ist die Schaffung von Arbeitsplätzen und die Erhöhung der wirtschaftlichen Aktivitäten. Voraussetzung für die Nutzung eines Zuschusses aus diesem Programm ist unter anderem, dass der Absatz überregional erfolgt. Das bedeutet, dass die überwiegende Anzahl der Kunden nachweislich aus einem Gebiet kommen muss, das mindestens 50 km entfernt vom Investitionsort liegt. Der Investor muss mindestens 25 % Eigenkapital mitbringen und sollte sein Vorhaben innerhalb von 36 Monaten umsetzen können.
Gefördert werden ausgewählte Wirtschaftszweige, die in der sogenannten Positivliste aufgeführt sind, also Betriebe, die Produkte aus folgenden Bereichen herstellen:

- Chemie
- Kunststoff und Kunststofferzeugnisse
- Gummi und Gummierzeugnisse
- Grob- und Feinkeramik
- Kalk, Gips, Zementprodukte
- Glas, Glaswaren
- Schilder und Lichtreklame
- Metalle
- Maschinen und technische Geräte

- Fahrzeuge aller Art und deren Zubehör
- Schiffe, Boote und technische Schiffsausrüstung
- Uhren, feinmechanische Geräte
- Möbel, Musikinstrumente, Sportgeräte, Spiel und Schmuckwaren
- Holzerzeugnisse
- Druckerzeugnisse
- Papier
- Leder und Ledererzeugnisse
- Schuhe, Textilien, Bekleidung
- Nahrungs- und Genussmittel
- Futtermittel
- u.a.m.

Weiter werden Betriebe gefördert, die Dienstleistungen in folgenden Sparten anbieten:

- Veranstaltung von Kongressen
- Verlage
- betriebswirtschaftliche und technische Unternehmensberatung
- Marktforschung, Meinungsforschung
- Werbeleistungen für die gewerbliche Wirtschaft
- Tourismus
- Ausstellung und Messeeinrichtung
- logistische Dienstleistungen
- Film-, Fernsehen-, Video- und Audioproduktion
- Kommunikationsdienstleistungen
- u.a.m.

Jedes Bundesland hat seine eigene Richtlinie und setzt seine eigenen Schwerpunkte. Deshalb bestehen regionale Unterschiede. So gibt es Bundesländer, die eine Förderung von Campingplätzen aus dem Bereich Tourismus herausnehmen. Andere schließen die Förderung von Konzert- und Sporthallen aus, wieder andere verzichten auf die Förderung von Versandhandelsbetrieben. Welche Sonderregelungen im Einzelnen getroffen werden, ist der jeweiligen Richtlinie zu entnehmen. Welche Richtlinie greift, hängt vom Ort der Investitionen ab. Als Gegenpol zur Positivliste sind einige Wirtschaftszweige generell von einer Förderung ausgeschlossen. Dazu gehören Land- und Forstwirtschaft, Aquakultur und Fischerei, Bergbau und weite Teile des Baugewerbes.

Konditionen Investitionszuschuss	
Antragsteller	KMU und Betriebe des Fremdenverkehrsgewerbes
Zuschuss	10 % - 50 % der förderfähigen Investitionen

Konditionen Beratungsleistungen	
Antragsteller	KMU ab dem 5. Jahr nach Gründung
Zuschuss	50 % - 80 %, 50.000 € max.

Die Antragstellung erfolgt über die zuständigen Landesbanken oder Landesförderinstitute der einzelnen Bundesländer. Erste Anlaufstelle für weitergehende Informationen und Hinweise auf zuständige Fördereinrichtungen ist das Bundesministerium für Wirtschaft und Technologie, www.bmwi.de.

2.1.3.2 ERP-Regionalförderprogramm (Darlehen)

Das ERP-Regionalförderprogramm unterstützt Betriebe, die in ausgewiesenen deutschen Regionalfördergebieten gem. der Aufstellung des Förderprogramms „Gemeinschaftsaufgabe Verbesserung der regionalen Wirtschaftsstruktur" investieren. Finanziert werden unter anderem:

- Betriebs- und Geschäftsausstattung
- die Anschaffung von Maschinen, Fahrzeugen, Einrichtungen
- der Erwerb von Grundstücken und Gebäuden sowie gewerbliche Baukosten
- Marktforschungsmaßnahmen

Es müssen Arbeitsplätze geschaffen werden. In den alten Ländern können bis zu 50 % der förderfähigen Investitionskosten finanziert werden, in den neuen Ländern und Berlin sind es bis zu 85 %.

Konditionen	
Kredit	50 % - 85 % der förderfähigen Investitionskosten, 3 Mio. € max.
Laufzeiten	15 Jahre max.
Tilgungsfreie Anlaufjahre	5 Jahre max.

Die Antragstellung erfolgt über die Hausbank an die KfW-BANK, www.kfw.de.

2.1.3.3 Fündigkeitsrisiko Tiefengeothermie (Darlehen)

Das Förderprogramm „Fündigkeitsrisiko Tiefengeothermie“ unterstützt Investoren dabei, die Geothermie in Deutschland weiter auszubauen. Das Darlehen, an das eine Haftungsfreistellung gekoppelt ist, soll das Risiko einer erfolglosen Tiefenbohrung reduzieren. Auf diese Weise beabsichtigt die Bundesregierung, die bestehende Investitionszurückhaltung zu vermindern.
Es ist erforderlich, dass die geförderte Maßnahme für mindestens sieben Jahre vom Antragsteller zur Wärmeerzeugung und/oder zur Stromerzeugung genutzt wird.

Konditionen	
Antragsteller	Unternehmen
Kredit	80 % der förderfähigen Investitionskosten
Haftungsfreistellung	ja,
Teilschuldenerlass	ja, variabel

Die Antragstellung erfolgt über die Hausbank an die KfW-BANK, www.kfw.de.

2.1.3.4 Bürgschaften des Landes Sachsen-Anhalt für Betriebsmittelkredite mit regionaler Zielsetzung (Bürgschaft), Zielgebiet Sachsen-Anhalt.

Jedes Bundesland hat eigene Bürgschaftsbanken. Als Beispiel ist Sachsen-Anhalt herausgegriffen. Die Funktionsweise und Ausgestaltung des Förderprogramms ist in den anderen Bundesländern ähnlich.

Betriebe mit Sitz in Sachsen-Anhalt, die der gewerblichen Wirtschaft zuzuordnen sind, können durch eine Landesbürgschaft für kurz- und mittelfristige Betriebsmittel- und Ausfallkredite gefördert werden. Der Betrieb darf maximal 1.000 Mitarbeiter beschäftigen und muss zusätzlich weitere Sicherheiten im Rahmen seiner Möglichkeiten stellen. Ausgeschlossen sind unter anderem Branchen der Primärerzeugung sowie Betriebe aus den Bereichen Fischerei, Aquakultur, Kohle- und Stahlindustrie, dem Finanzsektor, dem Kunstfasersektor, dem Schiffbau und dem Verkehrssektor.

Konditionen	
Antragsteller	Unternehmen der gewerblichen Wirtschaft, der freien Berufe sowie Träger sozialer, kultureller und wissenschaftlicher Einrichtungen
Bürgschaft:	70 % üblicherweise, 80 % max. mit Genehmigung durch das Landesfinanzministerium
Laufzeit:	variabel

Anträge können bei der Wirtschaftsprüfungsgesellschaft Pricewaterhouse-Coopers AG (www.pwc.de) gestellt werden.

2.1.4 Innovationen

Die Förderung im Bereich „Innovation“ zielt auf wirtschaftliche Unterstützung von Unternehmen ab, die sich mit der Entwicklung neuer Konzepte, neuer Verfahren, neuer Dienstleistungen und Prozesse beschäftigen und personelle und finanzielle Kapazitäten hierfür bereitstellen. Innovationsförderung ist Wirtschaftsförderung für Unternehmen, die neue Wege beschreiten. Ihnen sollen Möglichkeiten eröffnet werden, sich mit Innovationen in ihrem Unternehmen auseinanderzusetzen und ihr Engagement zu verstärken. Förderungen können projektbezogen sein und sich auf ganz konkrete, zeitlich und inhaltlich abgrenzbare Vorhaben beschränken. Sie können jedoch auch für eine Verstärkung personeller Kapazitäten sorgen, um überhaupt innovativ tätig werden zu können. Auch die Zusammenarbeit mit Hochschulen oder anderen Forschungseinrichtungen, die einen professionellen Wissenspool bereitstellen (Wissenstransfer), wird gefördert. Hinzu kommen zuschussfähige Beratungsleistungen, die ein Unternehmen bei der Konzeption, Vorbereitung und Markteinführung einer innovativen Dienstleistung oder eines neuen Produktes unterstützen. Gefördert wird in Form von Zuschüssen z.B. zu Beratungs-, Personal- oder Investitionskosten, möglich sind auch Unternehmensbeteiligungen und Kredite für Investitionen und Betriebsmittel, öffentliche Bürgschaften und Garantien.

Tipp

Der Begriff „Innovation" gilt in diesem Förderbereich nicht exklusiv für eine patentfähige Entwicklung, sondern auch für Produkte oder Dienstleistungen, die für ein Unternehmen neuartigen Charakter haben. Es lohnt sich hier, ganz genau die aktuellen Richtlinien aus dem Förderbereich „Innovation" zu studieren. Denn was auf den ersten Blick gelegentlich recht theoretisch erscheint, erweist sich auf den zweiten Blick als durchaus praktikabel und sinnvoll einsetzbar.

Fallbeispiel: Innovation

Sachverhalt	Fördermittel	Praxistipps
Beispiel: Ein Glasereibetrieb, der täglich mit der Verpackung, dem Transport und der Lieferung von zerbrechlicher Ware zu tun hat, hat sich mit der Bruchsicherung der Waren näher beschäftigt. Es soll ein Verfahren entwickelt werden, bei dem mithilfe von dynamischen Airbags der Verpackungsprozess be-	Mit dem BMWi-Innovationsgutschein lassen sich Beratungsleistungen zur Machbarkeit bezuschussen. Der Zuschuss beläuft sich auf 20.000 €. Zur Finanzierung kommt das ERP-Innovationsprogramm zum Einsatz.	Die Beratungsleistung umfasst die technische und die wirtschaftliche Machbarkeit. Dabei wird auch geprüft, ob ein vergleichbares Verfahren bereits auf dem Markt ist, und zusätzlich dabei unterstützt, ein Unternehmen zu finden, das bei der Herstellung des innovativen Verpackungsverfahrens kooperiert.

schleunigt und der Bruchanteil der Ware signifikant gemindert wird. Um das Vorhaben in die Tat umzusetzen, möchte der Betrieb wissen, ob eine Investition in diesem Bereich betriebswirtschaftlich machbar und sinnvoll ist. Darüber hinaus zeichnet sich ab, dass im Falle der Machbarkeit eine Fremdfinanzierung notwendig wäre, die bei 500.000 € liegt.		

Förderprogramme für Innovationen

- BMWi-Innovationsgutscheine (Zuschuss)
- ERP-Innovationsprogramm (Darlehen)
- High-Tech Gründerfonds (Darlehen/Beteiligung)

Die subjektive Auswahl von Förderprogrammen soll Ihnen einen Eindruck von der Vielfalt der Fördermöglichkeiten geben, ist aber keineswegs als abschließende Aufzählung zu verstehen und erhebt auch keinen Anspruch auf Vollständigkeit.

2.1.4.1 BMWi-Innovationsgutscheine (Zuschuss)

Mit dem Innovationsgutschein können sich Unternehmen professionelle Beratungsleistungen einkaufen, die ihnen dabei helfen, Herstellungsprozesse und Verfahren effizienter zu gestalten. Förderfähig sind die Kosten, die ein externer Berater verursacht. Der Berater muss vom Bundesministerium für Wirtschaft autorisiert worden sein. Die Beratungen können vielfältige Themen enthalten, z. B. zur Vorbereitung und Durchführung von Verfahrensneuerungen, Effizienzsteigerung und Materialentwicklung. Das Programm ist in zwei Teile gesplittet. Es gibt das Modul „Innovationsmanagement" und das Modul „Rohstoff-und Materialeffizienz".

Zur Zielgruppe gehören Unternehmen, die weniger als 100 Beschäftigte haben und mit ihrem Jahresumsatz bzw. der Jahresbilanzsumme unter 20 Million € liegen. Im Modul „Rohstoff- und Materialeffizienz“ sind auch KMU förderfähig. Die Betriebe müssen der gewerblichen Wirtschaft oder dem Handwerk angehören. Von Teilen des Programms ausgeschlossen sind die Branchen Fischerei, Verkehrswesen, Landwirtschaft und Schiffbau sowie Kohle und Stahl.

Konditionen	
Antragsteller	Autorisierte Beratungsunternehmen
Zuschuss Innovationsmanagement Zuschuss Rohstoff- und Materialeffizienz	20.000 € max. 80.000 € max.

Antragannehmende Stelle im Modul Innovationsmanagement ist das Unternehmen EuroNorm GmbH, Berlin und für das Modul „Rohstoff- und Materialeffizienz" die deutsche Materialeffizienzagentur, Berlin. Weitergehende Informationen finden Sie auf www.bmwi-innovationsgutscheine.de.

2.1.4.2 ERP-Innovationsprogramm (Darlehen)

Kleine Unternehmen und Freiberufler, die sich mit der Entwicklung neuer Produkte, Produktionsverfahren oder Dienstleistungen beschäftigen, können über das ERP-Innovationsprogramm gefördert werden. Die anschließende Phase der Markteinführung ist ebenfalls förderfähig. Der Finanzierungshorizont ist langfristig ausgelegt. Das Unternehmen muss mindestens zwei Jahre am Markt tätig sein. Förderfähig in der Entwicklungsphase sind u.a.:

- Personalkosten
- Reisekosten
- Materialkosten
- Investitionskosten ins Anlagevermögen
- Beratungskosten zur Innovation
- Qualitätssicherungsmaßnahmen

Im Rahmen der Markteinführung wird Folgendes als förderfähig anerkannt:

- Unternehmensberatung
- Marktforschung
- Ausbildung
- Produktionsaufbau bzw. das Produktionsverfahren

Konditionen	
Antragsteller	KMU
Kredit	5 Mio. € max.
Haftungsfreistellung	ja
Tilgungsfreie Anlaufzeit	2 Jahre max.
Laufzeit	2 Jahre max.

Die Antragstellung verläuft im Hausbankprinzip, die die Anträge an die KfW-Bankengruppe weiterleitet. Detaillierte Informationen finden Sie im Internet unter www.kfw.de.

2.1.4.3 High-Tech Gründerfonds (Darlehen/Beteiligung)

Für Existenzgründer und junge Unternehmen mit einem Unternehmensalter von maximal einem Jahr aus dem Bereich Technologie, die in erster Linie Forschungs- und Entwicklungsvorhaben umsetzen, ist dieser Gründerfonds konzipiert. Ziel der Beteiligung soll die Herstellung eines Prototyps oder eines Machbarkeitsnachweises („proof of concept") sein. Mit der Beteiligung soll in wachstumsorientierte Produkte, Verfahren und Dienstleistungen mit hohem Risiko und Innovationsgrad investiert werden, die langfristig nutzbares Marktpotenzial erschließen. Begleitend zum Kapital werden Coachingmaßnahmen für das Management vermittelt. Hauptinvestor ist der Bund, daneben stehen die KfW sowie 17 große Wirtschaftsunternehmen.

Konditionen	
Antragsteller	Existenzgründer und junge Unternehmen bis 1 Jahr nach Gründung
Kredit	500.000 € max., später weitere 1,5 Mio. € möglich
Zinssatz	10 %, Stundung für bis zu 4 Jahre
Laufzeit	7 Jahre

Die Antragstellung läuft über den High-Tech-Gründerfonds Management GmbH, www.high-tech-gruenderfonds.de.

2.1.5 Beratung

Der Förderbereich „Beratung" birgt eine Vielfalt von Möglichkeiten, die praktisch in jeder Unternehmensphase eingesetzt werden können. Nicht jedes Programm ist für jede Unternehmensphase geeignet, jedoch findet sich für jede Unternehmensphase ein Programm, das anwendbar ist. Einerseits beauftragen zahlreiche Unternehmen Beratungsleistungen, die vom Grunde her förderfähig wären, verzichten jedoch – meist aus Unwissenheit – auf Zuschüsse. Auf der anderen Seite würden Unternehmen, die aus finanziellen Gründen bislang keine wirtschaftlichen Beratungsleistungen eingekauft haben, professionelle Berater einschalten, wenn sie um die Zuschussfähigkeit wüssten. Tatsächlich ist es so, dass die Bundesregierung explizit wirtschaftliche Beratungsleistungen zu den wichtigen Förderinstrumenten zählt. Im aktuellen Subventionsbericht der Bundesregierung steht im Abschnitt „Maßnahmen zur Förderung kleiner und mittlerer Unternehmen" das Folgende:

„Die Fördermaßnahmen zur Steigerung der Leistungs- und Wettbewerbsfähigkeit mittelständischer Unternehmen und freier Berufe sowie die Hilfen für Existenzgründer sind wichtige Bestandteile der Mittelstandspolitik der Bundesregierung. Die Schwerpunkte liegen bei der Beratung von Unternehmen und Existenzgründern, der Schulung von Betriebsinhabern, Mitarbeitern und Auszubildenden, (...).“[4]

Nach Auffassung der Bundesregierung vernachlässigen insbesondere kleine und mittlere Unternehmen häufig unternehmerische Aufgaben, die speziell das Rechnungswesen oder auch die strategische Planung betreffen. Stattdessen überlassen sie zahlreiche alltägliche Handlungsschritte dem Zufall oder pflegen lediglich anhand des täglichen Blicks auf den Kontoauszug Entscheidungen zu treffen. Die langfristige Liquidität oder gar Rentabilität wird dabei häufig aus den Augen gelassen. Das Risiko, das Unternehmer eingehen, indem sie diese Aufgaben verdrängen oder vernachlässigen, ist groß. Einen Grund für dieses Verhalten sieht die Bundesregierung in erster Linie im mangelnden Know-how. Es fehlt am notwendigen Handwerkszeug, um beispielsweise ein betriebliches Controlling aufzubauen, um sich einen Überblick über Einnahmen und Ausgaben zu verschaffen oder um das Wachstum des Unternehmens strategisch anzugehen.

Aber nicht nur Beratungsleistungen zum Thema Finanzplanung sind förderfähig, die Palette ist viel breiter: Grundsätzlich sollten Betriebe im Hinterkopf behalten, dass allgemeine betriebswirtschaftliche Beratungsleistungen bezuschusst werden, die dazu führen, dass ein Unternehmen langfristig sicher am Markt steht. Typische Umschreibungen in Förderprogrammen sind:

- Beratungen zu allen wirtschaftlichen, finanziellen, personellen und organisatorischen Fragen der Unternehmensführung
- konzeptionelle Beratungen
- Schwachstellen- und Betriebsanalyse
- Beratung zur Steigerung der Wettbewerbs- und Leistungsfähigkeit

Hinter diesen Worthülsen verbergen sich konkrete Dienstleistungen, die Betriebe nicht selten in Anspruch nehmen, ohne über deren Förderfähigkeit überhaupt informiert zu sein. Die Palette der förderfähigen Beratungsleistungen ist sehr groß. Um Ihnen einen Einblick in die breiten Anwendungsmöglichkeiten zu verschaffen, folgt eine Zusammenstellung:

4 Bundesministerium der Finanzen: Dreiundzwanzigster Subventionsbericht. Bundesanzeiger Verlagsgesellschaft mbH, S. 28

Beratungen zur Steigerung der Leistungs- und Wettbewerbsfähigkeit von Unternehmen
– Personalwesen – Einkauf, Betriebsorganisation, Kostenoptimierung – Kalkulation/Kostenrechnung – Einkaufsoptimierung – Standort – Sortiment – Produktverbesserungen – Marketing-, Vertriebsberatung – konkrete Geschäftserweiterung – Lagerhaltung/-system – Konzeptionelle Beratungen – Existenzgründungsberatung – Krisenberatung – Entwicklung einer Exportstrategie – Erschließung neuer Märkte, auch im Ausland – Forschung und Entwicklung (FuE) – Entwicklung von Weiterbildungs- und Qualifizierungskonzepten für Mitarbeiter – Einführung eines Umweltmanagementsystem (EMAS, DIN EN ISO 14001, EcoStep, QUB), – Qualitätsmanagement, auch Einführung von ISO 9001

Beratungen zum Thema Finanzierung
– Entwicklung einer Finanzierungsstrategie – Erarbeitung eines Überblicks von Finanzierungsmöglichkeiten – Erarbeitung eines adäquaten Überblicks über die Liquidität eines Unternehmens, Liquiditätsplanung – Fixierung des konkreten Finanzierungsbedarfs des laufenden Betriebs – Ermittlung des vollständigen Kapitalbedarfs bei Investitionen, Investitionsrechnung – Rentabilitätsberechnung Einrichtung des Rechnungswesens

- Entwicklung von Controllingmaßnahmen
- Erstellung eines Businessplans
- Prüfung und Verbesserung der Eigenkapitalbasis; Finanzierung durch Umschichtung von Kapital, Klärung einer geeigneten Kapitalbeschaffung, Strategien zur Vermeidung ständiger Kreditüberziehung
- Termingerechte Planung von Anschlusskrediten
- Nutzung öffentlicher Finanzierungshilfen

Beratungen im Rahmen von Unternehmensübergaben und Nachfolgeregelungen

- Klärung der Nachfolgefrage (Familie, Dritte)
- Vorbereitung der Belegschaft auf den Übergang
- Strategien zur Haltung des Kundenstamms
- Klärung der auftretenden Fragen zu Arbeitsverträgen, Pensionszusagen, Rechten/Lizenzen/Eintragungen etc.
- Einarbeitung des Nachfolgers
- Erarbeitung von Übergangsregelungen
- Kaufpreisermittlung
- Fragen zur Altersabsicherung des Betriebsinhabers (soweit sie untergeordneter Natur sind)

Beratungen zur Mitarbeiterbeteiligung

- Erarbeitung von Strukturen im Hinblick auf Kapitalbeteiligungen oder Erfolgsbeteiligungen
- Bindung der Mitarbeiter an das Unternehmen durch Direktversicherungen, Mitarbeiterdarlehen, Arbeitnehmersparzulagen und Prämien
- Beteiligungen an unternehmerischen Entscheidungen
- Schaffung eines betrieblichen Vorschlagswesens oder Qualitätskreises
- Beratungen zu Mitarbeiterbeteiligungen dürfen nicht überwiegend Rechts-, Versicherungs- und Steuerfragen zum Inhalt haben

Beratungen zu Unternehmenskooperationen

- Aufzeigen von Kooperationsmöglichkeiten
- Unterstützung bei der Vorbereitung zwischenbetrieblicher Zusammenarbeit
- Konzeptentwicklung für Kooperationen
- Aufbau einer langfristigen Kooperation, um die Innovations- und Entwicklungsfähigkeit von KMU zu unterstützen mit dem Ziel, Absatzmärkte im In- und Ausland zu nutzen
- Anpassung bestehender Kooperationen

Sonstige spezielle Beratungen

- Betriebswirtschaftliche Beratung zur Umstellung landwirtschaftlicher Unternehmen auf ökologischen Landbau
- Einführung von Produkt- und Verfahrensinnovationen
- Energieberatungen
- Beratungen zum Thema Integration
- Frauenspezifische Beratung
- Vereinbarkeit von Familie und Beruf
- Arbeitszeitberatung

Die Bundesregierung geht davon aus, dass Unternehmen, die in diesem Bereich professionelle Beratung in Anspruch nehmen, vergleichsweise sicher am Markt stehen, auf lange Sicht Arbeitsplätze erhalten und neue schaffen. Hier geht es also nicht um eine Finanzspritze für Unternehmen, die sich in einem finanziellen Engpass befinden und sonst keine Beratung leisten können, sondern es geht ausdrücklich um Unternehmen, die Arbeitsplätze erhalten oder schaffen und wirtschaftlich wachsen wollen und damit zur Steigerung des Bruttosozialproduktes beitragen.

Konsequenterweise sind deshalb auch solche Betriebe aus den meisten Programmen ausgeschlossen, die in finanziellen Schwierigkeiten stecken. Zwar gibt es auch Beratungszuschüsse, die Unternehmen mit desolater Finanzlage beantragen können, diese sind jedoch rar gesät und in der Regel an institutionelle Kontrollmechanismen gekoppelt. Weitestgehend ausgeschlossen sind auch Betriebe, die im Bereich Steuerberatung, Rechtsberatung, Buchprüfung, Wirtschaftsberatung oder

Wirtschaftsprüfung tätig sind – also im Prinzip die Unternehmer, die geförderte Beratungsleistungen anbieten könnten.

Die Förderprogramme hinsichtlich der Beratungszuschüsse richten sich in der Mehrzahl an Start-ups und bereits etablierte Unternehmen bis zu einer Größenordnung von maximal 250 Mitarbeitern.

Fallbeispiel: Beratungsleistungen

Sachverhalt	Fördermittel	Praxistipps
Ein alt eingesessener Handwerksbetrieb mit Sitz in NRW, der üblicherweise Dachstühle fertigt, entwickelt mit eigenen finanziellen Mitteln ein neuartiges System zur Errichtung eines Wintergartens. Für das Unternehmen ist das Produkt des Wintergartens neu in der Angebotspalette. Der Wintergarten wird mit einem Steck-System ausschließlich über Punktfundamente montiert und als Fertigbausatz angeboten. Das Unternehmen soll in Kürze an einen Nachfolger übergeben werden. Der bisherige Inhaber will das neue Produkt auf Lizenzbasis veräußern und damit einen Teil seiner Altersabsicherung finanzieren.	Über das regionale Wirtschaftsförderungsprogramm können die Beratungsleistungen zur Nachfolgeregelung mit 50 % bezuschusst werden.	Das Wirtschaftsförderungsprogramm ist in zwei Phasen aufgeteilt. Die Machbarkeitsstudie und die darauf folgende Umsetzungsphase müssen inhaltlich voneinander getrennt werden, damit beide Förderschritte formal zuschussfähig sind. Falls Ihr gewählter Berater noch keine Erfahrung im Umgang mit dem Programm hat, klären Sie mit ihm und der NRW.Bank die Schritte vorher im Detail ab. In Abstimmung mit der NRW.Bank kann übrigens auch Ihr Steuerberater für Sie tätig werden, der Ihr Unternehmen ggf. schon über Jahre hinweg kennt.
Der neue Inhaber plant die Vermarktung der Maßnahmen.	Der neue Inhaber kann sich über das Programm Gründercoaching Deutschland hinsichtlich des Vermarktungskonzeptes beraten lassen. Die Förderquote beträgt 50 % - 90 %, max. 4.500 €.	Das Programm Gründercoaching Deutschland hat in Abhängigkeit von der Ausgangsituation des Gründers unterschiedliche Fördersätze. Der Antrag kann erst nach Übernahme des Unternehmens gestellt werden.

Förderprogramme für Beratungsleistungen

- Regionales Wirtschaftsförderungsprogramm (Zuschuss)
- Förderung unternehmerischen Know-hows für kleine und mittlere Unternehmen sowie freie Berufe durch Unternehmensberatungen
- Runder Tisch – Beratung von Unternehmen in Schwierigkeiten (Zuschuss)
- Turn-Around-Beratung (Zuschuss)

Die subjektive Auswahl von Förderprogrammen soll Ihnen einen Eindruck von der Vielfalt der Fördermöglichkeiten geben, ist aber keineswegs als abschließende Aufzählung zu verstehen und erhebt auch keinen Anspruch auf Vollständigkeit.

2.1.5.1 Regionales Wirtschaftsförderungsprogramm (Zuschuss), Zielgebiet NRW

Unternehmen, die mindestens fünf Jahre alt sind, können über das regionale Wirtschaftsprogramm Beratungsleistungen in erheblichem Umfang bezuschussen lassen. Förderfähig sind betriebswirtschaftliche, organisatorische und technische Beratungen. Dazu gehören u.a. diese Beratungsleistungen:

- Neuausrichtung der Finanzstrukturen
- Umstrukturierungsmaßnahmen
- Erschließung neuer Absatzmärkte
- Unternehmensnachfolge
- Übernahme durch Belegschaftsinitiativen
- Beratungen zur Gewährung einer Landesbürgschaft, einer stillen Beteiligung oder einer Garantie des Landes NRW

Anträge müssen vor Beginn der Beratung gestellt werden. Der Berater muss spätestens im Zuge der Antragstellung seine Qualifikation nachweisen. Voraussetzung ist, dass er mindestens zwei Jahre Berufserfahrung hat.

Konditionen	
Antragsteller	KMU, mindestens 5 Jahre alt
Zuschuss	50.000 € max.

Anträge sind direkt an die NRW.Bank zu richten. Details finden Sie unter www.nrwbank.de.

2.1.5.2 Förderung unternehmerischen Know-hows für kleine und mittlere Unternehmen sowie freie Berufe durch Unternehmensberatungen (Zuschuss)

Das Förderprogramm hat zum Ziel, bislang fehlendes wirtschaftliches Know-how in kleine und mittlere Unternehmen zu transportieren, um diese am Markt konkurrenzfähig zu machen oder zu halten. Förderfähig sind Beratungsleistungen zu drei Themenbereichen:

- **Allgemeine Beratungen** zu Wirtschaft, Finanzen, Personal, Organisation, Unternehmensführung und Qualitätsmanagement
- **Spezielle Beratungen** zu Technologie und Innovation, Außenwirtschaft, Kooperation, Mitarbeiterbeteiligung, Fachkräftegewinnung und -sicherung, Aufbau unternehmensinterner Schutzsysteme (Compliance), Arbeitsschutz, Unternehmensübergabe
- **Besondere Beratungen** zu Umweltschutz, Unternehmerinnen, Vereinbarkeit von Familie und Beruf, Migration

Im Rahmen der Beratung ist ein Soll-Ist-Vergleich anzustellen. Darauf aufbauend sind Maßnahmen zu erarbeiten, die im Betrieb praktisch umgesetzt werden müssen. Insgesamt muss es eine konzeptionelle Beratung sein. Ausgeschlossen sind gutachterliche Stellungnahmen, Beratungen, die den Verkauf von anderen Dienstleistungen bzw. Waren nach sich ziehen, Beratungen zu Rechts- und Versicherungsfragen sowie Steuerberatung. Gleichfalls ausgeschlossen ist die Erstellung von Internetseiten und Werbematerialien.

Konditionen	
Antragsteller	KMU, mind. 1 Jahr alt
Zuschuss	1.500 € pro Beratungsthema, 2 Beratungsthemen pro Themenbereich, 9.000 € max.

Die Antragstellung erfolgt online beim Bundesamt für Wirtschaft und Ausfuhrkontrolle. Weitere Infos finden Sie unter www.bafa.de.

2.1.5.3 Gründercoaching Deutschland (Zuschuss)

Das Programm „Gründercoaching Deutschland“ ist ein klassisches Beratungsprogramm für Unternehmen bis zum fünften Jahr nach der Gründung. Eine ausführliche Erläuterung der Programmdetails siehe Kapitel Existenzgründung 2.1.1.

2.1.5.4 Runder Tisch – Beratung von Unternehmen in Schwierigkeiten (Zuschuss)

Ziel ist die Etablierung von Unternehmen in Schwierigkeiten, um diese wieder stabil an den Markt zu bringen. Die Beratung soll wirtschaftliche Schwachstellen identifizieren und Maßnahmen zur Überwindung der wirtschaftlichen Schwierigkeiten entwickeln. Auf dieser Basis ist eine Fortführungsprognose abzugeben. Ausgeschlossen sind Betriebe, die eine Insolvenz beantragt haben oder bei denen das Insolvenzverfahren läuft bzw. die Verpflichtung zur Einleitung eines Insolvenzverfahrens besteht.

Zur Zielgruppe gehören Betriebe mit KMU-Status, die in eine wirtschaftliche Schieflage geraten sind. Gute Marktchancen müssen vorhanden sein. Der Betrieb muss gemäß Kriterien der EU als „Unternehmen in Schwierigkeiten" eingestuft werden können. Die Beratung läuft ggf. unter Einbeziehung Ihres Regionalpartners ab, der als Moderator am runden Tisch die Vorgehensweise mit den Beteiligten abstimmt. Die Beratung muss innerhalb von sechs Monaten nach erteilter Zusage abgeschlossen sein.

Konditionen	
Antragsteller	KMU in Schwierigkeiten gem. EU-Kriterien
Zuschuss	1.600 € max.

Anträge werden bei den Regionalpartnern gestellt, die Sie in der Datenbank der KfW-Bank unter www.rp-suche.de ausfindig machen können.

2.1.5.5 Turn-Around-Beratung (Zuschuss)

Das Förderprogramm „Turn-Around-Beratung" wird in der Regel im Anschluss an den Runden Tisch genutzt. Ziel ist die Wiederherstellung der Wettbewerbs- und Leistungsfähigkeit eines Unternehmens.

Gefördert werden Beratungsmaßnahmen zu allen wirtschaftlichen, finanziellen und organisatorischen Fragen eines Unternehmens. Anhand einer aktuellen Schwachstellenanalyse (Anmerkung: diese kann davor im Programm „Runder Tisch" erarbeitet werden) sollen konkrete Maßnahmen zur Wiederherstellung der Wettbewerbs- und Leistungsfähigkeit umgesetzt werden. Die erforderliche Schwachstellenanalyse darf nicht älter als acht Wochen sein. Der Durchführungszeitraum für die Turn-Around-Beratung beträgt acht Monate.

Antragsberechtigt sind KMU mit Sitz in Deutschland. Sie müssen nachweislich mindestens ein Merkmal eines Unternehmens in Schwierigkeiten im Sinne der EU erfüllen. Dieser Sachverhalt ist von einem unabhängigen Berater zu bescheinigen. Unternehmen, die ihre Geschäftstätigkeit oder ihre Zahlungen eingestellt haben oder bei denen ein Insolvenzverfahren beantragt bzw. eröffnet worden ist, werden nicht gefördert.

Konditionen	
Antragsteller	KMU in Schwierigkeiten gem. EU-Kriterien
Zuschuss	50 % - 75 %, max. 6.000 €

Anträge werden bei den Regionalpartnern gestellt, die Sie in der Datenbank der KfW-Bank unter www.rp-suche.de ausfindig machen können.

2.2 Weitere Bereiche mit Förderpotenzial

2.2.1 Umwelt und Energie

Der Förderbereich „Umwelt und Energie" ist aufgrund der jüngsten politischen Entwicklungen (Stichwort Fukushima) stärker ins Visier der Öffentlichkeit und der Bundesregierung geraten. Es gibt eine fast unüberschaubare Anzahl von Förderprogrammen. Die Programme lesen sich zum Teil wie technische Informationsblätter, da sie konkrete Begriffe aus der Energiebranche nutzen. Die Idee dahinter ist, gezielt und ausschließlich die gewünschten Technologien zu fördern, die als energieeffizient und technisch ausgereift qualifiziert wurden.

Da die Energieförderung inhaltlich von den potenziellen Antragstellern ein hohes Maß an technischem Verständnis fordert, werden technische und energetische Beratungsleistungen gefördert. Das gilt sowohl im privaten wie auch im unternehmerischen Bereich. Sie können von der Möglichkeit Gebrauch machen, sich professionelle Unterstützung von Energieexperten ins Haus zu holen. Diese sind z.B. in der Datenbank der KfW-Bank (https://beraterboerse.kfw.de) oder im Beraterpool des Bundesamts für Wirtschaft und Ausfuhrkontrolle gelistet (www.energieeffizienz-experten.de). Die Energieexperten kennen sich in der Regel mit den aktuell verfügbaren Förderprogrammen zu energetischen Einzelmaßnahmen und Effizienzhausstandards aus und wissen meistens, welche Anforderungen im Rahmen der Richtlinien erfüllt werden müssen. Fragen Sie den gewählten Experten gezielt danach und sichern Sie sich darüber vor Auftragserteilung ab!

Allerdings ersetzt ein Energieberater keinen Finanzberater. Nicht nur die technische Nutzbarkeit ist von Bedeutung, auch der wirtschaftlich sinnvolle Einsatz der Fördermittel spielt eine wesentliche Rolle. Prüfen Sie deshalb parallel auch weitere verfügbare Finanzierungsbausteine wie z.B. Förderdarlehen und Bürgschaften auf Nutzbarkeit und kombinieren Sie ggf. Energiefördermittel und typische Finanzierungsfördermittel miteinander.

Die Energie-Fördermittel umfassen sämtliche Zielgruppen. So werden Privatpersonen, die in eine neue Heizung investieren, ebenso gefördert wie Unternehmen, die einen kompletten Firmenneubau hochziehen und diesen nach neuesten energetischen Standards ausrichten. Es gibt keine Branche, die ausgeschlossen ist, hier geht es alleine darum, die energetischen Ziele zu erreichen, unabhängig vom Status des Investors.

Fallbeispiel: Umwelt und Energie

Sachverhalt	Fördermittel	Praxistipps
Ein Wohnungsbauunternehmen plant die Sanierung eines Acht-Familienhauses. Dabei ziehen sie einen Energieberater hinzu. Nach den vorgeschlagenen Maßnahmen sanieren sie das Wohngebäude.	Das Programm „Energieeffizient Sanieren - Baubegleitung" hält einen Zuschuss für die Beratungskosten bereit.	Sie können nur Berater beauftragen, die in der Datenbank des Programms „Vor-Ort-Beratung" gelistet sind.

Förderprogramme für Umwelt und Energie

- Energieeffizient Sanieren – Baubegleitung (Zuschuss)
- KfW-Programm Erneuerbare Energien – Standard (Darlehen)
- Klimaschutzinitiative – Maßnahmen an gewerblichen Kälteanlagen (Zuschuss).

Die subjektive Auswahl von Förderprogrammen soll Ihnen einen Eindruck von der Vielfalt der Fördermöglichkeiten geben, ist aber keineswegs als abschließende Aufzählung zu verstehen und erhebt auch keinen Anspruch auf Vollständigkeit.

2.2.1.1 Energieeffizient Sanieren – Baubegleitung (Beratungszuschuss)

Investoren, seien es nun Unternehmen, Kommunen, öffentliche Einrichtungen, Privatpersonen oder Verbände können von dem Programm „Energieeffizient Sanieren" profitieren. Es handelt sich um einen Zuschuss, der für die Kosten eines Beraters in Zusammenhang mit der Baubegleitung bei der Sanierung von bestehenden Wohneinheiten (komplette Gebäude oder einzelne Wohnungen) beantragt werden kann. Förderfähig sind Beratungsleistungen, die ein Sachverständiger ausführt, der im Bundesprogramm "Vor-Ort-Beratung" zugelassen ist. Kontaktdaten der qualifizierten Berater erhalten Sie unter www.energie-effizienz-experten.de. Der gewählte

Berater darf mit dem antragstellenden Unternehmen in keiner Geschäftsbeziehung stehen, weder als Gesellschafter noch im Angestelltenverhältnis oder als Auftragnehmer. Es muss sich um Beratungsleistungen zu folgenden Sanierungsmaßnahmen handeln:

- Wärmedämmung von Wänden, Dachflächen und Geschossdecken
- Erneuerung von Fenstern, Außentüren und Heizungsanlagen
- Erneuerung oder Einbau einer Lüftungsanlage
- Optimierung bestehender Heizungsanlagen

Ob die Immobilie vermietet oder später vom Eigentümer selbst bewohnt wird, spielt keine Rolle. Nicht gefördert werden Maßnahmen an Ferien- und Wochenendhäusern.

Konditionen	
Antragsteller	Träger von Investitionsmaßnahmen an Wohnimmobilien
Zuschuss	50 % der Beratungskosten, 4.000 € max. Zuschüsse < 300 € werden nicht ausgezahlt
Sonstiges	Anträge sind nach Durchführung der Maßnahme zu stellen, spätestens 3 Monate nach Rechnungsstellung

Anträge sind direkt an die KfW-Bankengruppe zu richten. Weitere Details erfahren Sie unter www.kfw.de.

2.2.1.2 KfW-Programm Erneuerbare Energien – Standard (Darlehen)

Investitionen in die Nutzung erneuerbarer Energien zur Erzeugung von Strom und Wärme in Kraft-Wärme-Kopplungs-Anlagen oder zur Einspeisung in Nieder- und Mittelspannungsnetze können über das KfW-Programm „Erneuerbare Energien – Standard" finanziert werden. Voraussetzung ist, dass die Anlagen und Netze den Anforderungen des Erneuerbare-Energien-Gesetzes (EEG) genügen. Werden Investitionen von Unternehmen mit Sitz in einem angrenzenden Staat im grenznahen Bereich außerhalb der Bundesrepublik Deutschland vorgenommen, dann sind diese auch förderfähig, wenn sie zur Verbesserung der Umweltsituation in Deutschland beitragen. Investieren deutsche Unternehmen im Ausland, kann für die Finanzierung der Investitionen ebenfalls dieses Förderprogramm in Anspruch genommen werden. Sämtliche Investitionszuschüsse verwaltet das Bundesamt für Wirtschaft und Ausfuhrkontrolle (BafA) über das Marktanreizprogramm. Gefördert werden z.B. Photovoltaikanlagen, Windkraftanlagen und Biogasanlagen, gebrauchte Anlagen fallen nicht darunter.

Konditionen	
Antragsteller	Investoren im Bereich Erneuerbare Energien
Kredit	25 Mio. € max.
Laufzeit	5 – 20 Jahre
Tilgungsfreie Anlaufzeit	1 – 3 Jahre

Die Anträge werden im Hausbankverfahren an die KfW-Bankengruppe gerichtet. Weitere Informationen finden Sie unter www.kfw.de.

2.2.1.3 Maßnahmen zur Nutzung erneuerbarer Energien im Wärmemarkt – Marktanreizprogramm, (Zuschuss)

Investoren, die die Erzeugung und Nutzung erneuerbarer Energien vorantreiben, sind Antragsberechtigte dieses Programms. Es geht darum, den Absatz der dafür notwendigen Technologien zu steigern und dadurch die Kosten erneuerbarer Energien zu senken bzw. die Wirtschaftlichkeit zu verbessern. Ausgenommen von den Antragsberechtigten sind lediglich der Bund, die Bundesländer und deren Einrichtungen sowie die Hersteller der förderfähigen Anlagen oder die Hersteller der Hauptkomponenten dieser Anlagen. Gefördert werden Solarkollektoranlagen, Biomasseanlagen, Wärmepumpen, Tiefengeothermieanlagen, Nahwärmenetze und innovative Technologien zur Wärme-/Kälteerzeugung. Die Anlagen müssen i.d.R. mindestens sieben Jahre ihrem Zweck entsprechend betrieben werden.

Gefördert wird durch Investitionszuschüsse, die nicht in allen Varianten mit zinsverbilligten Darlehen (z.T. mit Tilgungszuschüssen) kombinierbar sind. Investitionszuschüsse sind Festbetragszuschüsse und hängen von Art und Umfang des Vorhabens ab.

Konditionen	
Antragsteller	Investoren im Bereich Erneuerbare Energien
Zuschuss	Solarkollektoranlagen (thermisch) 1.500 € - 18.000 € Wärmepumpen 1.800 € - 11.800 € Biomasseanlagen 1.400 € - 3.600 €
Kredit	5 – 20 Jahre
Tilgungsfreie Anlaufzeit	1 – 3 Jahre

Anträge sind an das Bundesamt für Wirtschaft und Ausfuhrkontrolle zu richten. Alle weiteren Informationen, Antragsformulare und Fristen erfahren Sie auf der Internetseite www.bafa.de.

2.2.2 Arbeit, Aus- und Weiterbildung

Das Förderpotenzial im Bereich „Arbeit, Aus- und Weiterbildung" hat mehrere Facetten. Fördermittel, die nicht erwerbstätige oder von Arbeitslosigkeit bedrohte Menschen unterstützen, sind u.a. vor dem Hintergrund konzipiert, dass der Staat Sozialleistungen wie das Arbeitslosengeld oder die Sozialhilfe sparen und stattdessen Menschen wieder in Arbeit bringen will. Hinzu kommt, dass die förderungswürdigen Personen ein so bezeichnetes „Defizit" mitbringen (müssen), das einen Mehraufwand beim potenziellen Arbeitgeber verursacht. Die Defizite können beispielsweise darin liegen, dass Qualifikationen und Berufserfahrung fehlen, der Bewerber lange arbeitslos ist oder eine Behinderung im Sinne des SGB IX aufweist. Auch erfahren Menschen eine besondere Förderung, wenn sie älter als 50 Jahre sind. Zum Ausgleich des Mehraufwands, der im Vergleich zu anderen Bewerbern für die Einarbeitung im Betrieb zu erwarten ist, werden Zuschüsse bezahlt. Das beschriebene Prinzip findet sich in der Regel bei Förderprogrammen, die aus dem Europäischen Sozialfonds (ESF) gespeist und in Deutschland häufig von der Bundesagentur für Arbeit oder von den Gemeinden und Städten ausgereicht werden.

Anders liegt der Fall, wenn ein Betrieb durch die Einrichtung eines Arbeitsplatzes ein andersgeartetes politisches Ziel unterstützt, wie z.B. im Bereich Forschung und Entwicklung. Personalkosten sind im Rahmen von Forschungs- und Entwicklungsprojekten nämlich regelmäßig zuschussfähig. Dabei geht es in erster Linie darum, wissenschaftliche Ergebnisse zu produzieren und ggf. in die Wirtschaft zu transferieren. Der Arbeitsplatz stellt quasi nur ein Mittel zum Zweck dar, um die Innovationstätigkeiten in Deutschland zu intensivieren und den Technologiestandort zu stärken. Unternehmer, die sich von der Kombination Arbeitsplatzschaffung in Verbindung mit Forschungs- und Entwicklungsprojekten bzw. Innovation nicht angesprochen fühlen, sollten sich zumindest das Förderprogramm „Innovationsassistent" ansehen. Es ist ein häufig genutztes, praxisorientiertes Programm, das die Beschäftigung von Hochschulabsolventen in den meisten Bundesländern mit direkten Lohnkostenzuschüssen fördert, ohne dass intensiv geforscht und entwickelt werden muss. Der Teufel steckt hier im Detail, und zwar in der Definition des Begriffs „Innovation" (siehe Förderprogramm "Beschäftigung von Innovationsassistenten" unter 2.1.4.1).

Eine indirekte Förderung von Arbeitsplätzen erfolgt über die Töpfe der Infrastruktur- und Regionalförderung (EFRE-Fonds). Hier geht es in erster Linie darum, Betriebe zu Investitionen in strukturschwache Gebiete zu animieren. Diese Investitionen ziehen die Schaffung von Arbeitsplätzen nach sich, deren Förderung meistens an die Höhe der Investitionen in das Anlagevermögen gekoppelt ist. Im Fokus steht in erster Linie die Stärkung der regionalen Wirtschaftskraft und nicht, wie bei Förderprogrammen, die über den ESF-Fonds eine soziale Komponente in sich tragen, die Wiedereingliederung von benachteiligten Personen in die Arbeitswelt (siehe Ausführungen in Kapitel 2.2.2).

Das Thema Weiterbildung hat in der deutschen Förderlandschaft ebenfalls Potenzial. Es stehen nicht nur direkte Zuschüsse für die Qualifizierung von Mitarbeitern bereit, sondern es gibt auch Fördermittel, die den Teilnehmern indirekt zugutekommen: Anbieter von Qualifizierungsmaßnahmen, die ihr Schulungskonzept entsprechend der Förderrichtlinie aufstellen, können vergünstigte Kursgebühren anbieten. Auf diese Weise erhalten Teilnehmer Zugang zu Weiterbildungskursen, die sie sich zu regulären Preisen im Zweifel nicht leisten würden.

Fallbeispiel: Arbeit, Aus- und Weiterbildung

Sachverhalt	Fördermittel	Praxistipps
Ein Reisebüro in Duisburg plant die Neubesetzung eines Arbeitsplatzes. Beworben hat sich ein arbeitsloser 22-jähriger alleinerziehender Vater, Bürokaufmann.	Förderprogramm Eingliederungszuschuss, 50 % des Bruttoarbeitslohns inkl. Arbeitgeberbelastung für längstens 12 Monate	Die Einarbeitung des jungen Bürokaufmanns wäre vergleichsweise mit einem Mehraufwand verbunden, weil seine Ausbildung nicht den fachlichen Anforderungen eines Reiseverkehrskaufmanns entspricht. Er müsste komplett neu eingearbeitet werden, was bei einem Bewerber mit passendem Abschluss nicht nötig wäre. Seine persönliche Situation macht es dem Bewerber darüber hinaus schwer, eine Stelle zu finden, da er nicht Vollzeit zur Verfügung steht und generell nicht so flexibel in seinen Arbeitszeiten agieren kann wie ein Bewerber ohne alleinige Verantwortung für ein Kind.
Das Reisebüro beschäftigt noch 3 weitere Mitarbeiter. Einer von ihnen soll demnächst die Erstellung von Produktflyern und Kurzpräsentationen per Power Point übernehmen.	Bildungsscheck NRW, Zuschuss 50 % der Kursgebühren, maximal 500 €	Anträge sind vor Buchung des Kurses zu stellen. Bitte beachten Sie, dass der Mitarbeiter persönlich zur Beratungsstelle gehen muss, um den Antrag zu stellen. Sinnvoll ist, vorher den Kurs auszuwählen, der in Betracht gezogen wird. Die Beratungs-

		stelle prüft, ob der Kurs zuschussfähig ist. Ist das nicht der Fall, wird sie Ihnen Alternativen vorschlagen.

Förderprogramme für Aus- und Weiterbildung

- Eingliederungszuschuss
- Beschäftigung von Innovationsassistenten (Zuschuss)
- Landesinvestitionsförderprogramm (Darlehen/Zuschuss), Zielgebiet Bremen

Die subjektive Auswahl von Förderprogrammen soll Ihnen einen Eindruck von der Vielfalt der Fördermöglichkeiten geben, ist aber keineswegs als abschließende Aufzählung zu verstehen und erhebt auch keinen Anspruch auf Vollständigkeit.

2.2.2.1 Eingliederungszuschuss (Zuschuss)

Der Eingliederungszuschuss ist für potenzielle Arbeitnehmer gedacht, die aktuell arbeitslos oder von Arbeitslosigkeit bedroht sind. Voraussetzung für eine Förderung ist, dass es persönliche Gründe geben muss, die dazu führen, dass die Chance auf die Aufnahme einer sozialversicherungspflichtigen Tätigkeit im Vergleich zu anderen Arbeitnehmern geringer ist. Der sich daraus ergebende Mehraufwand, den der potenzielle Arbeitgeber aufgrund der zu erwartenden Minderleistung tragen müsste, soll über die Bezuschussung abgefedert werden. Nachteilig auf dem Arbeitsmarkt ist es zum Beispiel, wenn ein allein erziehender Elternteil zurück in den Beruf will, die vorhandenen beruflichen Qualifikationen nicht ausreichen, um die neu zu besetzende Stelle adäquat auszufüllen, ein Bewerber älter als 50 Jahre ist oder körperliche bzw. geistige Hemmnisse im Sinne des SGB IX aufweist.

Konditionen	
Antragsteller	Unternehmen
Zuschuss	50 % des Arbeitgeberbruttoentgelts für die Dauer von 24 Monaten max.

Anträge sind an die zuständige Agentur für Arbeit zu richten, bei der der potenzielle neue Mitarbeiter gemeldet ist. Weitere Details zum Förderprogramm finden Sie unter www.arbeitsagentur.de.

2.2.2.2 Beschäftigung von Innovationsassistenten (Zuschuss), Zielgebiete sind Berlin, Brandenburg, Hessen, Rheinland-Pfalz, Sachsen, Sachsen-Anhalt, Schleswig-Holstein und Niedersachsen

Das Förderprogramm „Innovationsassistent“ dient dazu, dass KMU qualifizierte Hochschulabsolventen und deren technisches, wissenschaftliches oder betriebswirtschaftliches Know-how in den eigenen Betrieb holen. Da die Richtlinien der einzelnen Bundesländer stark voneinander abweichen folgt hier zunächst die Darstellung des Kerns des Programms:

In der Förderrichtlinie heißt es, dass der antragsberechtigte Betrieb eigene Entwicklungsarbeiten tätigen muss, die sich mit technologisch innovativen Produkten, Verfahren oder Dienstleistungen beschäftigen. Das Begriffspaar „technologisch – innovativ“ lässt sich dabei so übersetzen: Ein Novum im üblichen, innerbetrieblichen Prozessablauf. Angenommen ein Unternehmen plant, eine neue Stelle einzurichten, die es in dem Betrieb so noch nicht gibt, und diese Stelle kann nur durch qualifiziertes Personal mit technischer, wissenschaftlicher oder betriebswirtschaftlicher Ausbildung besetzt werden; dann erfüllt das Unternehmen damit eine der prinzipiell notwendigen Antragsvoraussetzungen für das Förderprogramm. Gemeint sind z.B. Meister, Techniker, Ingenieure, Master, Bachelor und natürlich auch Wissenschaftler. In der Praxis bedeutet das, dass beispielsweise eine Apotheke, die ein neues Marketingkonzept für den Vertrieb ihrer Produkte entwickeln will, einen Hochschulabsolventen der Fachrichtung BWL/Marketing einstellt, der sich in erster Linie mit dieser Aufgabe beschäftigt.

Konditionen	
Antragsteller	Gewerbliche Unternehmen, in einigen Bundesländern zum Teil ausschließlich technologieorientierte Unternehmen
Zuschuss	50 % des Bruttolohns max. Länderspezifisch bestehen monetäre Obergrenzen. In Berlin werden z.B. 20.000 € innerhalb von zwölf Monaten gefördert, in Rheinland-Pfalz 1.250 € pro Monat, für 24 Monate max.

Anträge sind vor Einstellung eines neuen Mitarbeiters auf den Formblättern der Landesbehörden zu stellen. Weitere Informationen finden Sie bei der jeweils zuständigen Förderstelle der Länder:

Berlin: www.ibb.de
Brandenburg: www.lasa-brandenburg.de
Hessen: www.wibank.de
Rheinland-Pfalz: www.mwkel.rlp.de
Sachsen: www.sab.sachsen.de
Sachsen-Anhalt: www.ib-sachsen-anhalt.de
Schleswig-Holstein: www.wtsh.de
Niedersachsen: www.nbank.de.

2.2.2.3 Bildungsscheck (Zuschuss), Zielgebiet NRW

Der Bildungsscheck NRW steht für Arbeitnehmer, Berufsrückkehrer und Selbstständige in Nordrhein-Westfalen zur Verfügung. Der Zuschuss kann nicht nur von

Unternehmen, sondern auch direkt von Privatpersonen beantragt werden. Nicht antragsberechtigt sind Beschäftigte, die in einem bereits geförderten sozialversicherungspflichtigen Beschäftigungsverhältnis stehen, Auszubildende, Beschäftigte in Transfergesellschaften und Angehörige des öffentlichen Dienstes.

Das Förderprogramm kann von Beschäftigten in der Regel alle zwei Jahre in Anspruch genommen werden. Menschen, die älter als 50 Jahre sind, Antragsteller ohne beruflichen Abschluss oder Personen, die länger als vier Jahre nicht mehr im erlernten Beruf gearbeitet haben, Beschäftigte mit befristetem Arbeitsverhältnis, Berufsrückkehrer, die zum beruflichen Wiedereinstieg eine Weiterbildung anstreben, und Zeitarbeitnehmer können sogar jährlich vom Bildungsscheck profitieren.

Der Inhalt der Veranstaltung muss die Teilnehmer für den allgemeinen Arbeitsmarkt qualifizieren. Entsprechend ausgenommen sind Kurse, die spezielle Qualifizierungsmaßnahmen für einen ganz bestimmten Arbeitsplatz beinhalten. Dazu gehören beispielsweise Maschinenschulungen, Verkaufstrainings oder Produktschulungen. Auch sind Kurse, die zu einem Sachkunde- oder Befähigungsnachweis führen, die für Unternehmen ohnehin gesetzlich verpflichtend sind, von einer Förderung ausgenommen. Fahrstunden und Führerscheinprüfungen sowie Kurse, die dem Privatbereich zugeordnet werden können (Sportkurse, Kunstkurse etc.), sind ebenfalls nicht förderfähig.

Konditionen	
Antragsteller	Unternehmen, Privatpersonen
Zuschuss	50 % der Teilnahme- und Prüfungsentgelte, 500 € max. pro Bildungsscheck

Es gibt über 250 Beratungsstellen (z.B. Berufsbildungszentren, VHS), die Anträge im Zuge eines persönlichen Gesprächs ausgeben. Welche Beratungsstelle in Ihrer Nähe liegt, erfahren Sie unter www.weiterbildungsberatung-NRW.de

2.2.3 Messen und Ausstellungen

Mit den Förderprogrammen im Bereich „Messen und Ausstellungen" auf nationalem und internationalem Parkett sollen Verbraucher und potenzielle Kunden erreicht werden, um sie über Aktivitäten, Produkte, und Dienstleistungen zu informieren, die von deutschen Unternehmen erbracht werden. Ziel ist, den Absatz im In- und Ausland zu fördern, Umsätze zu generieren, Arbeitsplätze dadurch zu sichern und langfristig die Wirtschaftskraft Deutschlands zu stärken. Die Förderungen erfolgen als direkte oder indirekte Zuschüsse über vergünstigte Konditionen für Ausstellungsflächen.

Fallbeispiel: Messen und Ausstellungen

Sachverhalt	Fördermittel	Praxistipps
Ein landwirtschaftlicher Betrieb, der sich seit vielen Jahren auf den ökologischen Anbau von Gemüse im Freiland spezialisiert hat, plant die Beteiligung an einer regionalen Messe, um neue Geschäftskontakte zu knüpfen und den Absatz der Erzeugnisse anzuschieben.	Förderprogramm „Messe-Ausstellungsbeiträge zum ökologischen Landbau" (Zuschuss), Förderung 25.000 € max.	Zur Antragstellung ist ein ausführliches Konzept einzureichen. Es hat sich bewährt, im Vorfeld persönlich Kontakt zur Förderstelle aufzunehmen, um den Bericht entsprechend zielgerichtet formulieren zu können. (www.ble.de)

Förderprogramme für Messen und Ausstellungen

- Auslandsmesseprogramm (vergünstigte Konditionen)
- Messe- und Ausstellungsbeiträge zum ökologischen Landbau (Zuschuss)
- Messe- und Ausstellungsbeiträge zur nachhaltigen Landwirtschaft (Zuschuss)
- Teilnahme junger innovativer Unternehmen an internationalen Leitmessen in Deutschland

Die subjektive Auswahl von Förderprogrammen soll Ihnen einen Eindruck von der Vielfalt der Fördermöglichkeiten geben, ist aber keineswegs als abschließende Aufzählung zu verstehen und erhebt auch keinen Anspruch auf Vollständigkeit.

2.2.3.1 Auslandsmesseprogramm (vergünstigte Konditionen)

Mit dem Auslandsmesseprogramm soll die Beteiligung deutscher Unternehmen an Auslandsmessen gefördert werden. Welche Messen infrage kommen, wird zweimal pro Jahr beim Ausstellungs- und Messe-Ausschuss der Deutschen Wirtschaft e.V. (AUMA) festgelegt. Das Programm ist für alle Betriebe interessant, die deutsche Produkte und Dienstleistungen absetzen. Die Förderung ist indirekt und erfolgt nicht über direkte Auszahlungen an die Aussteller. Interessierte Unternehmen können an Firmengemeinschaftsausstellungen, Sonderschauen, Informationsständen oder Sonderveranstaltungen der deutschen Wirtschaft mit vergünstigten Konditionen teilnehmen. Durch die zentrale Organisation und die Nutzung von Gemeinschaftsständen ergeben sich für die Betriebe erhebliche Kosteneinsparungen.

Konditionen
Jede Messe hat ihre eigenen Teilnahmebedingungen, so dass eine generelle Aussage zu den monetären Vorteilen nicht pauschal getroffen werden kann.

Anmeldungen für Auslandsmessen sind an die beauftragten Durchführungsgesellschaften zu richten. Diese sind auf der Internetseite der AUMA in der Messedatenbank unter www.auma.de sortiert und nach Ausstellungsorten und Branchen verzeichnet.

2.2.3.2 Messe- und Ausstellungsbeiträge zum ökologischen Landbau (Zuschuss)

Das Programm „Messe- und Ausstellungsbeiträge zum ökologischen Landbau" fördert Unternehmen, die an internationalen und überregionalen Messen und Ausstellungen in Deutschland teilnehmen wollen. Wichtig ist, dass das Unternehmen sich selbst und sein Projekt im Vorfeld anschaulich beschreibt und ausführlich begründet. Bezuschusst werden Kosten für Standmiete, Anmeldegebühren, Nutzung von Medientechnik, Verbrauch von Energie und Wasser auf der Messe sowie für die Erstellung von Werbematerial.

Konditionen	
Antragsteller	Unternehmen aus den Bereichen ökologisch landwirtschaftliche Erzeugung, Verarbeitung oder Vermarktung ökologischer Erzeugnisse
Zuschuss	80 % der Kosten, maximal 25.000 €

Ansprechpartner ist die Bundesanstalt für Landwirtschaft und Ernährung (BLE), www.ble.de.

2.2.3.3 Messe- und Ausstellungsbeiträge zur nachhaltigen Landwirtschaft (Zuschuss)

Dieses Programm ist ähnlich aufgestellt wie das zuvor beschriebene Programm für ökologischen Landbau. Einziger Unterschied ist die Ausrichtung der Messe- und Ausstellungsbeiträge. Diese müssen fachspezifische Informationen über nachhaltige Landwirtschaft, Verarbeitung und Vermarktung der Erzeugnisse transportieren.

Konditionen	
Antragsteller	Unternehmen aus dem Bereich nachhaltige Landwirtschaft sowie Vermarktung und Verarbeitung der von dort stammenden Produkte.
Zuschuss	80 % der Kosten, maximal 25.000 €

Ansprechpartner ist die Bundesanstalt für Landwirtschaft und Ernährung (BLE), www.ble.de.

2.2.3.4 Teilnahme junger innovativer Unternehmen an internationalen Leitmessen in Deutschland (Zuschuss)

Junge innovative Unternehmen aus Industrie, Handwerk oder dem Bereich technologieorientierter Dienstleistungen, die neue Produkte und Verfahren entwickelt haben, sollen aus diesem Fördertopf dabei unterstützt werden, sich auf Leitmessen zu präsentieren. Die Präsentation erfolgt auf einem Gemeinschaftsstand, der mindestens zehn Aussteller zusammenfasst. Jeder Aussteller bekommt zwischen 6 und 15 qm Fläche. Der Eigenanteil liegt bei 20-30 %, je nach Zeitpunkt der Messe. Welche Messen gefördert werden, legt das Bundesministerium für Wirtschaft und Technologie jährlich neu fest.

Konditionen	
Antragsteller	innovative Unternehmen, bis 10 Jahre nach Gründung
Zuschuss	7.500 € max.

Die Antragstellung erfolgt über das Bundesamt für Wirtschaft und Ausfuhrkontrolle (BafA), www.bafa.de.

2.2.4 Außenwirtschaft

Die Außenwirtschaft ist für viele kleine und kleinste Unternehmen oftmals gar kein Thema. Zu groß scheinen die Hürden, die in Zusammenhang mit Exportgeschäften genommen werden müssen. Zum einen gibt es sprachliche Schwierigkeiten, zum andern sind die Gepflogenheiten des fremden Landes nicht bekannt. Und wie können erste Kontakte in einen potenziellen neuen Absatzmarkt im Ausland geknüpft werden? Die Scheu vor dem Risiko ist deshalb verständlich. Hintergrund der Außenwirtschaftsförderung ist einerseits, Unternehmen den Zugang zu ökonomischen Informationen, politischen Risiken und wirtschaftlichen Bedingungen zur Verfügung zu stellen, besonders wenn es um Entwicklungsländer geht. Starke Außenhandelsbeziehungen sorgen dafür, dass Deutschland eine starke wirtschaftliche Position einnimmt. Nicht zuletzt deshalb gibt es in diesem Bereich recht interessante Förderprogramme, die auch für kleine Unternehmen von Interesse sind. Allen voran steht sicherlich die Kombination aus Exportfinanzierung und Exportkreditgarantien, die sich auf Entwicklungsländer bezieht. Aber auch die Intensivierung der Geschäftsbeziehungen in ökonomisch stabile Länder ist ein erklärtes Ziel der Bundesregierung. Sie fördert die Kontaktanbahnung und Auslandsaktivität im Allgemeinen über Auslandsmesseprogramme (siehe Kapitel 2.2.3 Messen und Ausstellungen), aber sie hält auch konkrete Förderinstrumente für die Erschließung neuer Märkte bereit. Sie sollen dazu beitragen, dass Unternehmer den Schritt auf den Auslandsmarkt wagen und Geschäftsbeziehungen aufbauen.

Fallbeispiel: Außenwirtschaft

Sachverhalt	**Fördermittel**	**Praxistipps**
Eine Druckerei hat 2009 über eine Auslandsmesseteilnahme Kontakte zu möglichen Geschäftspartnern in Ghana hergestellt. In diesem Zuge will sich das Unternehmen mit Ghana als Zielland neuer Geschäftsbeziehungen auseinandersetzen. Zur Vorbereitung der Gespräche in Ghana benötigt das deutsche Unternehmen professionelle und konkrete Informationen zu geschäftlichen Gepflogenheiten. Im Jahr 2011 erhält die deutsche Druckerei zum ersten Mal einen Auftrag aus Ghana. Es sollen Waren im Wert von 800.000 € an ein privates Unternehmen exportiert werden.	Fördermittel „Markterschließungsprogramm“: Das Unternehmen kann an Veranstaltungen teilnehmen, die sich mit wirtschaftlichen und politischen Themen bezogen auf Exportaktivitäten nach Ghana beschäftigen. Darüber hinaus ist die Inanspruchnahme einer gezielten, individuellen Beratung möglich, die sich speziell um die Fragen des deutschen Unternehmens dreht. Fördermittel „Exportkreditgarantie in Form einer Lieferantenkreditdeckung“: Sie ermöglicht es Unternehmen, eine Einzelforderung aus einem Exportgeschäft abzusichern. Damit sind die Risiken der Insolvenz des Bestellers, der Nichtzahlung der Forderung, von staatlichen Maßnahmen und kriegerischen Ereignissen, der Beschlagnahmung der Ware und der Unmöglichkeit der Vertragserfüllung aus politischen Gründen sowie die Unmöglichkeit der Konvertierung bzw. Transferierung von Landeswährungsbeträgen abgesichert. In Verbindung mit den Exportkreditgarantien kann auch ein Darlehen aus dem Programm „ERP-Export Finanzierungprogramm“ beantragt werden.	Es ist eine frühzeitige Kontaktaufnahme mit der Euler Hermes Deutschland AG empfehlenswert, um sich über die Möglichkeiten der Informationsveranstaltungen und individuellen Beratungsleistungen zu informieren. Hierfür sollten Sie einen zeitlichen Puffer bei Ihrer Planung berücksichtigen.

Förderprogramme für die Außenwirtschaft

- BMWI Markterschließungsprogramm (Zuschuss)
- ERP-Exportfinanzierungsprogramm (Darlehen)
- Exportkreditgarantien (Garantie/Bürgschaft)

Die subjektive Auswahl von Förderprogrammen soll Ihnen einen Eindruck von der Vielfalt der Fördermöglichkeiten geben, ist aber keineswegs als abschließende Aufzählung zu verstehen und erhebt auch keinen Anspruch auf Vollständigkeit.

2.2.4.1 BMWI Markterschließungsprogramm (Zuschuss)

Das Markterschließungsprogramm ist aufgelegt worden, um Unternehmen die Möglichkeit zu geben, auf neuen Märkten im Ausland Fuß zu fassen. Im Rahmen des Programms können Unternehmer zu vergünstigten Teilnahmegebühren Veranstaltungen besuchen, die fach- und länderbezogene Informationen und spezielles Wissen weitergeben. Eine zusätzliche Fördermöglichkeit kann über Beratungsleistungen, die sich mit dem Zielland und der Zielbranche hinsichtlich der kulturellen, betriebswirtschaftlichen und allgemeinen länderspezifischen Besonderheiten beschäftigt, genutzt werden. Darüber hinaus können potenzielle Geschäftskontakte angebahnt, persönliche Treffen organisiert und durchgeführt werden. Diese Treffen finden entweder im In- oder im Ausland statt. Eine jährliche Übersicht der geförderten Projekte ist unter www.ixpos.de/markterschliessung verfügbar.

Konditionen	
Antragsteller	KMU, Selbständige, Freiberufler
Zuschuss	Indirekt über vergünstigte Teilnehmergebühren. In Abhängigkeit von der Maßnahme beläuft sich der Eigenbetrag auf 30 € max. pro Veranstaltung bzw. auf 1.000 € pauschal in den Modulen „Markterkundung“ und „Geschäftsanbahnung“

Antragannehmende Stellen sind die Geschäftsstelle Markterschließung für KMU (www.ixpos.de/markterschliessung) oder das Bundesamt für Wirtschaft- und Ausfuhrkontrolle (www.bafa.de).

2.2.4.2 ERP-Exportfinanzierungsprogramm (Darlehen)

Das Darlehen aus dem ERP-Exportfinanzierungsprogramm soll deutsche Unternehmen in die Lage versetzen, Ausfuhrgeschäfte in Entwicklungsländer (gem. Liste der OECD) zu finanzieren. Voraussetzung ist, dass den Geschäften eine Exportkreditgarantie gewährt wird (siehe Kapitel 2.2.4.3). Die Zahlungsabwicklung muss sich auf einen Zeitraum von mindestens vier Jahren ab Betriebsbereitschaft erstrecken. Die Höhe des Darlehens richtet sich nach der Höhe der noch nicht fälligen Exportforderungen.

Konditionen	
Antragsteller	Unternehmen
Kredit	85 Mio. € max. pro Einzelgeschäft

Lieferantendarlehen können bei jedem Kreditinstitut beantragt werden. Bestellerdarlehen richten Sie bitte an die KfW IPEX-Bank GmbH (www.kfw-ipex-bank.de).

2.2.4.3 Exportkreditgarantien (Garantie/Bürgschaft)

Die Exportkreditgarantien, auch Hermesdeckungen genannt, sollen das Risiko in wirtschaftlicher und politischer Hinsicht mindern, dass zum Zahlungsausfall im Rahmen von Exportgeschäften führen kann. Die Zielmärkte müssen einem erhöhten Risiko unterliegen. Die Art der Deckung hängt vom jeweiligen Bestellerland ab. Für die Absicherung der Exportgeschäfte werden Prämien fällig. Beim antragstellenden Unternehmen verbleibt eine Selbstbeteiligung, die je nach Risikointensität zwischen 5 % und 15 % liegt.

Die Deckungsmöglichkeiten sind variabel und je nach Anforderung konzipiert. Es gibt Absicherungen, die die Ware vor oder auch nach dem Versand schützen. Die Laufzeit der Kredite sowie die Rechtsform des ausländischen Vertragspartners spielen bei der Wahl der Absicherung eine wesentliche Rolle. Ist der Kunde eine Privatperson oder eine organisierte Gesellschaft, kann die Deckung in Form einer Ausfuhrgarantie erfolgen. Bei Körperschaften des öffentlichen Rechts (Gemeinden, Städte etc.) übernimmt die Bundesregierung in bestimmten Fällen die Deckung in Form einer Ausfuhrbürgschaft. Die Deckungen können unterschiedliche Formen haben, hier eine Auswahl:

- Fabrikationsrisikodeckung: greift von der Produktionsphase einer Ware bis zum Versand
- Ausfuhr-Pauschal-Gewährleistung (APG): Forderungsausfallversicherung für Auslandsgeschäfte
- Bauleistungsdeckung: Schutz vor typischen Risiken im Baugeschäft im Ausland
- Leasingdeckung: Schutz für Leasingforderung aus einem grenzüberschreitenden Leasinggeschäft
- Lieferantenkreditdeckung: Forderungsschutz aus einem Ausfuhrgeschäft

Konditionen	
Antragsteller	Unternehmen
Absicherung	Kostenpflichtige Garantie oder Bürgschaft, ein Selbstbehalt zwischen 5 % und 15 % verbleibt beim Unternehmen

Anträge sind an Euler Hermes Deutschland AG zu richten. Weitere Informationen finden Sie im Internet unter www.agaportal.de

2.2.5 Kultur, Medien und Sport

Das Budget für öffentliche Förderungen im Bereich „Kultur, Medien und Sport" ist vergleichsweise klein. Es soll kreatives und kulturelles Gut einerseits, das Angebot an Sportstätten und die Ausbildung von sportlichen Talenten andererseits unterstützen. Die Förderung der Gesundheit, die eng mit dem Sport einhergeht, findet ihre stärkste Verankerung im Förderbereich „Gesundheit und Soziales" (siehe Kapitel 2.2.6). Bei der Intensität einer Förderung spielen ganz verschieden Faktoren eine Rolle: Die Marktfähigkeit eines Films, die Bedeutung eines Kulturgutes bzw. die Leistungen eines Sportlers haben einen großen Einfluss auf die Förderquote.

In der Filmwirtschaft liegt folgender Gedanke zu Grunde: Deutsche Kinofilme können in vielen Fällen lediglich auf nationalen Märkten abgesetzt werden. Deshalb ist das Risiko hoch, das eingesetzte Budget nicht wieder einzuspielen oder Gewinne zu generieren. Auf dem wichtigen Absatzmarkt USA sind synchronisierte Filme vom Publikum nicht akzeptiert, so dass das Risiko für Produzenten und Investoren bei deutschsprachigen Produktionen viel höher liegt als bei englischsprachigen Filmen. Fördermittel im Bereich Medien sollen dieses Risiko ein Stück weit abfedern.

Förderungen im Kulturbereich stellen in erster Linie auf den kulturellen Wert eines zu fördernden Vorhabens ab. Neben den gesetzlich verankerten Subventionen und den öffentlichen Fördertöpfen gibt es privat initiierte Stiftungen, die Gelder einwerben und in individuell konzipierte Förderprogramme fließen lassen.

Fallbeispiel: Kultur, Medien und Sport

Sachverhalt	**Fördermittel**	**Praxistipps**
Eine Elterninitiative krebskranker Kinder	Das Programm „Ein Netz für Kinder" stellt Zuschüsse in	Wichtig ist, dass Sie Ihr Projekt ausführlich darstellen

entschließt sich, eine Internetplattform für betroffene Kinder einzurichten. Inhalt: Thema Krebs, Umgang mit Heilmethoden, Heilungschancen und alternativer Methoden in kindgerechter Aufbereitung. Weiter ist ein Forum geplant, in dem sich Kinder austauschen können.	Höhe von 50 % der förderfähigen Kosten zur Verfügung.	und den Nutzen sowie die besondere Ausrichtung auf den Förderzweck verdeutlichen. Im Fokus stehen Kinder zwischen 6 und 12 Jahren.

Förderprogramme für Kultur, Medien und Sport

- Förderung von Internetangeboten für Kinder „Ein Netz für Kinder“ (Zuschuss)
- KfW-Filmfinanzierung (Darlehen)
- Venture Capital (VC) Fonds Kreativwirtschaft Berlin

Die subjektive Auswahl von Förderprogrammen soll Ihnen einen Eindruck von der Vielfalt der Fördermöglichkeiten geben und ist keineswegs als abschließende Aufzählung zu verstehen oder erhebt Anspruch auf Vollständigkeit

2.2.5.1 Förderung von Internetangeboten für Kinder „Ein Netz für Kinder“ (Zuschuss)

Unternehmen, die Internetangebote konzipieren, die Kindern dabei helfen, sich zu eigenverantwortlichen und gemeinschaftsfähigen Persönlichkeiten zu entwickeln, werden über das Programm „Ein Netz für Kinder“ finanziell unterstützt. Zielgruppe sind dabei insbesondere Kinder im Alter zwischen 6 und 12 Jahren. Es wird Wert auf eine barrierearme Gestaltung gelegt. Die Projekte sollen die kognitiven und sozialen Fähigkeiten altersgerecht stimulieren. Dabei sind Plattformen im Fokus, die Informations-, Bildungs- und Unterhaltungsangebote in adäquater Form präsentieren. Auch Plattformen, die Medienkompetenz, Kommunikation, Interaktion und Selbstdarstellung von Kindern ermöglichen und darüber hinaus einen hohen Sicherheitsstandard garantieren, gehören in die Riege der förderfähigen Projekte. Politische Neutralität ist ebenfalls eine Voraussetzung, die förderfähige Projekte erfüllen müssen: Antragsteller, die einer politischen Partei nahestehen, sind ausgenommen.

Als Eigenanteil werden Eigenleistungen mit Eigenmitteln gleichgestellt. Das bedeutet, dass die selbst erbrachten Leistungen von Programmierern, Autoren, Redakteuren oder anderen Personen, die maßgeblich an der Erstellung und dem Betrieb der Projektseite teilnehmen, als geldwerter Bestandteil eingestuft werden. Zur förderfähigen Bemessungsgrundlage, auf die sich der Zuschuss bezieht, gehören unter anderem Herstellungs- und Unterhaltungskosten wie:

- eigene Honorare (in der Regel werden 30 € pro Stunde anerkannt)
- Fremdleistungen zu marktüblichen Honoraren
- Geräte, Ausrüstung oder Software
- Miete für Projekträume
- Serverkosten
- Marketingmaßnahmen
- Reise und Transportkosten

Darüber hinaus wird eine Verwaltungskostenpauschale gewährt, die sich auf die Kosten im Bereich Herstellung und Unterhaltung bezieht. Nicht förderfähig sind Versicherungs-, Rechtsberatungs- und Finanzierungskosten.

Konditionen	
Antragsteller	Unternehmen, Anbieter eines Internetangebots bzw. -projekts
Zuschuss	50 % max. zzgl. 7,5 % Verwaltungskostenpauschale

Anträge nimmt die Geschäftsstelle „Ein Netz für Kinder" unter www.ein-netz-fuer-kinder.de an. Dort erhalten Sie auch alle weiteren Informationen und Formulare.

2.2.5.2 KfW-Filmfinanzierung (Darlehen)

Unternehmen, die in der Filmproduktion oder im Filmverleih tätig sind, können ihr Vorhaben mithilfe dieses Förderdarlehens finanzieren. Das Darlehen ist in verschiedene Finanzierungsbausteine gesplittet. Einerseits gibt es die Verleih- und Vertriebsfinanzierung, andererseits die Zwischenfinanzierung, die zur Vorfinanzierung anderer zu erwartender Fördermittel eingesetzt wird, und die GAP-Finanzierung, die eine Lücke im Gesamtbudget schließen soll. Nachfinanzierungen und Umschuldungen sind ausgeschlossen. Weiter wird in der Regel vorausgesetzt, dass zusätzliche öffentliche Fördermittel beantragt werden.

Inhaltlich darf der Film nicht gegen geltende Gesetze der Bundesrepublik Deutschland verstoßen, verfassungsrechtlichen Grundrechten widersprechen oder sittliche bzw. religiöse Gefühle verletzen. Die Filme müssen programmfüllend sein. Damit ist regelmäßig ein Mindestumfang von 79 Minuten gemeint. Kinder-, Jugend- und Dokumentarfilme müssen mindestens 59 Minuten dauern.

Falls die Finanzierung über ein Bankenkonsortium erfolgt, kann die KfW-Bank bis zu 50 % der Finanzierung tragen.

Konditionen	
Antragsteller	Unternehmen der Filmproduktion oder des Filmverleihs
Kredit	300.000 € bis 3 Mio. € max., für Zwischenfinanzierungen 5 Mio. € max.
Laufzeit	6-60 Monate, für Zwischenfinanzierungen 6-18 Monate

Die Antragstellung erfolgt direkt bei der KfW-Bank. Weitere Informationen finden Sie auf der Internetseite www.kfw.de.

2.2.5.3 Venture Capital (VC) Fonds Kreativwirtschaft Berlin

Berliner Unternehmen der Kreativwirtschaft (Film, Rundfunk und Fernsehen, Verlagswesen, Musik, Entertainment, Werbung, Mode, Design, Architektur, Multimedia, Games, Software, Kunst und Kultur) können über dieses Förderprogramm an Beteiligungskapital kommen. Um das zu realisieren, müssen bestimmte Anforderungen erfüllt werden. Dazu gehören u.a.:

- tragfähiges Gesamtkonzept
- unternehmerisch ausgeprägtes Profil
- hohes Wachstumspotenzial und zu erwartender hoher Wertzuwachs
- geschlossene Gesamtfinanzierung

Das Unternehmen sollte als Kapitalgesellschaft firmieren. Eine Beteiligung kommt nur dann infrage, wenn weitere Beteiligte gefunden werden. Diese können aus Venture Capital Gesellschaften, aus dem Kreis der Business-Angels oder anderen Unternehmen der Industrie stammen.

Konditionen	
Antragsteller	KMU aus dem Bereich Kreativwirtschaft
Beteiligung	15 %-20 % der Anteile in stiller oder offener Form, 1,5 Mio. € max. in der ersten Finanzierungsrunde, kann später bis auf 3 Mio. € max. erhöht werden.
Laufzeit	Variabel, der VC Fonds strebt den Verkauf der Anteile nach 3-5 Jahren an.

Anträge sind an die IBB Beteiligungsgesellschaft mbH unter www.ibb-bet.de zu richten.

2.2.6 Gesundheit und Soziales

Der Bereich „Gesundheit und Soziales" ist mit vergleichsweise geringem Fördervolumen ausgestattet. Dem Bereich „Gesundheit und Soziales" unterfallen Jugendliche, Kinder, Senioren, Frauen, Migranten und die Themen Migration und Integration. Hier werden Investitionen in Einrichtungen und Einzelprojekte für die Betreuung der genannten Gruppierungen gefördert. Zusätzlich gibt es Förderprogramme, die nur für eine eingeschränkte Dauer offen für Anträge sind. Diese Zeitfenster gilt es auszunutzen, wenn die Chance auf eine Förderung gewahrt werden soll. Neben den öffentlichen Förderprogrammen gibt es auch immer wieder privat initiierte Projekte, die Gelder sammeln und in individuell konzipierte, privat geförderte Projekte lenken.

Fallbeispiel: Gesundheit und Soziales

Sachverhalt	Fördermittel	Praxistipps
Ein Unternehmen plant die Erweiterung des bestehen Produktionsstandortes. Es werden zusätzlich zu den bestehenden 120 Arbeitsplätzen weitere 50 geschaffen. Seine Mitarbeiter haben alle zusammen genommen 24 Kinder unter drei Jahren. Eine Diskussion mit dem Betriebsrat führt dazu, dass das Unternehmen die Einrichtung einer betrieblichen Kinderbetreuung in Erwägung zieht.	Über das Förderprogramm „Betriebliche Kinderbetreuung" können Investitionen in den Bereich bezuschusst werden. Der Zuschuss liegt bei 400 € pro Monat und Vollzeitplatz	Empfehlenswert ist die persönliche Kontaktaufnahme mit der antragannehmenden Stelle. In einem Gespräch lässt sich schnell feststellen, welche Voraussetzungen ggf. noch geschaffen werden müssen, damit der Zugang zum Förderprogramm frei ist. Oftmals ist die Zusammenarbeit mit einem Träger wie z.B. der Caritas zielführend, jedoch nicht zwingende Voraussetzung.

Förderprogramme für Gesundheit und Soziales

- Betriebliche Kinderbetreuung (Zuschuss)
- Altersgerecht Umbauen (Darlehen)
- Förderung der Niederlassung von Hausärzten im ländlichen Raum (Zuschuss), Zielgebiet Bayern

Die subjektive Auswahl von Förderprogrammen soll Ihnen einen Eindruck von der Vielfalt der Fördermöglichkeiten geben, ist aber keineswegs als abschließende Aufzählung zu verstehen und erhebt auch keinen Anspruch auf Vollständigkeit.

2.2.6.1 Betriebliche Kinderbetreuung (Zuschuss)

Mit dem Bundesförderprogramm „Betriebliche Kinderbetreuung“ sollen neue Plätze zur Kinderbetreuung geschaffen werden, um langfristig für erwerbstätige Eltern die Vereinbarkeit von Familie und Beruf zu verbessern. Das Förderprogramm soll Arbeitgeber dazu animieren, betriebliche Betreuungsangebote einzurichten.

Die eingerichteten Betreuungsplätze müssen den Vorschriften des Paragraphen 22 Abs. 1 Satz 1 SGB VIII entsprechen. Die Plätze müssen für Mitarbeiterkinder eingerichtet werden, die unter drei Jahre alt sind.

Konditionen	
Antragsteller	Träger von Betreuungseinrichtungen (Unternehmer, öffentliche, gemeinnützige, privat-gewerbliche und freie Träger, Initiativen von Mitarbeitern, gesellschaftliche Initiativen)
Zuschuss	Festbetragsfinanzierung in Höhe von 400 € pro Ganztagsplatz und Monat. Teilzeit- und Halbtagsplätze werden anteilig gefördert
Laufzeit	Die Förderung läuft über zwei Jahre, max. bis zum 30.6.2015

Anträge sind beim Bundesministerium für Familie, Senioren, Frauen und Jugend, Servicestelle Betriebliche Kinderbetreuung einzureichen. Weitergehende Details finden Sie auf www.erfolgsfaktor-familie.de.

2.2.6.2 Altersgerecht Umbauen (Darlehen)

Das Förderprogramm „Altersgerecht Umbauen“ stellt zinsgünstige Darlehen für Maßnahmen an bestehenden Gebäuden und Eigentumswohnungen zur Verfügung. Es sind zwingend technische Anforderungen zu erfüllen, die von Fachunternehmen des Bauhandwerks durchzuführen sind. Ein Sachverständiger muss Maßnahmen empfehlen und die Umsetzung offiziell bestätigen. Ferienhäuser, Ferienwohnungen und Wochenendhäuser sind ausgeschlossen. Auch eine Umschuldung und Nachfinanzierungen bereits abgeschlossener Vorhaben sind nicht möglich.

Konditionen	
Antragsteller	Investoren an selbstgenutzten oder vermieteten Wohngebäuden oder Eigentumswohnungen sowie Ersterwerber von neu altersgerecht sanierten Wohngebäuden oder Eigentumswohnungen.
Kredit	50.000 € pro Wohneinheit max.

Antragsteller richten ihre Kreditanfrage im Hausbankverfahren an die KfW-Bank. Weitere Informationen finden Sie unter www.kfw.de.

2.2.6.3 Förderung der Niederlassung von Hausärzten im ländlichen Raum (Zuschuss), Zielgebiet Bayern

Existenzgründer und Unternehmen, die eine Arztpraxis in ländlichen Regionen Bayerns übernehmen, wieder aktivieren oder eine Zweigniederlassung gründen wollen, sind Antragsberechtigte dieses Zuschussprogramms. Ziel ist, die medizinische Versorgung der Bevölkerung aufrechtzuerhalten und dabei einen qualitativ hochwertigen Standard und die Nähe der Praxen zu den Wohnorten zu gewährleisten. Die Gemeinde darf höchstens 25.000 Einwohner haben und muss in einem der ausgewiesenen Fördergebiete liegen. Die Liste der ausgewiesenen Fördergebiete hält die bayerische Gesundheitsagentur bereit. Der Antragsteller muss seine hausärztliche Tätigkeit innerhalb von sechs Monaten aufnehmen und den Praxisbetrieb mindestens fünf Jahre aufrechterhalten. Dabei ist eine Mindestwochenstundenzahl verpflichtend.

Konditionen	
Antragsteller	Ärzte, die hausärztliche Leistungen anbieten
Zuschuss	15.000 € für eine Zweigpraxis, 60.000 € für eine Niederlassung

Anträge sind per Post oder per E-Mail direkt an die bayerische Gesundheitsagentur zu richten. Weitere Informationen finden Sie auf www.lgl.bayern.de.

2.2.7 Sonstige Förderbereiche

Mit den Förderbereichen

- Landwirtschaft und ländliche Entwicklung
- Städtebau und Stadterneuerung
- Wohnungsbau und -modernisierung

bestehen für gewerbliche Unternehmen erfahrungsgemäß eher selten Berührungspunkte. Deshalb beschränke ich die Darstellung der Bereiche auf ausgewählte Kernpunkte.

2.2.7.1 Städtebau und Stadterneuerung

Förderungen im Bereich „Städtebau und Stadterneuerung" sind nicht selten so konzipiert, dass Städte und Gemeinden im Vorfeld einen Antrag auf Zuschuss bei den übergeordneten Landesbehörden stellen müssen, um von den Geldern etwas abzubekommen. Diese Gelder dürfen sie dann im Rahmen der Richtlinie lokal verwenden und in eigener Regie je nach Problemlage einsetzen. Über die Verwendung der Gelder ist selbstverständlich Rechenschaft abzulegen. Die Volumen sind eher klein und verhältnismäßig schnell verplant, so dass Sie frühzeitig agieren sollten, um teilhaben zu können. Eine regelmäßige Kontrolle der Internetauftritte der zuständigen Städte und Gemeinden hilft dabei, die lokalen Programme im Auge zu behalten und ggf. Antragsfristen zu wahren.

Ein anderer Schwerpunkt im Bereich „Städtebau und Stadterneuerung" ist die Förderung hinsichtlich denkmalgeschützter, erhaltenswerter Gebäude. Die Praxis zeigt, dass es wesentlich mehr Anfragen gibt, als Förderungen ausgesprochen werden. Welche Denkmale als förderungswürdig eingestuft werden, liegt im Ermessen der Landesbehörden und ist im Vorfeld nur schwer einzuschätzen. Die Behörden wägen die Anfragen gegeneinander ab und prüfen die Position eines Denkmals im Gesamtkontext des Landes, der Region und der lokalen Umstände. In der Denkmalförderung sind Antragsteller aufgrund der beschriebenen Situation erheblich mehr als in anderen Förderbereichen von zahlreichen Faktoren abhängig, die sich nicht beeinflussen lassen und in die Kategorie „Absolute K.-o.-Kriterien" gehören (siehe Kapitel 3).

Fallbeispiel: Städtebau und Stadterneuerung

Sachverhalt	Fördermittel	Praxistipps
Ein Unternehmen in Hessen plant ein denkmalgeschütztes Gebäude zu erwerben. Die Stadtvilla muss instand gesetzt werden.	Über das Programm „Denkmalförderrichtlinie" ist ein Antrag auf Zuschüsse möglich.	Da denkmalgeschützte Gebäude einer Reihe von Vorschriften unterliegen, was die Instandsetzung angeht, dürfen nur mit der zuständigen Behörde abgestimmte Maßnahmen umgesetzt werden. Anträge auf eine Förderung müssen sehr frühzeitig gestellt werden. Deshalb sollte die Zeitplanung entsprechend darauf zugeschnitten werden.

Förderprogramme für Städtebau und Stadterneuerung

– Denkmalförderrichtlinie (Zuschuss), Zielgebiet Hessen

Die subjektive Auswahl von Förderprogrammen soll Ihnen einen Eindruck von der Vielfalt der Fördermöglichkeiten geben, ist aber keineswegs als abschließende Aufzählung zu verstehen und erhebt auch keinen Anspruch auf Vollständigkeit.

Denkmalförderrichtlinie (Zuschuss), Zielgebiet Hessen
Mit dem Zuschuss der Denkmalförderrichtlinie können Investoren, die Kulturdenkmäler oder Teile davon in ihrer Substanz erhalten wollen, das Vorhaben mit finanzieller Unterstützung durchführen. Die Maßnahmen müssen im Vorfeld detailliert mit dem Landesamt für Denkmalpflege Hessen (LfDH) abgestimmt werden. Auch muss die Gesamtfinanzierung des Vorhabens sichergestellt sein. Damit das LfDH beurteilen kann, ob das Vorhaben aus denkmalpflegerischer Sicht unterstützenswert ist, müssen eine Reihe von Unterlagen zur Prüfung vorgelegt werden. Diese drehen sich in ihrer Hauptsache um die Darstellung des Vorhabens sowie eine transparente Finanzierungsplanung und Kostenschätzung.

Zuschussfähig sind die Kosten, die überwiegend den denkmalpflegerischen Mehraufwendungen zuzuordnen sind. Gemeint sind damit zum Beispiel Kosten für Architekten und Ingenieure, Gerüstkosten, restauratorische Kosten, Revitalisierungskosten bei ungenutzten Kulturdenkmälern oder Kosten für die Wiederherstellung von zum Teil zerstörten Kulturdenkmälern.

Nicht gefördert hingegen werden der Erwerb eines Kulturdenkmals, komplette Rekonstruktionen, der Neubau einer Gesamtanlage, Beschaffungskosten von Finanzierungsmitteln, eigene Arbeitsleistungen und anderes mehr.

Konditionen	
Antragsteller	Investoren
Zuschuss	Monetäre Obergrenzen sind nicht explizit festgelegt. Die Höhe der Zuwendung liegt im Ermessen des LfDH und richtet sich nach denkmalpflegerischen Gesichtspunkten.
Sonstiges	Anträge sind jährlich bis zum 31. Januar zu stellen.

Anträge sind direkt an das Landesamt für Denkmalpflege Hessen zu stellen, www.denkmalpflege-hessen.de.

2.2.7.2 Wohnungsbau und -modernisierung

Der Bereich „Wohnungsbau und -modernisierung" hat verschiedene Aspekte, die wir in den bereits behandelten Förderbereichen schon angesprochen haben. Drei Aspekte spielen in diesem Bereich im Wesentlichen eine Rolle:

1. Energiebewusstes Bauen bzw. Sanieren von Wohn- und Geschäftsgebäuden, öffentlichen Einrichtungen und gewerblichen Immobilien
2. Nutzung innovativer energiesparender Technik
3. Schaffung von Wohnraum für sozial benachteiligte, alte/kranke Menschen.

Es gibt Beratungszuschüsse, die Unternehmen in die Lage versetzen sollen, effiziente Technik und wirtschaftliche Planung unter einen Hut zu bringen. Investitionszuschüsse fließen in energieeffiziente Technik oder in den sozialen Wohnungsbau. In diesem Zusammenhang gibt es auch Zuschüsse, die in die Beseitigung von brach liegenden Flächen in Stadtgebieten fließen. Diese sind allerdings an größere Investitionen in bestimmte Bauvorhaben gekoppelt, unterliegen regionalen bzw. lokalen Kriterien und sind nicht im gesamten Bundesgebiet zu haben.

Fallbeispiel: Wohnungsbau und -modernisierung

Sachverhalt	**Fördermittel**	**Praxistipps**
Ein Unternehmen plant die Sanierung eines Wohn- und Geschäftsgebäudes und will dabei alten- und behindertengerechte Wohnungen anbieten.	Über das Programm „Altersgerecht umbauen" ist eine zinsgünstige Finanzierung machbar.	Die Förderung richtet sich an bestehende Wohnimmobilien, Ferienwohnungen sind von einer Förderung ausgenommen. Um in den Genuss des zinsgünstigen Darlehens zu kommen, müssen Fachbetriebe den Ausbau vornehmen und die Umsetzung der Maßnahmen nachgewiesen werden.

Förderprogramme für Wohnungsbau und -modernisierung

– Altersgerecht Umbauen (Darlehen)

Die subjektive Auswahl von Förderprogrammen soll Ihnen einen Eindruck von der Vielfalt der Fördermöglichkeiten geben, ist aber keineswegs als abschließende Aufzählung zu verstehen und erhebt auch keinen Anspruch auf Vollständigkeit.

Altersgerecht Umbauen (Darlehen)

Das zinsgünstige Darlehen unterstützt Immobilieneigentümer und Investoren dabei, Umbauten in bestehenden Gebäuden hinsichtlich einer barrierefreien Wohnumgebung zu finanzieren. Hinzu kommen Wege zu Gebäuden und anderen regelmäßig genutzten Einrichtungen wie z.B. Stellplätzen, Spielplätzen und Müllplätzen. Weiter förderfähig sind Baumaßnahmen zum Abbau von Barrieren im Eingangsbereich, Verbesserung oder Nachrüsten einer Aufzugsanlage, Umgestaltung von Treppenhäusern und Schaffung von Bewegungsflächen. Wer später die Wohneinheit nutzt, ist nicht eingeschränkt. Die Baumaßnahmen müssen definierte Anforderungen erfüllen und von einem Fachunternehmen umgesetzt werden. Darüber hinaus ist die Einschaltung eines Sachverständigen zwingend erforderlich.

Konditionen	
Antragsteller	Immobilieneigentümer, Investoren
Darlehen	50.000 € pro Wohneinheit, Finanzierungsanteil bis zu 100 % der förderfähigen Kosten
Sonstiges	Anträge sind jährlich bis zum 31. Januar zu stellen

Anträge sind im Hausbankverfahren zu stellen, mehr Informationen finden Sie unter www.kfw.de.

2.2.7.3 Landwirtschaft, ländliche Entwicklung und Fischerei

Landwirtschaftliche Betriebe nehmen durch ihre Geschäftstätigkeit erheblichen Einfluss auf die Umwelt. Umweltverschmutzung, die Auflösung von großen, zusammenhängenden Lebensräumen, die damit in Zusammenhang stehenden Verluste von Tierarten, das sind die wesentlichen negativen Aspekte, die die Landwirtschaft mit sich bringt. Die Förderungen im Bereich Landwirtschaft zielen darauf ab, Umweltzerstörung zu mindern und die Nachhaltigkeit in landwirtschaftlichen Ökosystemen zu stärken. Dadurch sollen die Vielfalt der Landschaft und Lebensräume er-

halten und entwickelt werden. Gewünscht sind die Einführung und Festigung umweltverträglicher Anbaumethoden.
Im Fokus des Förderbereichs „Fischerei“ stehen die Themen Überfischung und die Maßnahmen, die zu einer Erholung der Fischbestände führen. Durch die Schädigungen, die aktuell zu verzeichnen sind, ist das gesamte Ökosystem der Meere bedroht, ohne Reglementierung des Fischereibetriebes sind verheerende Auswirkungen zu erwarten. Einerseits spielt der Aspekt gesunder Nahrungsmittel eine Rolle, andererseits ist es wichtig, dass die Fischereiwirtschaft ökonomisch gefestigt und ihre Abhängigkeit von öffentlichen Förderungen eingeschränkt oder sogar ganz eingestellt werden kann. Es gilt, die Balance zwischen Umweltschutz und Wirtschaft auch durch den Einsatz finanzieller Unterstützung für umweltfreundliche Fischereiprojekte zu unterstützen.

Die Fördermöglichkeiten in ländlichen Regionen wollen dem Umstand Rechnung tragen, dass das durchschnittliche Einkommen im Vergleich zu urbanisierten Gebieten niedriger ist, der durchschnittliche Ausbildungsgrad und damit die Kompetenzgrundlage geringer sowie der Dienstleistungssektor insgesamt schwächer ausgebildet ist. Im Hinblick darauf, dass die ländlichen Gebiete ein wichtiger Faktor zur Verlangsamung des Klimawandels sind, dass sie notwendige Rohstoffe für die Allgemeinheit liefern und als Erholungsgebiete und Wohnraum für den überwiegenden Teil der Bevölkerung fungieren, sollen Fördermaßnahmen zur Erweiterung des Dienstleistungs- und Infrastrukturangebots für größere Attraktivität sorgen. So gibt es drei Schwerpunktbereiche, die die Politik für den ländlichen Raum festgelegt hat:

- Verbesserung der Wettbewerbsfähigkeit der Land- und Forstwirtschaft
- Verbesserung der Umwelt und der Landschaft
- Verbesserung der Lebensqualität im ländlichen Raum und Förderung der Vielfalt ländlicher Wirtschaft

Die Förderung im Bereich „Landwirtschaft, ländliche Entwicklung und Fischerei“ steht unter dem Einfluss der gemeinschaftlichen EU-Politik.

Fallbeispiel: Landwirtschaft, ländliche Entwicklung und Fischerei

Sachverhalt	**Fördermittel**	**Praxistipps**
Ein landwirtschaftlicher Betrieb plant die E-	Über das Programm „Agrar- und Ernährungswirtschaftswachstum	Beide Programme stellen eine Finanzierungsoption dar,

weiterung seines Maschinenparks. Parallel dazu möchte er eine Maschinenhalle errichten. Sein Finanzierungsbedarf liegt bei 200.000 € für den Maschinenpark sowie 80.000 € für die Erweiterung seiner Hallen. Gleichzeitig benötigt er für den laufenden Betrieb Milchleistungsfutter.	und Wettbewerb“ können die Investitionen in Anlagever-mögen finanziert werden. Das Programm „Agrar- und Ernährungswirtschaft – Betriebsmittel“ steht für die Finanzierung anfallender Kosten des laufenden Geschäftsbetriebes bereit.	sobald die begleitende Hausbank die Tragfähigkeit des Konzeptes sowie alle weiteren wirtschaftlichen Rahmendaten des antrag-stellenden Unternehmens geprüft hat. Die Konditionen werden in Abhängigkeit von der Einstufung des Unternehmens durch die begleitende Bank festgelegt.

Förderprogramme für Landwirtschaft, ländliche Entwicklung und Fischerei

- Förderung des Modellvorhabens Demonstrationsbetriebe integrierter Pflanzenschutz (Zuschuss)
- Förderung von Investitionen in der Seefischerei (Darlehen)

Die subjektive Auswahl von Förderprogrammen soll Ihnen einen Eindruck von der Vielfalt der Fördermöglichkeiten geben, ist aber keineswegs als abschließende Aufzählung zu verstehen und erhebt auch keinen Anspruch auf Vollständigkeit.

Förderung des Modellvorhabens Demonstrationsbetriebe integrierter Pflanzenschutz (Zuschuss)

Landwirtschaftliche Betriebe, die sich bereit erklären, neueste Erkenntnisse und Verfahren zum Thema „integrierter Pflanzenschutz“ zu demonstrieren und zu praktizieren, werden über Zuschüsse staatlich gefördert. Das Modellvorhaben muss an einen der Bereiche Ackerbau, Feldgemüsebau, Obstbau, Zierpflanzenbau, Weinbau oder Hopfenbau anknüpfen. Die antragstellenden Unternehmen müssen Vollerwerbsbetriebe mit ökonomisch stabilen Rahmenbedingungen sein und unter anderem nachweisen, dass sie bereits in der Vergangenheit nach den Grundsätzen des integrierten Pflanzenschutzes gehandelt haben.

Konditionen	
Antragsteller	KMU aus dem Bereich Landwirtschaft
Zuschuss	100 % der projektbedingten Ausgaben, 100.000 € max. je Demonstrationsvorhaben innerhalb von 3 Kalenderjahren
Sonstiges	Anträge sind nach öffentlichem Aufruf der Förderstelle einzureichen, ausgewählte Betriebe werden danach kontaktiert. Eine Kontaktaufnahme im Vorfeld einer Bewerbung beim regionalen Pflanzenschutzdienst wird empfohlen. 2011 wurden Demonstrationsbetriebe im Obstbau, Wein- und Ackerbau eingerichtet. Für 2014 sind Demonstrationsbetriebe für Feldgemüse, Hopfen und Zierpflanzenbau geplant.

Nähere Informationen erhalten Sie bei der Bundesanstalt für Landwirtschaft und Ernährung (BLE) unter www.ble.de.

Förderung von Investitionen in der Seefischerei (Darlehen)
Für Unternehmen der Seefischerei, die ein Fischereifahrzeug modernisieren oder ein gebrauchtes Fischereifahrzeug erwerben wollen, ist dieses Förderprogramm gedacht. An das Fischereifahrzeug sind verschiedene Anforderungen geknüpft:
Es muss eine Bruttoraumzahl (BRZ) von mindestens 500 haben bzw. mindestens 13 m lang sein, in der Ostseefischerei mindestens 10 m. Das Fahrzeug muss die Bundesflagge führen und im deutschen Seeschiffsregister oder im zuständigen Fischereiamt registriert sowie in der Fischerei-Fahrzeugkartei der Europäischen Union eingetragen sein. Falls ein Fahrzeug modernisiert werden soll, ist eine betriebswirtschaftliche Analyse vorzulegen, die das antragstellende Unternehmen auf eigene Kosten erstellen muss. Außerdem ist der Einsatz des Fahrzeugs in mindestens zehn weiteren Jahren glaubhaft nachzuweisen. Eine Förderung ist von der Größe des Fahrzeugs und den damit in Verbindung stehenden Mindestausgaben abhängig:

BRZ > 500 und Gesamtausgaben 200.000 € mind.
Fahrzeuge > 10 m und < 13 m, Gesamtausgaben 15.000 € mind.
Fahrzeuge > 13 m, Gesamtausgaben 30.000 € mind.

Konditionen	
Antragsteller	Unternehmen der Seefischerei
Darlehen	15.000 € mind.
Laufzeit	15 Jahre max.
Sonstiges	3 Jahre zinsfrei, danach 2 % p.a.

Erste Anlaufstelle für weitere Informationen ist das Bundesministerium für Ernährung, Landwirtschaft und Verbraucherschutz (BMELV). Auf der Internetseite www.bmelv.de werden die Adressen der zuständigen Landesbehörden bekannt gegeben.

3. Förderschädliche Bestandteile

Auf dem Weg zum Fördertopf stellen sich dem Antragsteller diverse Hürden in den Weg. Einige von ihnen werden sich als unüberwindlich erweisen, andere sind unkritisch und zu bewältigen. Erfahrungsgemäß lassen sich wesentliche Zugangsvoraussetzungen bei frühzeitiger Prüfung der möglichen Förderprogramme im Vorfeld schaffen bzw. hinderliche Konstellationen ohne Verlust der Gesamtwirtschaftlichkeit des geplanten Vorhabens vermeiden. Auf diese Weise fallen potenzielle K.-o.-Kriterien komplett weg.

Selbstverständlich gibt es K.-o.-Kriterien, die sich nicht aus dem Weg räumen lassen, weil sie schlicht außerhalb des Einflussbereichs liegen. Dabei sei z.B. auf die Denkmalförderrichtlinie (siehe Kapitel 2.2.7.1) hingewiesen. Hier haben Sie weder Einfluss darauf, ein Gebäude als Denkmal einstufen zu lassen, noch können Sie beeinflussen, ob Ihr Vorhaben konzeptionell in die bestehende langfristige Denkmalschutzplanung der zuständigen Landesbehörde fällt. Neben diesen „Hard Facts“, den ausschlaggebenden Faktoren außerhalb Ihres Einflussbereiches, gibt es zum anderen auch „Soft Facts“, also vorläufig ausschlaggebende Faktoren, die Sie beeinflussen könn(t)en.

Tipp

Bei den K.-o.-Kriterien, die auf Soft Facts beruhen, haben Sie es selber in der Hand zu entscheiden, ob Sie diese veränderlichen und damit heilbaren K.-o.-Kriterien (siehe Kapitel 3.1) stehen lassen und damit bewusst von einer Förderung absehen, oder ob sie diese aus dem Weg räumen.

Fallbeispiel: Abwägen von Förderbedingungen

Sachverhalt

Eine Metzgerei plant die Erneuerung ihrer Kühlanlage. Dazu gehören die Kühltheken im Verkaufsraum und insbesondere die Kühlräume, in der die Produkte hauptsächlich gelagert und bearbeitet werden. Die geplante neue Anlage (30.000 €), die mit dem Kältemittel NH_3 betrieben wird, sorgt für eine Energieeinsparung von 25 %. Die jährlichen Energiekosten würden sich dann voraussichtlich von rund 47.000 € auf 35.000 € reduzieren. Mit einer Investition von 60.000 € in noch energieeffizientere Kühltechnik läge die Energieeinsparung bei 35 %.

Erläuterung

Grundsätzlich wäre eine Förderung über das Programm „Klimaschutzinitiative – Maßnahmen an gewerblichen Kälteanlagen" verfügbar. Allerdings ist hier eine Mindestenergieeinsparung von 35 % erforderlich. Bei der letztgenannten technischen Ausführung läge die Förderquote bei 25 %

Ab dem 4. Jahr wäre der Punkt erreicht, ab dem die Mehrinvestitionskosten sich amortisiert hätten und die Ersparnis der Energiekosten sich auswirken würde. Die Metzgerei sollte nun abwägen, ob die zu erwartende Kostenersparnis (bei unveränderten Energiekosten wären das rd. 5.000 € pro Jahr) als finanzieller Anreiz ausreicht und – falls ja – ob und wie eine Finanzierung in Höhe von 60.000 € generell machbar wäre.

Grundsätzlich lässt sich sagen, dass K.-o.-Kriterien besser gehandhabt werden können, je früher Sie diese im Planungsprozess Ihres Vorhabens berücksichtigen. Denn wenn das Projekt weit voran geschritten ist und sich schon in relativ festen, kaum veränderlichen Bahnen bewegt, ist es im besten Fall mit Kosten verbunden, heilbare K.-o.-Kriterien zu beseitigen. Im schlechtesten Fall versperren diese Kriterien letztendlich den Zugang zum Förderprogramm und wandeln sich zu absoluten K.-o.-Kriterien.

Tipp

Das Kapitel der K.-o.-Kriterien ist darauf ausgerichtet, Ihnen eine Möglichkeit zu zeigen, die Prüfung des Förderpotenzials und die Einschätzung der Förderwahrscheinlichkeit vorzunehmen. Insofern sind die Inhalte dieses Kapitels wertvolle Grundlagen für die praktische Recherchearbeit, die im nachfolgenden Kapitel 4 behandelt wird.

Die Aufbereitung von Förderrichtlinien unterliegt in den wichtigsten Recherchedatenbanken einer ganz bestimmten Systematik, die später detailliert erläutert wird. An diese häufig verwendete Systematik lehnt sich die Darstellung der K.-o.-Kriterien an. Auf diese Weise kommen Sie in Kontakt mit der Fördersprache, lernen wesentliche Begriffe sowie die Hauptbestandteile von Förderprogrammen nebenbei kennen.

3.1 Übersicht der K.-o.-Kriterien

3.1.1 Förderzweck

Erfüllt ein Vorhaben inhaltlich nicht den Förderzweck, ist der Weg zum Förderprogramm versperrt. Die Ausrichtung und Zielsetzung eines Programmes bieten zwar einigen Spielraum und können weiter oder enger gefasst sein. Grundsätzlich jedoch muss ein Vorhaben seitens der Organisation, Orientierung und Durchführung die Zielsetzung widerspiegeln, um eine Chance auf Förderung zu erhalten. Von einer allgemein gültigen Aussage sehe ich aufgrund der Vielschichtigkeit der Förderprogramme über alle Förderbereiche hinweg an dieser Stelle ab.

3.1.2 Status

Die Größe eines antragstellenden Unternehmens zieht eine Einstufung in Kategorien nach sich, die K.-o.-Kriterien in sich trägt, welche im Rahmen einer Antragstellung beachtet werden müssen. Verweisend auf Kapitel 1.1 „Wer wird gefördert" sei an dieser Stelle noch einmal die EU-Definition von KMU in Erinnerung gerufen. Viele Programme richten sich an KMU bis zu einer Größenordnung von 250 Mitarbeitern und entsprechenden Jahresbilanzsummen.

Kategorie	Mitarbeiterzahl	Jahresumsatz	Bilanzsumme
Mikrounternehmen	< 10	≤ 2 Mio. €	≤ 2 Mio. €
Kleine Unternehmen	< 50	≤ 10 Mio. €	≤ 10 Mio. €
Mittlere Unternehmen	< 250	≤ 50 Mio. €	≤ 43 Mio. €
		Entweder	Oder

Abbildung 4: Europäische Kommission, The new SME definition – User guide and model declaration, 2003, S. 14. Die Zahlen sind im Jahr 2013 noch aktuell.

Einerseits wird durch die Einschränkung der Antragsberechtigten auf KMU den großen Unternehmen (GU) der Zugang verwehrt, andererseits fallen die Rechtsformen durchs Raster, die nicht als gewerbliche Unternehmen mit Gewinnerzielungsabsicht arbeiten. Dazu gehören gemeinnützige Vereine und Stiftungen, Bund und Länder sowie deren Körperschaften.

3.1.3 Standort

Die Standortfrage ist ebenfalls als Hard Fact zu betrachten, der in der Regel eine absolute K.-o.-Wirkung auf die Zugangsberechtigung von Antragstellern haben kann. Ausnahme: Der Firmensitz ist noch nicht begründet bzw. der konkrete Investitionsort befindet sich noch in der Planung. Vorausgesetzt, die Standortfrage ist noch nicht geklärt, sondern es gibt aus wirtschaftlicher Sicht gute Gründe, Standortalternativen zu prüfen, dann ist es angebracht, parallel die Fördermöglichkeiten in den Bundesländern miteinander zu vergleichen. Sobald der Standort begründet ist, haben Sie in dieser Hinsicht keinen Spielraum mehr.

Eindeutig ist die Definition hinsichtlich des Standortes bei Bundesprogrammen. Hier haben Unternehmen Zugang, solange sie ihren Firmensitz innerhalb der deutschen Grenzen haben bzw. die Investition in der Bundesrepublik Deutschland erfolgt. Länderprogramme richten sich an Unternehmen, die ihren Sitz in dem jeweiligen Bundesland haben oder dort investieren wollen, und regionale Programme erfordern in der Regel als Investitions- oder Standort speziell definierte Landkreise, Städte oder Gemeinden. Ein Sonderfall ist die Definition von strukturschwachen Räumen. Hier wird anhand einer Postleitzahl geprüft, ob ein Standort grundsätzlich in einer förderfähigen Region liegt. In Berlin oder im Ruhrgebiet sind die Förderbereiche sogar auf Straßenzüge und Hausnummernbereiche ausgerichtet: Je nach Investitionsstandort schwanken die Zuschussquoten zwischen 10 % und 50 %.

Das Wichtigste in Kürze

Der Standort stellt ein wichtiges Kriterium dar, das erheblichen Einfluss auf die Fördermöglichkeiten hat. Sobald der Standort fixiert ist, wirkt es als absolutes K.-o.-Kriterium.

3.1.4 Fristen und Termine

Das Kriterium „Fristen und Termine“ ist in mehrfacher Hinsicht von Bedeutung. Zum einen sind Förderprogramme für klar definierte Zeiträume aufgelegt, die in den Förderrichtlinien explizit ausgewiesen werden (Geltungsdauer). Nur innerhalb dieser Zeiträume können überhaupt Anträge gestellt werden. Ist die Einreichung zu spät, wird ein Projekt nicht weiter beachtet. Selbst wenn es allen anderen inhaltlichen und formalen Anforderungen entsprechen sollte, ist eine Förderung aufgrund des Fristversäumnisses ausgeschlossen (Einreichungsfrist). Besonders zu beachten sind Förderprogramme, die in Form von Wettbewerben aufgelegt sind. Hier sind die Zeitfenster häufig sehr eng, was zu Schwierigkeiten in der zeitlichen Projektplanung führen kann (Bewerbungsfrist). Eine frühzeitige Recherche hilft dabei, die Zeitplanung zu optimieren.

Ist der Förderantrag rechtzeitig gestellt, steht die Prüfphase an, deren Ende der Bescheid markiert. In den meisten Fällen ist es so, dass ein Vorhaben erst dann begonnen werden darf, wenn ein positiver Bewilligungsbescheid vorliegt (Vorhabensbeginn bzw. Beginnfrist). In Ausnahmefällen darf der Beginn vorgezogen werden. Das muss dann in der Regel mit der zuständigen Förderstelle im Vorfeld abgesprochen werden. Als Beginn einer Maßnahme wird der Zeitpunkt definiert, zu dem ein relevanter Liefer- oder Leistungsvertrag abgeschlossen wird. Im Einzelnen sollte man sich von der Förderstelle genau erklären lassen, was als Vorhabensbeginn eingestuft wird. Nicht zuletzt sind Unterlagen, die in Zusammenhang mit der Förderung erstellt wurden, für einen bestimmten Zeitraum aufzubewahren und auf Verlangen zur Prüfung vorzulegen (Aufbewahrungsfrist).

Im Förderbescheid ist schriftlich niedergelegt, wie lange die geförderten Investitionsgüter nachweislich im Unternehmen verbleiben müssen (Zweckbindungszeitraum). Werden geförderte Investitionsgüter vor Ablauf des Zweckbindungszeitraums in einen anderen Betrieb verbracht oder verkauft, zieht das Konsequenzen nach sich: Es droht eine Rückforderung der bereits gewährten und ausgezahlten Mittel.

Anknüpfend an den Zweckbindungszeitraum sind die Termine vorgegeben, zu denen der regelmäßige Nachweis über den Verbleib der geförderten Güter bzw. Leistungen erbracht werden muss (Nachweistermine). Werden diese Termine versäumt, wird ein Nachreichen der Unterlagen üblicherweise akzeptiert, vorausgesetzt es liegt eine schlüssige Erklärung für das Versäumnis vor.

Das Wichtigste in Kürze

1. Die Geltungsdauer ist der Zeitraum, in dem ein Förderprogramm gilt. Anträge können nur innerhalb der Geltungsdauer eines Programms gestellt werden.
2. Die Einreichungsfrist korrespondiert mit der Geltungsdauer eines Förderprogramms. Sie kann abweichend sein, z.B. im Falle von Wettbewerben.
3. Antrags- und Bewerbungsfristen wirken als absolute K.-o.-Kriterien.
4. Die Beginnfrist bzw. der Zeitpunkt des frühestmöglichen Vorhabensbeginns ist im Förderbescheid festgelegt.
5. Ein verfrühter Vorhabensbeginn vor Erteilung einer Zusage ist ein absolutes K.-o.-Kriterium. Nur in Ausnahmefällen kann in Absprache mit der zuständigen Förderstelle davon abgewichen werden.
6. Aufbewahrungsfristen beziehen sich auf Unterlagen, die in Zusammenhang mit der Förderung relevant ist.
7. Der Zweckbindungszeitraum legt fest, wie lange geförderte Güter im Unternehmen verbleiben müssen.
8. Die Unterschreitung des Zweckbindungszeitraumes zieht eine Rückforderung bereits gewährter Mittel nach sich. Die Rückforderung kann in vollem Umfang oder anteilig erfolgen.

9. Nachweistermine sind turnusmäßig wiederkehrende Termine, die sich in der Regel über die Dauer des Zweckbindungszeitraums erstrecken. Versäumte Termine werden von Förderstellen nicht gerne gesehen. Jedoch wird üblicherweise ein Nachreichen von Unterlagen ohne förderschädliche Konsequenzen akzeptiert, soweit Sie eine schlüssige Erklärung für das Versäumnis liefern können.

3.2. Identifizierung von förderschädlichen Bestandteilen

Zur Darstellung, wie eine Förderrichtlinie auf K.-o.-Kriterien geprüft werden kann, verwenden wir einen Beispielfall mit einem verhältnismäßig überschaubaren Programm mit der Bezeichnung „Förderung der Niederlassung von Hausärzten im ländlichen Raum" (Zielgebiet Bayern, Stand 22. Juni 2012, siehe Richtlinie im Anhang). Die Richtlinie unterstützt die Erhaltung und den Ausbau von Hausärzte-Praxen in ländlichen Gebieten.

Fallbeispiel: Hausärzterichtlinie (BY)

Ein Allgemeinmediziner im Anstellungsverhältnis möchte sich als Hausarzt selbstständig machen. Aus persönlichen Gründen möchte er sich im Großraum Freising niederlassen.

Über das Programm „Förderung der Niederlassung von Hausärzten im ländlichen Raum" kann er Zuschüsse zwischen 15.000 € und 60.000 € beantragen.

Anhand des Beispiels gehen wir Punkt für Punkt in verkürzter Form die Hausärzte-Förderrichtlinie (BY) durch. Die Richtlinie ist in diese Abschnitte untergliedert:

- Ziel und Gegenstand
- Antragsberechtigte
- Voraussetzungen
- Art und Umfang der Förderung
- Antragsverfahren
- Wichtige Hinweise

Die Gliederung in die genannten Abschnitte wird Ihnen bei Förderprogrammen immer wieder begegnen, denn sie ist ganz typisch. In den einzelnen Abschnitten gehen wir auf die Suche nach K.-o.-Kriterien, wie wir sie im letzten Kapitel behandelt haben.

3.2.1 Ziel und Gegenstand

Der Förderzweck wird durch die Darstellung des Ziels und des Gegenstands eines Förderprogramms erläutert. Unter anderem sind hier die förderfähigen Inhalte definiert. Mit der Lektüre des Förderzwecks beschäftigen Sie sich mit dem Kernstück eines Programms. Die Wortwahl gibt Aufschluss über ausschließlich geförderte

Leistungen oder darüber, ob die Definition weiteren Spielraum zulässt. Falls die hier niedergelegten Inhalte nicht auf Ihr Projekt zutreffen, stehen Sie einem nicht heilbaren K.-o.-Kriterium gegenüber.

Fallbeispiel: Hausärzterichtlinie (BY), Abschnitt Förderzweck	
Text der Originalrichtlinie	**K.-o.-Kriterien**
Der Freistaat Bayern unterstützt die Nachbesetzung freier und frei werdender Arztpraxen in ländlichen Regionen. Förderfähig ist die Niederlassung bzw. Gründung einer Zweigpraxis als ambulant vertragsärztlich tätiger Hausarzt in ausgewiesenen Fördergebieten. Ziel ist es, eine flächendeckende, möglichst wohnortnahe und qualitativ hochwertige medizinische Versorgung der Bevölkerung aufrechtzuerhalten.	Solange der Allgemeinmediziner flexibel bei der Wahl seiner Praxisräume im Hinblick auf die ausgewiesenen Fördergebiete ist und sich außerdem auf die vertragsärztliche Bindung einlässt, steht der Weg zum Fördertopf offen (heilbares K.-o.-Kriterium). Hat der Arzt bereits den **Praxisstandort**, z.B. durch den Kauf einer Immobilie, in einem nicht förderfähigen Gebiet fixiert, hat er damit ein absolutes K.-o.-Kriterium geschaffen und den Zugang zum Fördertopf versperrt (absolutes K.-o.-Kriterium).

3.2.2 Antragsberechtigte

Die Definition der Antragsberechtigten lässt kaum Spielraum zu. Sie wirkt fast immer als absolutes K.-o.-Kriterium, insbesondere wenn es um die Rechtsform oder die Einordnung in eine Branche geht. Auch das Unternehmensalter, die Berufserfahrung oder zwingend erforderliche Qualifikationen werden bei der Definition der Antragsberechtigten vorgegeben. Hier gilt das Prinzip: Entweder der potenzielle Antragsteller gehört zu den Zugangsberechtigten oder nicht.

Fallbeispiel: Hausärzterichtlinie (BY), Abschnitt „Antragsberechtigte“	
Text der Originalrichtlinie	**K.-o.-Kriterien**
Antragsberechtigt sind Ärzte, die sich in	Fehlt dem Antragsteller lediglich die

ausgewiesenen Fördergebieten im Rahmen der ambulant vertragsärztlichen Versorgung im hausärztlichen Bereich niederlassen oder eine Zweigpraxis gründen.	vertragsärztliche Vereinbarung, so kann diese formale Anforderung ggf. nachgebessert werden (heilbares K.-o.-Kriterium).
	Ärzte, die nicht als Hausarzt arbeiten können, weil sie zum Beispiel eine Facharztausbildung mit anderen Schwerpunkten haben, sind nicht antragsberechtigt (absolutes K.-o.-Kriterium).

3.2.3 Voraussetzungen

Die Voraussetzungen sind in den einzelnen Förderprogrammen sehr individuell formuliert und können mitunter den größten Part der Richtlinie einnehmen. Entsprechend sorgfältig sind diese zu lesen und auf eventuelle K.-o.-Kriterien zu untersuchen. Sie beziehen sich detailliert auf Inhalte, förderfähige Tatbestände und auf Förderausschlüsse. In den Voraussetzungen verbergen sich verpflichtende Bestandteile, ohne die eine Förderung nicht möglich ist.

Fallbeispiel: Hausärzterichtlinie (BY), Abschnitt „Voraussetzungen"

Text der Originalrichtlinie	**K.-o.-Kriterien**
Die Förderung setzt – neben der Berücksichtigung von Zweck und Gegenstand sowie der Niederlassung bzw. Filialbildung im Fördergebiet – voraus, dass - (...) - der Zuwendungsempfänger sich verpflichtet, die hausärztliche Tätigkeit innerhalb von sechs Monaten nach der zulassungsrechtlichen Entscheidung aufzunehmen, - der Zuwendungsempfänger sich verpflichtet, die Niederlassung bzw. Filialbildung für mindestens 60 Monate aufrechtzuerhalten und	Lässt sich der Arzt an einem Standort außerhalb der definierten Regionen nieder, versperrt er damit den Zugang zum Fördertopf. (absolutes K.-o.-Kriterium) Ist die Bewilligung einmal erteilt, ist der Arzt dazu verpflichtet, den Praxisbetrieb innerhalb von 6 Monaten zu starten, dabei die vereinbarte Stundenzahl pro Woche nicht zu unterschreiten und die Praxis 60 Monate zu betreiben (Zweckbindungszeitraum). Kommt er

dort die hausärztliche Tätigkeit in diesem Zeitraum auch tatsächlich auszuüben (im Falle der Filialbildung im Umfang von mindestens 10 h pro Woche an mehreren Tagen in der Filialpraxis), - mit der Niederlassung bzw. Filialbildung vor der Bewilligung nicht begonnen worden oder ausnahmsweise die schriftliche Zustimmung zur vorzeitigen Niederlassung bzw. Filialbildung erteilt worden ist.	diesen Verpflichtungen nicht nach, muss er mit der Aufhebung der Zusage oder der Rückforderung der Zuschüsse rechnen (absolutes K.-o.-Kriterium). Der Praxisbetrieb darf erst nach Erteilung der Bewilligung beginnen bzw. falls ein vorzeitiger Beginn geplant ist, darf das nur mit schriftlicher Zustimmung der Förderstelle geschehen (heilbares K.-o.-Kriterium).

3.2.4 Art und Umfang der Förderung

Im Abschnitt „Art und Umfang der Förderung“ erfahren Sie die monetären Rahmenbedingungen, in denen sich das Programm bewegt. Außerdem sind Informationen zur Möglichkeit der Mehrfachförderung zu finden. In der Regel gilt: Eine Maßnahme, die bereits einmal gefördert wurde, kann aus einem anderen Programm kein zweites Mal gefördert werden.

Fallbeispiel: Hausärzterichtlinie (BY), Abschnitt „Art und Umfang der Förderung“

Text der Originalrichtlinie	**K.-o.-Kriterien**
Die Förderung erfolgt in Form eines Zuschusses. Die Höhe der Förderung beträgt im Fall einer Niederlassung 60.000 EUR, bei Gründung einer Zweigpraxis 15.000 EUR. Bei der Niederlassung von zwei oder mehr Hausärzten in einer Gemeinschaftspraxis wird der Zuschuss nur einmal gewährt.	
Für Maßnahmen, die nach diesen Grundsätzen gefördert werden, darf keine Förderung aus anderen Haushaltsmitteln des Freistaates Bayern in Anspruch genommen werden.	Es ist nicht möglich, weitere Landesprogramme für dasselbe Vorhaben zu nutzen. Sollten sich bundesweit geltende Fördermöglichkeiten ergeben, so sind diese Richtlinien hinsichtlich der Bestimmungen zu Mehrfachförderungen entsprechend zu prüfen (absolutes K.-o.-Kriterium).

3.2.5 Antragsverfahren

Der Abschnitt „Antragsverfahren“ hält die Kontaktdaten der Förderstelle bereit, gibt Auskunft über Formulare, Anlagen und darüber hinaus geltende Nebenbestimmungen sowie ggf. über Fristen und Termine. Absolute K.-o.-Kriterien sind in diesem Bereich nicht zu finden. Es sollte jedem Unternehmen möglich sein, die Antragsanforderungen zu erfüllen.

3.2.6 Wichtige Hinweise

Der Abschnitt „Wichtige Hinweise“ hält zusätzliche Informationen bereit, die entweder in den anderen Abschnitten nicht sinnvoll hätten eingefügt werden können oder die so kurzfristig ergänzt wurden, dass die Einarbeitung in die Richtlinie noch nicht stattgefunden hat. Hier finden Sie Hinweise zur Geltungsdauer der Richtlinie, zu Ausschlussfristen, Wettbewerbsterminen, Überarbeitungen des Programms, Verweise zu korrespondierenden Programmen und/oder Aussagen zu Kumulierungsbestimmungen.

Fallbeispiel: Hausärzterichtlinie (BY), Abschnitt „Wichtige Hinweise“

Text der Originalrichtlinie	K.-o.-Kriterien
Der Freistaat Bayern hat im August 2012 drei neue Förderprogramme zum Erhalt und zur Verbesserung der ärztlichen Versorgung auf dem Land aufgelegt, die (...) mit 4,5 Mio. EUR ausgestattet wurden: Die Förderung erfolgt als De-minimis-Beihilfe.	Die Regelung zur „De-minimis-Beihilfe“ bedeutet, dass das antragstellende Unternehmen in den letzten drei Steuerjahren nicht mehr als 200.000 € anrechnungsfähige Zuschüsse in Anspruch genommen hat (ausführliche Erläuterung zur De-minimis-Beihilfe siehe Kapitel 3.2.7) (absolutes K.-o.-Kriterium).
Eine Kumulierung mit anderen Haushaltsmitteln des Freistaates Bayern ist ausgeschlossen.	Weitere Landesmittel dürfen nicht kumuliert werden (absolutes K.-o.-Kriterium). Hinweis: Evtl. gibt es Bundesmittel, die zusätzlich genutzt werden können.

3.2.7 „De-minimis“-Beihilfe

Antragsteller sind dahingehend zu prüfen, welche Förderungen sie in der Vergangenheit ggf. bereits in Anspruch genommen haben. Ein Begriff, der dabei immer wieder auftaucht, ist die sogenannte De-minimis-Verordnung. Kurz zusammengefasst steckt diese Bedeutung dahinter:

Die europäische Union verbietet wettbewerbsverfälschende Beihilfen. Bis zu einer Bagatellgrenze von 200.000 € (100.000 € im Straßentransportsektor) geht sie allerdings davon aus, dass diese geringfügigen Subventionen keine spürbaren Auswirkungen auf Handel und Wettbewerb zwischen den Mitgliedstaaten der EU haben. Die De-minimis-Regelung gestattet es einem Unternehmen, innerhalb von drei Steuerjahren Zuschüsse mit einem Subventionswert von maximal 200.000 € (100.000 € im Straßentransportsektor) in Anspruch zu nehmen. Im Zuge der Antragstellung ist das Unternehmen verpflichtet, Auskunft über sämtliche De-minimis-Beihilfen zu geben, die im laufenden und in den vorangegangenen zwei Steuerjahren in Anspruch genommen wurden. Ist die Bagatellgrenze erreicht, können keine weiteren De-minimis-Beihilfen in Anspruch genommen werden.

Wichtig: Auch in anderen Förderprogrammen können Subventionswerte enthalten sein, die im Rahmen der De-minimis-Berechnung anrechenbar sind. Hat ein Förderprogramm Auswirkungen auf die De-minimis-Regelung, ist das explizit in den Richtlinien verzeichnet. So sind z.B. auch Darlehensverträge hinsichtlich ihres Beihilfewertes zu prüfen.

Tipp

Lesen Sie Richtlinien gezielt auf Formulierungen, die nicht in der absoluten Form geschrieben sind. Begriffe wie „unter anderem“, „überwiegend“, „in erster Linie“, „vorrangig“ etc. öffnen unter Umständen ebenfalls Zugang zum Fördertopf.

Dritter Teil
Die Praxis

4. Einstieg in die Praxis – Zusammenfassung der wichtigsten Grundlagen

Wenn Sie mit der Lektüre des Praxishandbuchs bis hierher gelangt sind, dann sind Ihnen einige maßgebende Strukturen in der Förderlandschaft bekannt. Sie haben erfahren, dass es gesetzlich verankerte Subventionen gibt, sowie Förderprogramme, deren Vergabe vom Ermessen der zuständigen Stelle abhängt. Sie wissen, dass es verschiedene Formen von Fördermitteln gibt und haben sich mit den drei Kernfragen

1. Wer wird gefördert?
2. Wie wird gefördert?
3. Was wird gefördert?

beschäftigt. Das wichtigste Wissen haben Sie mit der Lektüre um die aktuell existierenden Förderbereiche erworben. Kurz zusammengefasst liegt das Förderpotenzial für Unternehmen der gewerblichen Wirtschaft hier:

1. Existenzgründung und -festigung
2. Unternehmensfinanzierung
3. Infrastruktur- und Regionalförderung
4. Innovation
5. Beratung
6. Umwelt und Energie
7. Arbeit, Aus- und Weiterbildung
8. Messen und Ausstellungen
9. Außenwirtschaft
10. Kultur, Medien und Sport
11. Gesundheit und Soziales
12. Wohnungsbau und -modernisierung
13. Landwirtschaft, ländliche Entwicklung und Fischerei
14. Städtebau und Stadterneuerung

Die Übersicht mit all ihren ausführlich erläuterten Details dient Ihnen als Grundlage, um aktiv in die Praxis einzusteigen. Das stellt eine echte Herausforderung fur alle dar, die sich zum ersten Mal mit Förderprogrammen beschäftigen. Für Einsteiger und für Profis, die tagtäglich mit potenziellen Förderprojekten zu tun haben, ist es die Königsdisziplin, das Herzstück einer erfolgreichen Arbeit mit Förderprogrammen. Denn jetzt geht es darum, ein geplantes Vorhaben so aufzugliedern, dass Sie vorhandenes Förderpotenzial erkennen können.

4.1 Identifizierung von förderfähigen Bestandteilen

Die Basis einer erfolgreichen Recherche – und damit das Sprungbrett Richtung Fördertopf – mit dem Ziel einer erfolgreichen Nutzung von Förderprogrammen, ist die Identifizierung von potenziell förderfähigen Bestandteilen. Nur dann, wenn Ihnen klar ist, ob ein geplantes Vorhaben Förderpotenzial birgt und in welchen Bereichen es liegt, können Sie entscheiden, ob eine Recherche überhaupt sinnvoll ist und es sich lohnt, Zeit zu investieren. Mit ein wenig Erfahrung können Sie darüber hinaus auch eine Prognose wagen, wie zeitintensiv eine solche Recherche ausfallen könnte. Das Wissen um die grundsätzlich vorhandenen Förderbereiche führt in jedem Fall zu einer wesentlichen Zeitersparnis und zum effektiven Umgang mit der anstehenden Schreibtischarbeit.

4.1.1 Das Trüffelprinzip

Ein Prinzip, dass Sie bislang eher zwischen den Zeilen erkennen konnten, sei an dieser Stelle explizit erwähnt: Förderprogramme haben immer mindestens zwei Seiten. Eine Seite ist die der Fördernehmer, die andere Seite ist die der Fördergeber. Die Beteiligten stehen in einer Wechselbeziehung zueinander und profitieren voneinander, ähnlich wie Trüffel, die mit der Wirtspflanze in einer Symbiose leben. Der Fördernehmer sieht seinen Nutzen in der finanziellen Unterstützung, die nicht nur über Zuschüsse, sondern auch über die Öffnung des Zugangs zu Finanzmitteln wie Darlehen und Beteiligungen über die Instrumente der Bürgschaft oder Garantie realisiert werden kann. Der Fördergeber sieht in dem geförderten Projekt einen Schritt in Richtung der wirtschaftlichen, politischen, ökologischen oder sozialen Ziele, um nur eine kleine Auswahl der denkbaren Zielsetzungen zu nennen.

Bei der Identifikation förderfähiger Bestandteile ist es hilfreich, das Trüffelprinzip im Hinterkopf zu behalten, um eine erste Einschätzung des Potenzials vornehmen zu können. Denn kein Unternehmen bekommt Zugriff auf öffentliche Gelder, weil es diese benötigt. Die Gelder fließen grundsätzlich deshalb, weil das Unternehmen mit seinem Vorhaben ein Beitrag dazu leistet, öffentlich erklärte Ziele zu erreichen.

4.2 Datenbanken und Informationsquellen

Bevor Sie die Recherche angehen, ist eine Einführung in die großen Datenbanken und Informationsquellen nötig. Welche Möglichkeiten sich anbieten, wie sie die Möglichkeiten zweckdienlich ausnutzen und welche Besonderheiten zu beachten sind, ist Schwerpunkt der folgenden Betrachtungen.

Wir konzentrieren uns hauptsächlich auf die Informationsquellen auf EU-, Bundes-, Landes- und Lokalebene. Für die Recherche jedoch nutzen wir die Datenbank des Bundesministeriums für Wirtschaft und Technologie, weil diese eine der wichtigsten – wenn nicht sogar die wichtigste – kostenfreie Datenbank ist, die neutral und unabhängig informiert. Weiter lernen Sie den Informationsdienst BINE kennen, der ausschließlich über Energiefördermittel Auskunft gibt (www.energiefoerderung.info). Die Zusammenhänge zwischen den einzelnen Informationsquellen öffentlicher Fördermittel lassen sich schematisch darstellen:

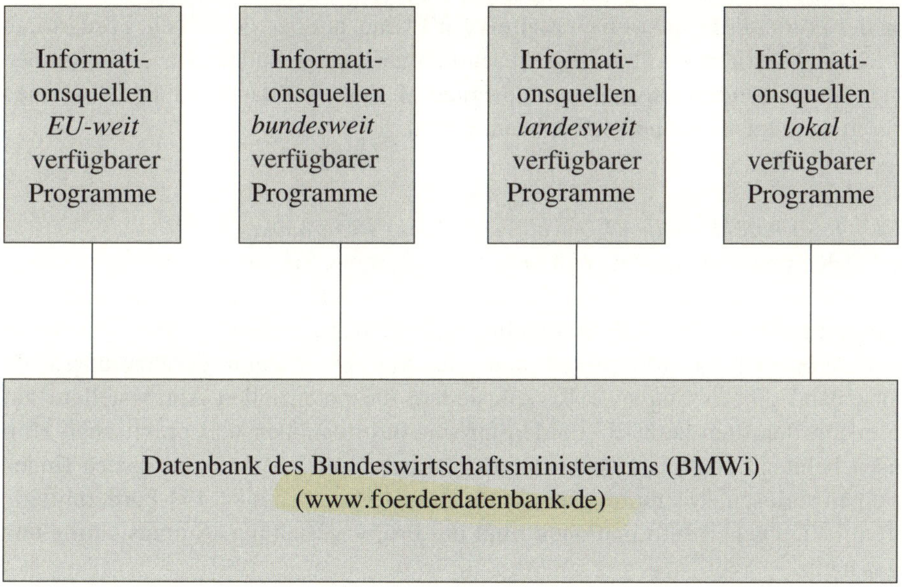

Abbildung 5: Zusammenhang zwischen öffentlichen Informationsquellen und der BMWi-Datenbank

Um der Informationsflut im Internet Herr zu werden, ist es hilfreich, die Zusammenhänge zu kennen, die sich auf die Veröffentlichung von Förderprogrammen beziehen. Damit verschaffen Sie sich die Möglichkeit, einen effizienten Rechercheansatz für Ihre Zwecke zu finden.

Auf jeder Ebene haben die zuständigen Stellen (Landesbehörden, Bundesbehörden, lokale Förderstellen) die Verwaltung der Programme hoheitlich in der Hand und können diese nach eigenen Maßgaben konzipieren. So unterschiedlich die einzelnen EU-Länder, Bundesländer und Gemeinden in wirtschaftspolitischer, sozialer und verwaltender Hinsicht sind, so unterschiedlich ist die Handhabung und Umsetzung in die Praxis. Vor diesem Hintergrund fällt es nicht schwer zu verstehen, dass sich z.B. Berlin hinsichtlich seiner Förderverwaltung erheblich von einer Kleinstadt in Hessen unterscheidet, weil sich die politischen und auch die wirtschaftlichen und sozialen Umstände grundlegend voneinander unterscheiden.

Die Undurchschaubarkeit der Förderstrukturen hat viel mit den Verwaltungshoheiten und der Umsetzung in die Praxis zu tun. Wer quasi auf Lokalebene einsteigt und die Informationen von diversen Einrichtungen zu Förderprogrammen sammelt, stürzt sich geradezu kopfüber ins Förderdickicht und behält trotz der Informationsflut häufig das Gefühl, die Fördermöglichkeiten nicht vollständig abgeklopft zu haben. Empfehlenswert ist das strukturierte, geplante Vorgehen. Auf diese Weise bestimmten Sie selber, ab wann eine Recherche zu kleinteilig und aufwendig im Verhältnis zum Nutzen für das angestrebte Projekt wird. Die finanzielle Ausstattung der Fördertöpfe sinkt im Verhältnis zur Ebene, auf der sie wirken. Fördertöpfe mit lokaler Ausrichtung haben ein wesentlich geringeres Budget, als es die großen Bundes- und Landestöpfe haben. Die Frage „Lohnt sich das überhaupt?“ können Sie sich dann relativ schnell selbst beantworten.

4.2.1 Informationsquellen EU-weit verfügbarer Programme

Die EU-Kommission verwaltet EU-Förderprogramme. Sie hat die jeweiligen Generaldirektionen entsprechend ihrer thematischen Ausrichtung mit der Verwaltung der Programme betraut. Je nach Ausrichtung sind sie dafür zuständig, über anstehende Ausschreibungen zu informieren und die Antragsverfahren durchzuführen. In Deutschland gibt es nationale Kontaktstellen, die potenziellen Antragstellern auf den ersten Schritten zum EU-Fördertopf mit Informationen und praktischen Hinweisen beratend zur Seite stehen. Auf der Internetseite www.ec.europa.eu finden Sie einen seriösen Anknüpfungspunkt für Ihre Recherchen nach EU-Fördermitteln, wertvolle Tipps und Informationen rund um Projektgestaltung, Antragstellung und vieles mehr.

4.2.2 Informationsquellen bundesweit verfügbarer Programme

Die Ministerien des Bundes sind in Abhängigkeit ihrer Ausrichtung Anlaufstelle für bundesweit nutzbare Förderprogramme. So sind zum Beispiel auf der Internetseite vom Bundesministerium für Bildung und Forschung Informationen zu Förderprogrammen mit bundesweiter Verfügbarkeit hinterlegt, die mit den Themen Bildung, Qualifizierung, Innovation etc. zu tun haben. Auf der Internetseite finden Sie Verweise auf die beauftragten Leitstellen, die sich um die Umsetzung in die Praxis kümmern. Das können durchaus lokal erreichbare Einrichtungen sein, wie es zum

Beispiel für zahlreiche Förderprogramme aus dem Bereich Arbeit gilt: Ansprechpartner sind die örtlichen Arbeitsagenturen, die diverse Zuschüsse mit bundesweit gleich lautenden Regelungen lokal verwalten.

4.2.3 Informationsquellen landesweit verfügbarer Programme

Die Landesministerien steuern nach demselben Zuständigkeitsprinzip hauptsächlich die jeweiligen Länderprogramme. Entweder finden Sie die Ansprechpartner direkt auf den Internetseiten bei Landesbanken, Landesförderinstituten oder Landesministerien oder Sie erhalten Informationen, welche Leitstellen oder Projektträger zuständig sind. Das können z.B. lokal ansässige Wirtschaftsförderungen, überregional arbeitende Bezirksregierungen oder ortsansässige Gemeindeverwaltungen sein. Diese Stellen sind dann in allen Belangen für die praktische Handhabung zuständig. Die meisten Landesbehörden verweisen zusätzlich auf die übergreifenden Bundesprogramme, die logischerweise auch für ihr Bundesland gelten. Über diesen Weg kommen Sie erneut zurück zu den Bundesministerien.

4.2.4 Informationsquellen lokal verfügbarer Programme

Förderprogramme, die lediglich auf lokaler Ebene wirken, werden in der Regel von lokal agierenden Einrichtungen verwaltet. Dabei handelt es sich regelmäßig um Stadtverwaltungen, Gemeinden, örtliche Wirtschaftsförderungen, Einrichtungen für Familien, Frauen, Beruf und Wirtschaft und andere lokal arbeitende Institutionen. Erfahrungsgemäß ist es so, dass die Informationen, die diese Einrichtungen online oder offline bereithalten, den jeweiligen Fokus auf ihren eigenen Schwerpunkt legen. Die Wirtschaftsförderungen, Städte und Gemeinden verweisen ggf. auf übergreifende Landes- und evtl. auch auf Bundesprogramme, jedoch zeigt die Erfahrung, dass diese Informationen keinen Anspruch auf Vollständigkeit erheben.

4.2.5 Spezialfall BINE-Datenbank

Die Förderdatenbank BINE (www.energiefoerderung.info) wird mit Unterstützung des Bundesministeriums für Wirtschaft und Technologie vom Fachinformationszentrum Karlsruhe herausgegeben. Die Datenbank hat einen kostenfreien Bereich für private Nutzer und einen kostenpflichtigen Bereich für gewerbliche Nutzer. Nach diesem Zugang richtet sich auch die Auswahl der Programme, die Ihnen im Ergebnis angezeigt wird. Arbeiten Sie auf der kostenfreien Seite, werden in den Ergebnissen ausschließlich Programme angezeigt, die von privaten Antragstellern genutzt werden können. Im kostenpflichtigen Bereich erhalten Sie Zugriff auf die komplette Datenbank.

Sie können die Suche nach Postleitzahlen eingrenzen und erhalten auf diese Weise auch Ergebnisse von lokalen Stromversorgern und städtischen Energie-

Förder-Aktionen. Ein weiteres Kriterium zur Suche nach dem passenden Fördermittel ergibt sich über die Eingrenzung des Vorhabens. Sie können angeben, ob es um ein Wohngebäude oder ein Nichtwohngebäude geht, ob es ein Neubau ist oder eine Sanierung. Sehr speziell wird es bei den Suchkriterien, die Sie hinsichtlich der relevanten Fördermaßnahmen einstellen können. Die Auswahl gliedert sich in die Bereiche Heizung und Warmwasser und verzweigt sich in Einzelmaßnahmen wie z.B. Brennwertkessel, Erdgasheizung, Ölheizung, thermische Solaranlage, Blockheizkraftwerk, Wärmepumpe, Heizungskomponenten u.v.m. Auch der Bereich Erneuerbare Energien ist präsent. Die Suche lässt sich fein abstimmen und bietet Untergliederungen zu konkreten Maßnahmen wie z.B. Biogas, Biomasse, Photovoltaik, Wasserkraftanlagen und anderes mehr. Es lässt sich auch eine thematische Suche von A-Z durchführen: Abfallverwertung, Beleuchtung, Energieberatung, effiziente Haushaltsgeräte, Modernisierung, Regenwasser, Stromeinsparung, Wärmedämmung und vieles mehr. Die BINE-Datenbank ist für alle zu empfehlen, die explizit nach Energiefördermitteln suchen, denn es gibt zurzeit keine zweite Datenbank, die derartig detailliert und aktuell ist.

4.2.6 Internet-Suchmaschinen

Internet-Suchmaschinen helfen in erster Linie dabei, Gelder zu finden, die nicht in öffentlich zugänglichen Datenbanken verzeichnet sind. Gemeint sind z.B. private Stiftungsgelder oder von Industrieunternehmen ausgeschriebene Wettbewerbe. Zusätzlich sind sie hilfreich, weitergehende Informationen zu laufenden Förderprojekten, Hintergrundberichte zur Förderszene oder Hinweise auf Recherche-Datenbanken zu finden. Eine zuverlässige Alternative zu den speziell auf Förderprogramme ausgerichteten Datenbanken sind sie nicht.

4.2.7 Bücher und Loseblattsammlungen

Neben den Online-Informationsmöglichkeiten existieren natürlich auch klassische Informationsmedien wie Bücher und Loseblattsammlungen. Fest eingebundene Bücher, die von ihrer Konzeption her eine Sammlung von Förderprogrammen darstellen, verlieren schnell an Aktualität. Das liegt daran, dass schriftlich fixierte Daten von Förderprogrammen immer nur Momentaufnahmen sein können, die in kurzer Zeit überholt sind. Entsprechend rasch sinkt der Nutzeffekt von Büchern dieser Art ab.

Anders liegt der Fall bei Loseblattsammlungen. Aufgrund des Systems der Ergänzungs-Lieferungen kann der Nutzer regelmäßig durch das Austauschen veralteter Informationen relativ zeitnah up-to-date gehalten werden. Zu bedenken ist, dass zwischen der Neuerung von Programmen, der Umsetzung beim Verlag bis zur Auslieferung und Einsortierung in Ihre persönliche Loseblattsammlung im besten Fall einige Wochen liegen.

Jeder muss für sich selber entscheiden, ob der Aufwand und die Einbußen bei der Aktualität den Nutzen rechtfertigen. Letztendlich ist es immer erforderlich, sich mit den aktuell geltenden Richtlinien auseinanderzusetzen, die Sie in der jeweils anzuwendenden Form bei den zuständigen Förderstellen auf EU-, Bundes-, Landes- oder Lokalebene finden. Unterlagen erhalten Sie online oder ganz klassisch direkt von der zuständigen Sachbearbeitung per E-Mail oder auf dem Postweg.

Nach diesen grundlegenden Hinweisen auf unterschiedliche Informationsquellen und Datenbanken geht es jetzt im nächsten Kapitel an die praktische Arbeit, nämlich die Recherche nach geeigneten Förderprogrammen.

Das Wichtigste in Kürze

1. Förderprogramme werden auf vier Ebenen verwaltet:

   - EU
   - Bund
   - Länder
   - Gemeinden

2. Die Verwaltungseinrichtungen und Ministerien sind zuständig für die Programme, die ihre Wirkung auf der jeweiligen Ebene entfalten.
3. Die Datenbank des Bundeswirtschaftsministeriums sammelt die Informationen gezielt ein und stellt sie nahezu vollständig zum Abruf bereit (www.foerderdatenbank.de). Diese Datenbank ist eine neutrale, kostenfreie Informationsquelle für Programme aller Verwaltungsebenen.
4. Die spezielle Datenbank „BINE“ hält ausschließlich Informationen zu Energiefördermitteln bereit (www.energiefoerderung.info).
5. Die finanzielle Ausstattung von Fördertöpfen korrespondiert mit der Ebene, auf der sie wirken. Je geringer der Wirkungsradius eines Fördertopfes ist, desto geringer ist in der Regel das insgesamt verfügbare Budget.

4.3 In 9 Etappen zum Ziel: Ihr Weg zum Fördertopf

Welchen Verlauf Ihr Weg zum Fördertopf nimmt, hängt stark von dem Programm ab, das Sie sich als Ziel gesetzt haben, und vor allem davon, wie gut Sie sich auf die Überwindung der Wegstrecke vorbereiten. Insofern ähnelt die Arbeit mit Förderprogrammen einem Langstreckenlauf. Bei schlechter Vorbereitung, unrealistischer Ziel- bzw. Programmauswahl oder fehlender Beharrlichkeit ist damit zu rechnen, dass Sie den Weg aus ökonomischen oder inhaltlich-konzeptionellen Gründen abbrechen werden und gar nicht bis ans Ziel gelangen. Der sorgfältigen Bearbeitung jedes einzelnen Schrittes kommt eine große Bedeutung zu, wenn Sie Ihre Zugangsmöglichkeiten zu öffentlichen Fördergeldern einerseits aktiv verbessern und gleichzeitig übermäßig langen Bearbeitungszeiten durch die zuständigen Fördergeber entgegenwirken wollen. Insbesondere Neueinsteiger, die noch keine Praxiserfahrung haben, sollten die einzelnen Etappen gewissenhaft abarbeiten, da es ihnen logischerweise an Routine fehlt. Nutzen Sie die vorgeschlagenen Checklisten und Arbeitshilfen, modifizieren Sie diese nach Ihren Bedürfnissen und entwickeln Sie Ihre eigene Handschrift. Einen Königsweg für alle Fördermittel gibt es nicht, doch der nachfolgend beschriebene Weg ist praxiserprobt, um die Fördermöglichkeiten von betrieblichen Vorhaben auszuloten und darüber hinaus einzelne Programme aktiv zu nutzen. Der vor Ihnen liegende Weg hat insgesamt 9 Etappen:

1. Projektskizze I erstellen
2. Förderpotenzial prüfen
3. Programme recherchieren
4. Ergebnisse auswerten
5. Kontakt mit der Förderstelle aufnehmen
6. Projektskizze II erstellen
7. Antrag stellen
8. Mittel anfordern
9. Troubleshooting

9 Etappen

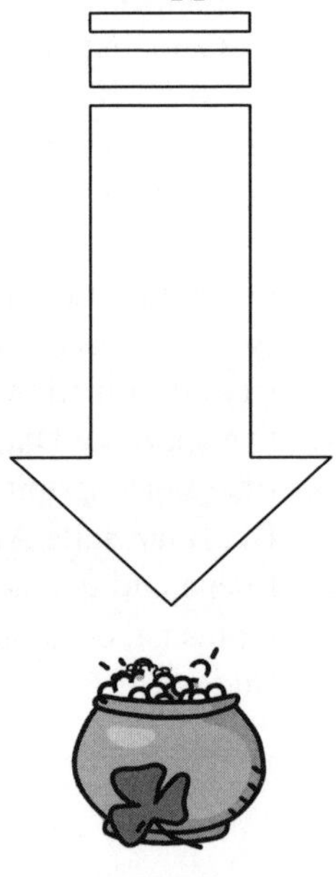

Was sich hinter den einzelnen Etappen verbirgt, was Sie konkret und im Einzelnen tun müssen, wird in den nachfolgenden Kapiteln im Detail erläutert. Um dabei ein möglichst breites Spektrum von Arbeitsschritten abzudecken, nehmen wir zur Verdeutlichung einen recht umfangreichen Musterfall als Grundlage. Es handelt sich um ein Investitionsvorhaben der Becher GmbH, einem Unternehmen mit 20 Mitarbeitern. Die Becher GmbH, die Kunststoffbehälter herstellt, plant die Erweiterung Ihres Standortes in 37290 Meißner und investiert 1 Mio €. Im Rahmen des Investitionsvorhabens wird eine ganze Reihe von Förderbereichen angesprochen, die Sie bereits aus Kapitel 2 „Hier steckt das Förderpotenzial" kennen.

Tipp

Fokussieren Sie sich bei der Lektüre der folgenden Kapitel 4.4 bis 4.12, die den Weg durch den Förderdschungel in 9 Etappen darstellen, auf die Förderbereiche, die für Sie relevant sind und blenden Sie aus, was für Sie nicht in Frage kommt.

4.4 Etappe 1 – Projektskizze I erstellen

Etappe 1

1. **Projektskizze I erstellen**
2. Förderpotenzial prüfen
3. Programme recherchieren
4. Ergebnisse auswerten
5. Kontakt mit der Förderstelle aufnehmen
6. Projektskizze II erstellen
7. Antrag stellen
8. Mittel anfordern
9. Troubleshooting

Die Projektskizze dient dazu, ein Vorhaben möglichst genau darzustellen. Einerseits ist sie Ihre Arbeitsgrundlage zur Identifizierung förderfähiger Bestandteile, andererseits dient die Projektskizze zur ersten Information der potenziellen Förderstelle, damit diese sich einen raschen Überblick über das Vorhaben verschaffen kann. Entsprechend gewissenhaft sollte sie erstellt werden. Für unseren ausgewählten Musterfall der Becher GmbH nutzen wir eine größere Investition, die unterschiedliche Förderbereiche abdeckt. Entsprechend ausführlich ist die Darstellung. Einen Musterbogen „Projektskizze“ finden Sie im hinteren Teil des Buches, den Sie bitte zur Hand nehmen, wenn Sie Ihr Projekt bearbeiten.

Bitte bedenken Sie, dass nicht alle Fragen für alle Vorhaben passend sind. Beantworten Sie deshalb im Rahmen Ihrer eigenen Projektskizze gezielt die Fragen, die Ihr Vorhaben berühren. Nichtzutreffendes verneinen Sie bzw. lassen es komplett weg. Die Projektskizze wirft Fragen auf, deren Beantwortung Sie nicht unbedingt ad hoc erledigen können. Insbesondere Fragen zur Finanzierung können erst dann beantwortet werden, wenn die Planung schon ein Stück weit fortgeschritten ist. Rechnen Sie damit, dass Sie für die Vorarbeiten unter Umständen einige Tage oder auch Wochen benötigen, um alle aus Fördersicht ausschlaggebenden Faktoren zusammenzutragen. Wenn Ihre Projektskizze nur wenige konkrete Informationen enthält, hat das zur Konsequenz, dass Ihre Förderpotenzialprüfung in Etappe 2 ebenfalls wenig konkrete Ergebnisse, sondern vorrangig eine unscharf eingegrenzte Masse von eventuell förderfähigen Bereichen bringt. Ein vages Ergebnis bedeutet, dass Sie viele Stunden damit zubringen werden, Programmrichtlinien zu studieren, wobei sich dann sehr schnell die Frage nach dem Kosten-Nutzen-Verhältnis stellt. Ich empfehle Ihnen deshalb dringend, mit realistischen, möglichst greifbaren Angaben zu arbeiten, insbesondere was die Fragen zur Finanzierung und zum Standort angeht.

Checkliste Businessplan - Projektskizze I

Nutzen Sie den Musterbogen „Projektskizze I“ (siehe „Arbeitshilfen und Checklisten“) und erstellen Sie eine Beschreibung Ihres Vorhabens nach förderrelevanten Fragestellungen.

Arbeitshilfe „Checkliste Businessplan“

Antragsteller	Beispiel
– Wer ist der Investor/Hauptakteur? – Wie lautet der Firmenname und die Rechtsform? – Welchen Status hat das Unternehmen (KMU ja oder nein?) – Wo liegt der Firmensitz? – Wie ist der Geschäftszweck? – Wer ist der gesetzliche Vertreter?	Firma Becher GmbH, KMU mit 20 Mitarbeitern mit Sitz in 37290 Meißner (Hessen) mit dem Geschäftszweck Herstellung und Vertrieb von Kunststoffbehältern im Groß- und Einzelhandel, Alleiniger Gesellschafter-Geschäftsführer Karl Becher (Jhrg. 1962)
Gegenstand des Vorhabens	**Beispiel**
– Welche Hauptkomponenten hat das Vorhaben? – An welchem Ort soll das Vorhaben umgesetzt werden? – Zu welchem Zeitpunkt soll mit dem Vorhaben begonnen werden? – Wie lange wird der Umsetzungszeitraum sein? – Sind bis zum geplanten Vorhabensbeginn noch gesetzliche Auflagen zu erfüllen, Patente zu beantragen oder Schutzrechte zu klären?	Erweiterung des Produktionsstandortes ggf. Errichtung einer Zweigstelle für den Vertrieb der Produkte (Werksverkauf) am Firmenstandort 37290 Meißner. Die Umsetzung des Vorhabens soll im zweiten Quartal 2013 beginnen und innerhalb von 10 Monaten umgesetzt werden. Die GmbH plant die Zusammenarbeit mit einer Hochschule hinsichtlich einer Modellproduktionsstraße. Für den geplanten Bau müssen umweltschutzrechtliche Auflagen erfüllt werden. Ansonsten sind keine weiteren behördlichen oder lizenzrechtlichen Anforderungen relevant.

Finanzierung	**Beispiel**
– Wie sieht der Investitionsplan aufgeteilt nach Anlagevermögen und Betriebsmitteln aus? – Wie ist die Gesamtfinanzierung geplant? Legen Sie das Verhältnis von Eigenkapitalanteil und Fremdkapital offen.	Die geplante Investition beläuft sich auf 1,0 Mio. €. Davon sind rd. 80 % für das Anlagevermögen und 20 % für Betriebsmittel geplant. Die Gesamtfinanzierung setzt sich zusammen aus 250.000 € Eigenkapital und 750.000 € Fremdkapital

Detaillierte Vorhabensbeschreibung	**Beispiel**
– Was haben Sie vor? – Welche Produkte/Leistungen sollen abgesetzt werden? – Wie läuft der Warenabsatz/der Vertrieb ab? – Wo setzen Sie die Produkte/Leistungen ab? Lokal, regional, bundesweit, international? – Wie hoch ist der zu erwartende Umsatz im 1., 2. und 3. Jahr, wie hoch die zu erwartenden Gewinne in derselben Staffelung? – Schaffen Sie Arbeitsplätze? Wenn ja, wie viele?	Geplant ist die Errichtung einer weiteren Produktionshalle mit 1.000 qm Fläche. In ihr soll eine Produktionsstraße für die neu ins Programm genommenen verschließbaren Trinkbecher entstehen. Das Neue an den Bechern ist, dass sie eine extrem feuchtigkeitsabweisende Oberfläche haben, die eine leichte und schnelle Reinigung ermöglicht. Die Produkte werden im gesamten Bundesgebiet über verschiedene Kanäle vertrieben. Zur Erschließung neuen Kundenpotenzials soll eine passende Marketingstrategie entwickelt werden. Der zu erwartende Umsatz beläuft sich im 1. Jahr auf 150.000 €. Im 2. und 3. Jahr ist eine Umsatzsteigerung von voraussichtlich jeweils 10 % zum Vorjahr zu erwarten. Diese Zahlen beziehen sich auf den Absatz im Inlandsmarkt, der neu zu erschließende Auslandsmarkt ist in diesen Zahlen nicht berücksichtigt. Der Gewinn wird sich voraussichtlich auf rd. 15 % des Umsatzes belaufen. In der neuen Produktionshalle sollen 7 Arbeitsplätze geschaffen werden, im Werksverkauf 1 Arbeitsplatz.

Das Wichtigste in Kürze

1. Die Erstellung der Projektskizze I wirft Fragen auf, deren Beantwortung einige Zeit in Anspruch nehmen kann.
2. Vage Informationen ziehen vage Ergebnisse nach sich.
3. Vage Ergebnisse führen dazu, dass die nachfolgenden Etappen einen enormen Mehraufwand an Zeit erfordern. Schnell stellt sich dann die Frage nach dem Kosten-Nutzen-Verhältnis.
4. Arbeiten Sie mit möglichst konkreten Informationen, insbesondere was die Themen Standort und Finanzierung angeht.

4.5 Etappe 2 – Förderpotenzial prüfen

1. Projektskizze I erstellen

2. **Förderpotenzial prüfen**

3. Programme recherchieren
4. Ergebnisse auswerten
5. Kontakt mit der Förderstelle aufnehmen
6. Projektskizze II erstellen
7. Antrag stellen
8. Mittel anfordern
9. Troubleshooting

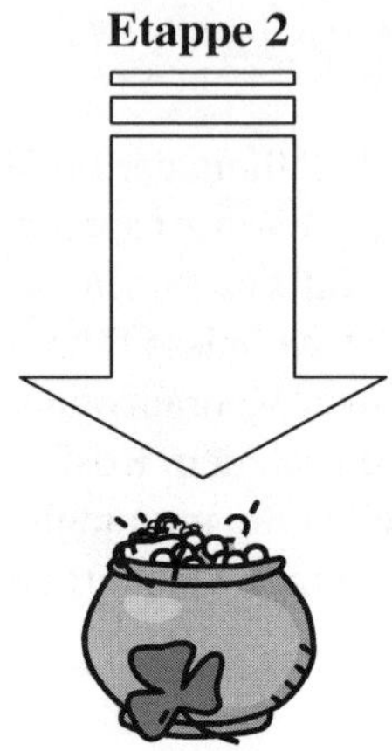

Nachdem Sie die aus Fördersicht wichtigsten Komponenten Ihres geplanten Vorhabens erfasst haben, geht es nun daran, die förderfähigen Bestandteile zu identifizieren. Greifen Sie bei der Prüfung Ihrer Projektskizze auf die Informationen aus Kapitel 2 „Hier steckt das Förderpotenzial" zurück. Dort sind die Förderbereiche detailliert dargestellt. In Etappe 2 geht es (noch) nicht darum, konkrete Förderprogramme zu finden, sondern in der Vorbereitung auf die konkrete Recherche die Förderbereiche zu identifizieren, in denen Förderpotenzial steckt.

Die Förderbereiche, die Sie identifizieren, sind Grundlage für die nachfolgende praktische Recherche in Etappe 3. Es ist erfahrungsgemäß sinnvoll, auch die Förderbereiche mit aufzunehmen, die auf den ersten Blick lediglich geringfügige Passung mit Ihrem Projekt aufweisen. In der Detailprüfung der Einzelprogramme, die in Etappe 4 „Ergebnisse auswerten" ansteht, fallen irrelevante Programme mittels des dort beschriebenen effizienten Prüfvorgangs sehr schnell heraus, so dass ein Mehraufwand an Zeit in Etappe 2 vertretbar ist.

Bedenken Sie, dass Sie als Einsteiger mit keiner bis wenig Erfahrung demzufolge vermutlich nicht so zahlreiche Fragen stellen *können* – sonst wären Sie Profi und würden sich nicht mit diesem Praxishandbuch beschäftigen. Betrachten Sie den Förderpotenzial-Check als Möglichkeit, Ihre Fragen, Hinweise und Gedanken zu sammeln, die Ihnen bei der kommenden Förderprogramm-Recherche noch eine wertvolle Hilfe sein werden. Je öfter Sie mit Fördermitteln zu tun haben, desto umfangreicher werden Ihre ersten Fragen und Hinweise sein, die sich geradezu aufdrängen werden. Mit wachsender Erfahrung verkürzt sich dieser Prozess, denn Sie bekommen Routine. Jedoch sollten Sie Etappe 2 keinesfalls oberflächlich behandeln, weil die anschließende Recherche ohne zuverlässige Eingrenzungen enorm zeitaufwendig geraten würde. Kommt zur oberflächlichen Vorbereitung noch die typischerweise fehlende Erfahrung eines Einsteigers im Umgang mit Datenbanken hinzu, erhöht das Ihren Gesamt-Zeitaufwand erheblich, bis Sie ein brauchbares Ergebnis erarbeitet haben.

Der Förderpotenzial-Check zwingt Sie dazu, sich durch den Filter der Fördermöglichkeiten ganz und gar auf Ihr Vorhaben zu konzentrieren und sich systematisch durch die einzelnen Förderbereiche zu arbeiten. Auf diese Weise überprüfen Sie Ihre Projektskizze Satz für Satz auf Förderpotenzial und kommen diesem mit hoher Trefferquote auf die Spur. Haben Sie einmal die förderfähigen Bereiche identifiziert, sind Sie auf die Recherchephase gut vorbereitet. So führen Sie einen umfassenden Förderpotenzial-Check durch:

1. Übertragen Sie die erarbeiteten Inhalte Ihrer Projektskizze I Satz für Satz in die erste Spalte des „Förderpotenzial-Checks“.
2. Nutzen Sie die detaillierten Informationen aus Kapitel 2 „Hier steckt das Förderpotenzial“. Gehen Sie das Kapitel bereichsweise im Hinblick auf Ihr Vorhaben durch. Sie prüfen ebenfalls Satz für Satz, inwieweit Ihre Projektinhalte mit den in Kapitel 2 ausführlich beschriebenen Förderbereichen erkennbare Berührungspunkte aufweisen. Die Devise lautet: Finden Sie alle ansatzweise förderrelevanten Inhalte, klopfen Sie Ihr Projekt nach allen denkbaren Förderbereichen ab und tragen Sie die sich ergebenden Fragen und Hinweise in Spalte 2 des „Förderpotenzial-Checks“ ein.
3. Notieren Sie die identifizierten Förderbereiche in Spalte 3 der Arbeitshilfe „Förderpotenzial-Check“.

Arbeitshilfe Förderpotenzial-Check

Nutzen Sie den Musterbogen „Förderpotenzial-Check“ (siehe Vierter Teil „Checklisten und Arbeitshilfen“).

Förderpotenzial-Check

Beispiel	Förderrelevante Hinweise	Potenzieller Förderbereich
Antragsteller		
Firma Becher GmbH, KMU mit 30 Mitarbeitern mit Sitz in 37290 Meißner (Hessen) mit dem Geschäftszweck Herstellung und Vertrieb von Kunststoffbehältern im Groß- und Einzelhandel, Alleiniger Gesellschafter-Geschäftsführer Karl Becher (Jhrg. 1962)	Standort: Liegt 37290 Meißner in einer strukturschwachen Region?	Kapitel 2.1.3 Infrastruktur und Regionalförderung
Gegenstand des Vorhabens		
Erweiterung des Produktionsstandortes ggf. Errichtung einer Zweigstelle für den Vertrieb der Produkte (Werksverkauf) am Firmenstandort 37290 Meißner. Die Umsetzung des Vorhabens soll im zweiten Quartal 2013 beginnen und innerhalb von 10 Monaten umgesetzt werden. Die GmbH plant die Zusammenarbeit mit einer Hochschule hinsichtlich einer Modellproduktionsstraße. Für den geplanten Bau müssen umweltschutzrechtliche Auflagen erfüllt werden. Ansonsten sind keine weiteren behördlichen Auflagen zu erfüllen.	Falls eine Infrastruktur-/Regionalförderung in Betracht kommt: Sind die geplanten Investitionen inhaltlich förderfähig? Liegen Sie ggf. im Rahmen der Programmlaufzeit? Hinweis: Gesetzlich verpflichtende Auflagen sind von Förderungen ausgenommen. Die Zusammenarbeit mit der Hochschule muss im Detail geklärt werden, auch hinsichtlich eventueller Überschneidungen (Stichwort Doppelförderung[5])	Kapitel 2.1.3 Infrastruktur und Regionalförderung Kapitel 2.1.4 Innovation

[5] Eine Doppelförderung liegt vor, wenn z.B. ein und dasselbe Wirtschaftsgut aus zwei unterschiedlichen Töpfen parallel gefördert, also doppelt gefördert wird. Dieser Tatbestand ist förderschädlich.

Beispiel	Förderrelevante Hinweise	Potenzieller Förderbereich
Finanzierung		
Die geplante Investition beläuft sich auf 1,0 Mio. €. Davon sind rd. 80 % für das Anlagevermögen und 20 % für Betriebsmittel geplant. Die Gesamtfinanzierung setzt sich zusammen aus 250.000 € Eigenkapital und 750.000 € Fremdkapital	Wie viel Fremdkapital wird zur Finanzierung benötigt? Auf welchen Anteil beläuft sich das Eigenkapital? Hinweis: Eine Mindesteigenkapitalquote ist bei diversen Fördermitteln Voraussetzung	Kapitel 2.1.2 Unternehmensfinanzierung
Detaillierte Vorhabensbeschreibung		
Geplant ist die Errichtung einer weiteren Produktionshalle mit 1.000 qm Fläche. In ihr soll eine Produktionsstraße für die neu ins Programm genommenen verschließbaren Trinkbecher entstehen. Das Neue an den Bechern ist, dass sie eine extrem feuchtigkeitsabweisende Oberfläche haben, die eine leichte und schnelle Reinigung ermöglicht.	Ist die Entwicklung des neuen Trinkbechers abgeschlossen bzw. wird die Entwicklung im eigenen Betrieb durchgeführt? Wurde oder wird ggf. eine Lizenz für die Produktion des neuen Bechers angekauft?	Kapitel 2.1.4 Innovation
Die Produkte werden im gesamten Bundesgebiet über verschiedene Kanäle vertrieben. Zur Erschließung neuen Kundenpotenzials soll eine passende Marketingstrategie entwickelt werden.	Wer entwickelt die Strategie zur Erschließung neuer Märkte? Fallen dafür Kosten von einem externen Berater an?	Kapitel 2.1.4 Innovation Kapitel 2.1.5 Beratung

Beispiel	Förderrelevante Hinweise	Potenzieller Förderbereich
Detaillierte Vorhabensbeschreibung (Fortführung)		
Der zu erwartende Umsatz beläuft sich im 1. Jahr auf 150.000 €. Im 2. und 3. Jahr ist eine Umsatzsteigerung von voraussichtlich jeweils 10 % zum Vorjahr zu erwarten. Diese Zahlen beziehen sich auf den Absatz im Inlandsmarkt, der neu zu erschließende Auslandsmarkt ist in diesen Zahlen nicht berücksichtigt. Der Gewinn wird sich voraussichtlich auf rd. 15 % des Umsatzes belaufen. In der neuen Produktionshalle sollen 7 Arbeitsplätze geschaffen werden, im Werksverkauf 1 Arbeitsplatz.	Handelt es sich um sozialversicherungspflichtige Arbeitsplätze? Müssen die Arbeitsplätze von qualifizierten Arbeitskräften besetzt werden? Gibt es Ausbildungsplätze, Arbeitsplätze, die für Arbeitnehmer 50+ oder für beeinträchtigte Menschen geeignet sind?	Kapitel 2.2.2 Arbeit, Aus- und Weiterbildung

Das Wichtigste in Kürze

1. Übertragen Sie die erarbeiteten Inhalte Ihrer Projektskizze I Satz für Satz in die erste Spalte des Förderpotenzial-Checks.
2. Gleichen Sie Ihre Projektskizze Satz für Satz mit den Inhalten aus Kapitel 2 „Hier steckt das Förderpotenzial“ ab.
3. Schreiben Sie identifizierte potenzielle Förderbereiche auf.
4. Bedenken Sie: Fehlende Erfahrung können Sie zum Teil durch besonders sorgfältige Bearbeitung kompensieren. Mit der Zeit entwickeln Sie Routine und können den Bearbeitungsaufwand erheblich reduzieren.
5. Notieren Sie alle Hinweise, Fragen und Gedanken, die Ihnen beim Abgleich der Förderbereiche mit Ihrer Projektskizze in den Sinn kommen.

4.6 Etappe 3 – Programme recherchieren

1. Projektskizze I erstellen
2. Förderpotenzial prüfen

3. **Programme recherchieren**

4. Ergebnisse auswerten
5. Kontakt mit der Förderstelle aufnehmen
6. Projektskizze II erstellen
7. Antrag stellen
8. Mittel anfordern
9. Troubleshooting

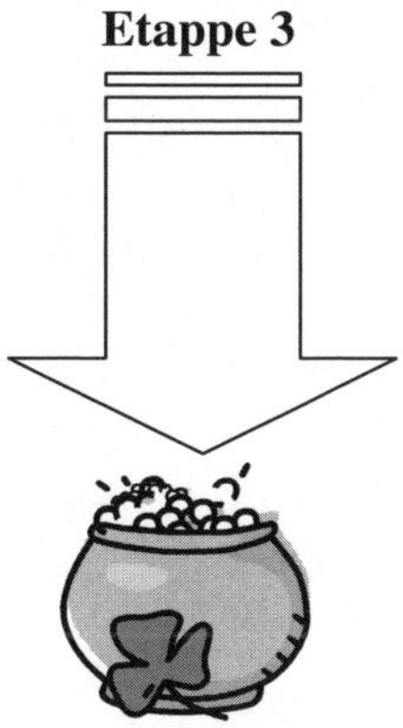

In Etappe 2 haben Sie im Rahmen des Förderpotenzial-Checks die wesentlichen Vorarbeiten geleistet, an die Sie jetzt Ihre Recherche mit guten Erfolgsaussichten anknüpfen können. Bevor Sie gleich in die Recherchedatenbank unter www.foerderdatenbank.de abtauchen, sei Ihnen noch mit auf den Weg gegeben, sich bei der Recherche zunächst ausschließlich auf die identifizierten Bereiche zu konzentrieren. Kommen Ihnen im Laufe der Recherchearbeit weitere Ideen, wo evtl. bisher unentdecktes Förderpotenzial schlummern könnte, so notieren Sie die Ansätze im Förderpotenzial-Check, um sich nicht zu verzetteln. Auf diese Weise bleiben Sie systematisch am Ball und produzieren nach dem Ausschlussverfahren eine Auswahl von Förderprogrammen, die Sie mit großer Wahrscheinlichkeit zu einem nutzbaren Fördertopf führen wird.

In der anstehenden Recherche konzentrieren wir uns zunächst auf die zuständigen Hauptakteure auf EU-, Bundes- und Landesebene. Die bringen uns ganz automatisch zu den Leitstellen, die das Förderdickicht für Außenstehende so undurchsichtig machen (Erläuterungen siehe auch Kapitel 4 „Einstieg in die Praxis"). In der Datenbank des Bundesministeriums für Wirtschaft und Technologie unter www.foerderdatenbank.de werden annähernd alle Programme von lokaler, länderspezifischer, bundes- und EU-weiter Bedeutung zusammengeführt. Wegen des enorm hohen Informationsgehalts ist diese Datenbank für uns die erste Adresse bei einer Recherche nach öffentlichen Fördermitteln.

Anhand des Förderpotenzial-Checks gehen wir nun die einzelnen Spalten durch und orientieren uns an den erarbeiteten Informationen. Wir beginnen mit der ersten Zeile, die unter dem Punkt „Antragsteller" erfasst ist. Das ist der erste Anknüpfungspunkt für unsere erste praktische Rechercheaufgabe.

Auszug aus dem Förderpotenzial-Check aus Kapitel 4.5

Beispiel	**Förderrelevante Hinweise**	**Potenzieller Förderbereich**
Antragsteller		
Firma Becher GmbH, KMU mit 30 Mitarbeitern mit Sitz in 37290 Meißner (Hessen) mit dem Geschäftszweck Herstellung und Vertrieb von Kunststoffbehältern im Groß- und Einzelhandel, Alleiniger Gesellschafter-Geschäftsführer Karl Becher (Jhrg. 1962)	Standort: Liegt 37290 Meißner in einer strukturschwachen Region?	Kapitel 2.1.3 Infrastruktur und Regionalförderung

Arbeitshilfe Förderpotenzial-Check

Nehmen Sie Ihren ausgefüllten Förderpotenzial-Check zur Hand und öffnen Sie zur aktiven Recherche die Datenbank www.foerderdatenbank.de.

Abbildung 6: Ausschnitt der Landing Page der Förderprogramm-Datenbank des BMWi, www.foerderdatenbank.de (Quelle: BMWi)

Aus unserem Fallbeispiel entnehmen Sie die wichtigsten Eckdaten der Firma Becher GmbH in aller Kürze aus dem Förderpotenzial-Check. Sie lauten wie folgt:

- Status: KMU
- Investitionsort 37290 Meißner (Hessen), I
- Geschäftszweck Herstellung und Vertrieb von Kunststoffbehältern
- Geplantes Vorhaben: Erweiterung des Geschäftsbetriebes, Produktion Trinkbecher mit neu entwickelter Oberfläche
- Investitionssumme 1 Mio. €
- Fremdkapitalbedarf 750.000 €
- Eigenkapital 250.000 €
- Absatz in Deutschland, geplanter Absatz zukünftig international
- Schaffung von Arbeitsplätzen

Zur Demonstration des Recherchevorgangs greifen wir uns beispielhaft den potenziellen Förderbereich „Infrastruktur und Regionalförderung“ (siehe Kapitel 2.1.3) heraus.

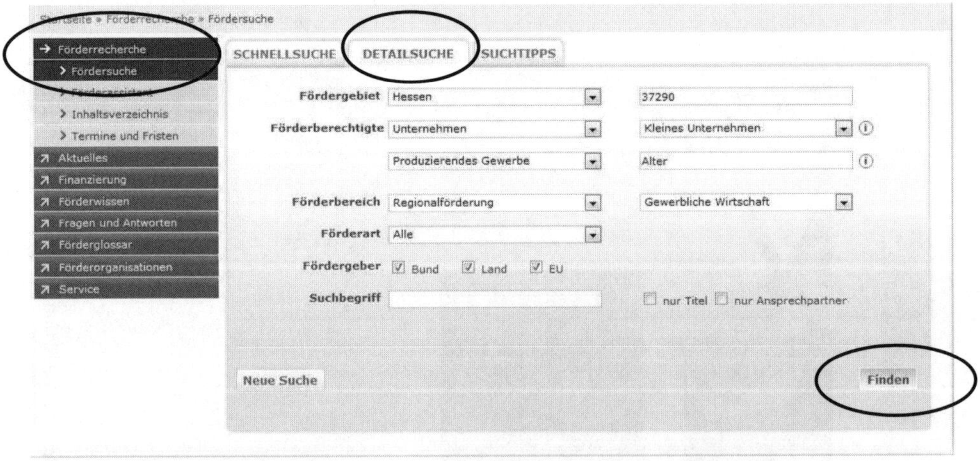

Abbildung 7: Menüstruktur Suchmaske, www.foerderdatenbank.de (Quelle: BMWi)

Vorgehensweise:

1. Wählen Sie im linken Navigationsmenü den Punkt **Förderrecherche** und den Unterpunkt **Fördersuche**.
2. Im Hauptfeld wechseln Sie in die Registerkarte **Detailsuche**.
3. Bitte tragen Sie die bekannten Unternehmensdaten ein.

4. **Fördergebiet**: Hessen
5. **PLZ**: 37290
6. **Förderberechtigte**: Unternehmen
7. **Größe**: Kleines Unternehmen
8. **Branche**: Produzierendes Gewerbe
9. **Förderbereich**: Regionalförderung, im nebenstehenden Drop-Down-Menü wählen Sie den passenden Eintrag, hier: Gewerbliche Wirtschaft
10. **Förderart**: Alle
11. **Fördergeber**: Bund, Land und EU
12. Nun stoßen Sie den Suchvorgang mit Klick auf die Schaltfläche **FINDEN** an. Sie erhalten eine Ergebnisliste, die sich jetzt explizit auf den angegebenen PLZ-Bereich bezieht und durch alle weiteren vorgenommenen Suchkriterien gefiltert wurde. Das Ergebnis stellt sich im Beispielfall wie folgt dar.

Die PLZ- bzw. Ortssuche ergab folgende Auswahl:

Ihre Auswahl: 37290 Meißner (HE) C-Fördergebiet (GA)

Anzahl der Einträge: 8 1-8

FÖRDERGEBIET	TITEL	RELEVANZ
Bund	**ERP-Regionalförderprogramm** KfW Bankengruppe	★★★★★
Bund	**Gemeinschaftsaufgabe "Verbesserung der regionalen Wirtschaftsstruktur" (GRW)** Bundesministerium für Wirtschaft und Technologie (BMWi); Antrag annehmende Stellen in den einzelnen Bundesländern	★★★★★
Hessen	**Förderung der regionalen Entwicklung** Wirtschafts- und Infrastrukturbank Hessen (WIBank)	★★★★★
Hessen	**Förderung der regionalen Entwicklung - Betriebliche Investitionen** Wirtschafts- und Infrastrukturbank Hessen (WIBank)	★★★★★
Hessen	**Förderung der regionalen Entwicklung - Regionale Entwicklungskonzepte, Regionalmanagement und Regionalbudget, Kooperationsnetzwerke und Clustermanagement** Wirtschafts- und Infrastrukturbank Hessen (WIBank)	★★★★★
EU	**Allgemeine Bestimmungen über den Europäischen Fonds für regionale Entwicklung, den Europäischen Sozialfonds und den Kohäsionsfonds (2007-2013)** Europäische Kommission	★★★★★
EU	**Darlehen der Europäischen Investitionsbank (EIB)** Europäische Investitionsbank (EIB)	★★★★★

Abbildung 8: Ergebnisdarstellung eines Suchlaufs, www.foerderdatenbank.de (Quelle: BMWi)

Das Wichtigste in Kürze: Etappe 3 – Recherche

1. Zur Recherche nutzen Sie die neutrale und kostenfreie Datenbank des Bundeswirtschaftsministeriums (BMWi) unter der Internet-Adresse www.foerderdatenbank.de.
2. Gehen Sie systematisch vor. Arbeiten Sie zunächst die Bereiche ab, die Sie im Förderpotenzial-Check ermittelt haben.
3. Kommen Ihnen bei der Recherche weitere Ideen, wo zusätzliches Förderpotenzial schlummern könnte, notieren Sie diese im Förderpotenzial-Check und arbeiten Sie die Bereiche systematisch zusätzlich ab.
4. Die wichtigsten Eckdaten wie Status, Standort und Förderberechtigte entnehmen Sie ebenfalls dem Förderpotenzial-Check. Damit grenzen Sie die Recherche zielgerichtet ein.

4.7 Etappe 4 – Ergebnisse auswerten

1. Projektskizze I erstellen
2. Förderpotenzial prüfen
3. Programme recherchieren

4. **Ergebnisse auswerten**

5. Kontakt mit der Förderstelle aufnehmen
6. Projektskizze II erstellen
7. Antrag stellen
8. Mittel anfordern
9. Troubleshooting

Etappe 4

Die Ergebnisse der Recherche, die Sie beim Durcharbeiten des letzten Kapitels generiert haben, sind in Etappe 4 Gegenstand der Betrachtung. Diese Etappe ist am arbeitsintensivsten und erfordert Durchhaltevermögen, Geduld und Aufmerksamkeit. Eine effiziente Vorgehensweise zahlt sich insbesondere bei umfangreichen Ergebnislisten aus:

1. Drucken Sie die Ergebnisliste aus.
2. Lesen Sie zunächst die Programmtitel durch und schätzen Sie anhand der Überschrift den Inhalt ab.
3. Öffnen und lesen Sie das Programm, das Ihnen vom Titel her am aussichtsreichsten erscheint.
4. Für Einsteiger und auch für Fortgeschrittene gilt gleichermaßen: Beschränken Sie sich bei der ersten Grobanalyse lediglich auf die Lektüre der Informationen, die in der Registerkarte „Übersicht" bereitgestellt werden und entscheiden danach, ob es sinnvoll ist, das Programm detailliert zu prüfen.
5. Finden Sie in der Übersicht bereits K.-o.-Kriterien, können Sie das Programm zur Seite legen.
6. Finden Sie bei der Prüfung der Kurzbeschreibung kein K.-o.-Kriterium, setzen Sie das Programm auf den Merkzettel oder drucken die Inhalte der Registerkarte „Übersicht" aus.

In unserem Fallbeispiel klingt der Programmtitel „Förderung der regionalen Entwicklung – Betriebliche Investitionen" vielversprechend und ist erste Wahl für die eingehende Prüfung. Deshalb wählen wir es per Mausklick aus. Es erscheinen die Programmdetails.

Abbildung 9: Gliederung Informationspool Einzelrichtlinie, www.foerderdatenbank.de (Quelle: BMWi)

Im Kopfteil finden Sie unter der Programmbezeichnung „Förderung der regionalen Entwicklung – Betriebliche Investitionen“ die Förderart, den Förderbereich, das Fördergebiet, die Förderberechtigten und den Ansprechpartner, der auch auf der rechten Seite neben der Richtlinie mit sämtlichen Kommunikationsdaten und Verlinkungen angegeben ist.

Die Informationen sind in drei Registerkarten unterteilt. Es gibt eine Übersicht, die ausführliche Richtlinie und eine Checkliste. Die Übersicht zeigt in stark verkürzter Form die wichtigsten Anforderungen und Voraussetzungen, die für die Inanspruchnahme von Mitteln aus diesem Programm erfüllt werden müssen. Die Übersicht unterteilt sich in die Abschnitte:

- Ziel und Gegenstand
- Antragsberechtigte
- Voraussetzungen
- Art und Höhe der Förderung
- Antragsverfahren
- Sonstiges (Quelle, Geltungsdauer, wichtige Hinweise)

Der erste Blick sollte dem letzten Abschnitt „Sonstiges“ gebühren. Hier erkennen Sie sofort, wie lange ein Programm noch läuft, oder ob es ggf. bereits abgelaufen ist. Damit würde sich jede weitere Lektüre erübrigen. Ist das Programm verfügbar, beginnen Sie mit der Kontrolle. Die Richtlinie ist Abschnitt für Abschnitt auf K.-o.-

Kriterien zu prüfen. Es folgen auszugsweise Originaltexte der Programmrichtlinie „Betriebliche Investitionen im Rahmen der Regionalentwicklung" (Hessen), Stand 27. Februar 2010, um Ihnen die Vorgehensweise zu verdeutlichen.

Checkliste K.-o.-Kriterien
Fallbeispiel: Prüfung der Informationen in der Registerkarte „Übersicht"

Ziel und Gegenstand			
Originaltext der Richtlinie	**Zugangskriterien**	**Erfüllt**	**K. o.**
Das Land Hessen fördert Investitionen, die geeignet sind, durch die Schaffung von zusätzlichen Einkommensquellen das Gesamteinkommen in dem jeweiligen Wirtschaftsraum unmittelbar und auf Dauer wesentlich zu erhöhen und die Arbeitsplatzsituation in strukturschwachen Landesteilen zu verbessern. Gefördert werden gewerbliche Investitionen im Zusammenhang mit der Errichtung, Erweiterung, der Umstellung oder grundlegenden Rationalisierung/Modernisierung einer Betriebsstätte oder dem Erwerb einer stillgelegten oder von Stilllegung bedrohten Betriebsstätte.	Das Gesamteinkommen im Wirtschaftsraum wird auf Dauer erhöht.	ja	
	Es werden Arbeitsplätze geschaffen.	ja	
	Es muss sich um gewerbliche Investitionen u.a. auch in Zusammenhang mit Erweiterungen handeln.	ja	
Antragsberechtigte			
Originaltext der Richtlinie	**Zugangskriterien**	**Erfüllt**	**K. o.**
Antragsberechtigt sind Unternehmen der gewerblichen Wirtschaft.	Unternehmen der gewerblichen Wirtschaft	ja	

Voraussetzungen			
Originaltext der Richtlinie	**Zugangskriterien**	**Erfüllt**	**K. o.**
In der zu fördernden Betriebsstätte müssen überwiegend (zu mehr als 50% des Umsatzes) Güter hergestellt oder Leistungen erbracht werden, die ihrer Art nach regelmäßig überregional abgesetzt werden. (…) Es werden nur Investitionen gefördert, die in Bezug auf die Dauerarbeitsplätze besondere Anstrengungen des Betriebes erfordern. Der Antragsteller hat einen Eigenbeitrag von mindestens 25% (ohne Beihilfen) zur Finanzierung des Investitionsvorhabens zu leisten. Es werden vorrangig Maßnahmen in den Fördergebieten der Gemeinschaftsaufgabe „Verbesserung der regionalen Wirtschaftsstruktur" und in den EFRE-Vorranggebieten unterstützt. In den C-Fördergebieten sind kleine, mittlere und große Unternehmen nach KMU-Definition der EU antragsberechtigt. (…)	Güter müssen überregional abgesetzt werden. Das Eigenkapital muss bei mind. 25 % liegen. Der Investitionsort muss im Fördergebiet liegen.	ja ja ja	

Art und Höhe der Förderung			
Originaltext der Richtlinie	**Zugangskriterien**	**Erfüllt**	**K. o.**
Die Förderung wird in Form eines nicht rückzahlbaren Zuschusses oder als rückzahlbarer Zuschuss (zinsloses Darlehen) gewährt. Die Höhe der Förderung beläuft sich - in den C-Fördergebieten bei kleinen Unternehmen auf bis zu 35 %, bei mittleren Unternehmen auf bis zu 25 % und bei größeren Unternehmen auf bis zu 15 %.	Meißner muss in einem Fördergebiet liegen, um eine Förderung zu erhalten.	ja	

Antragsverfahren			
Originaltext der Richtlinie	**Zugangskriterien**	**Erfüllt**	**K. o.**
Wirtschafts- und Infrastrukturbank Hessen (WiBank) Internet: www.wibank.de	Nicht relevant.		
Sonstiges			
Originaltext der Richtlinie	**Zugangskriterien/Hinweis**	**Erfüllt**	**K. o.**
(...) Richtlinien des Landes Hessen zur Förderung der regionalen Entwicklung vom 27. Februar 2010, Staatsanzeiger für das Land Hessen Nr. 12 vom 22. März 2010, S. 886; zuletzt geändert durch Bekanntmachung des Hessischen Ministeriums für Wirtschaft, Verkehr und Landesentwicklung vom 1.12.2011, Staatsanzeiger für das Land Hessen Nr. 51 vom 19. Dezember 2011, S. 1556; Bekanntmachung des Hessischen Ministeriums für Wirtschaft, Verkehr und Landesentwicklung vom 27. April 2011, Staatsanzeiger für das Land Hessen Nr. 20 vom 16. Mai 2011, S. 711. Die Richtlinien gelten bis zum 31. Dezember 2015.	Stand der Richtlinie. Die Antragstellung muss innerhalb der Geltungsdauer der Richtlinie erfolgen.	ja	

Im Rahmen der Übersichtsinformationen sind keine K.-o.-Kriterien aufgefallen. Aus diesem Grund ist es sinnvoll, sich mit der weiteren detaillierten Prüfung der Richtlinie zu beschäftigen.

Arbeitshilfe Checkliste K.-o.-Kriterien

Nutzen Sie den Musterbogen „Checkliste K.-o.-Kriterien“ (siehe Kapitel „Arbeitshilfen und Checklisten“).

Abbildung 10: Gliederung Registerkarten und Verlinkung Leitstelle, www.foerderdatenbank.de, (Quelle: BMWi)

Tipp

Bevor Sie in die zeitintensive Prüfung der Richtlinie einsteigen, verschaffen Sie sich Zugang zur *aktuellen* Richtlinie. Auf diese Weise sichern Sie sich ab, dass Sie mit verlässlichen Informationen arbeiten.

Surfen Sie auf die Internetseite des Ansprechpartners, in unserem Fallbeispiel ist das die Wirtschafts- und Infrastrukturbank Hessen (WiBank) unter www.wibank.de (siehe Abbildung 10). Dort laden Sie sich die aktuelle Richtlinie herunter. Die Angaben zum Stand finden Sie entweder in den Erläuterungen zu Anfang einer Richtlinie oder ganz am Ende der Ausführungen.

Abbildung 11: Menüstruktur Landing Page www.wibank.de, (Quelle: Wirtschafts- und Infrastrukturbank Hessen)

Über den Menüpunkt „Gründen und Wachsen" sowie den Untermenüpunkt „Betriebliche Investitionen" gelangen Sie zu einer Auswahl von Förderprogrammen, unter denen sich auch das Regionalförderprogramm befindet, bezeichnet als „Betriebliche Investitionen im Rahmen der Regionalentwicklung".

Für Ihr individuelles Projekt durchsuchen Sie bitte die relevante Internetseite nach der aktuellen Richtlinie. Diese Kontrolle erfolgt rein vorsorglich, um möglichst effizient zu arbeiten: Wenn Sie erst nach Prüfung der Richtlinie aus der Datenbank des BMWi feststellen, dass Sie sich mit einer veralteten Version beschäftigt haben, müssen Sie eine erneute Prüfung vornehmen und benötigen ggf. die doppelte Zeit.

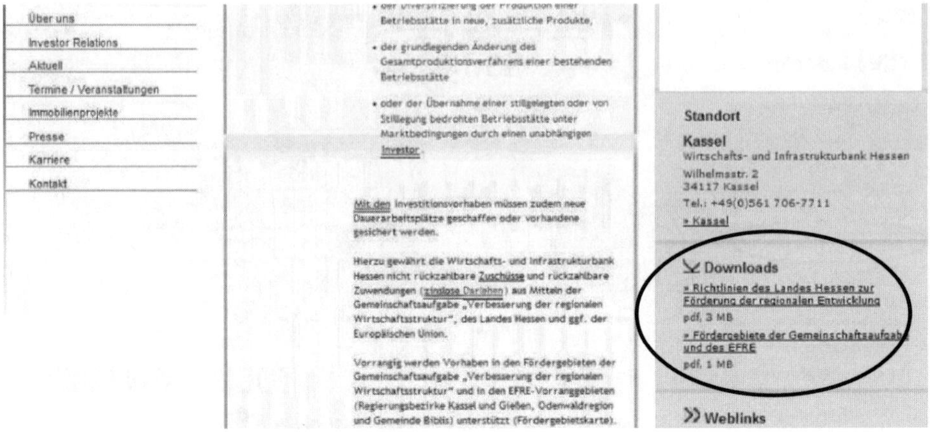

Abbildung 12: Downloadbereich aktuelle Dokumente zum Förderprogramm, www.wibank.de, (Quelle: Wirtschafts- und Infrastrukturbank Hessen)

Im Bereich der Downloads finden Sie die aktuelle Richtlinie sowie weitere begleitende Dokumente, die für die praktische Bearbeitung noch von Bedeutung sein werden.

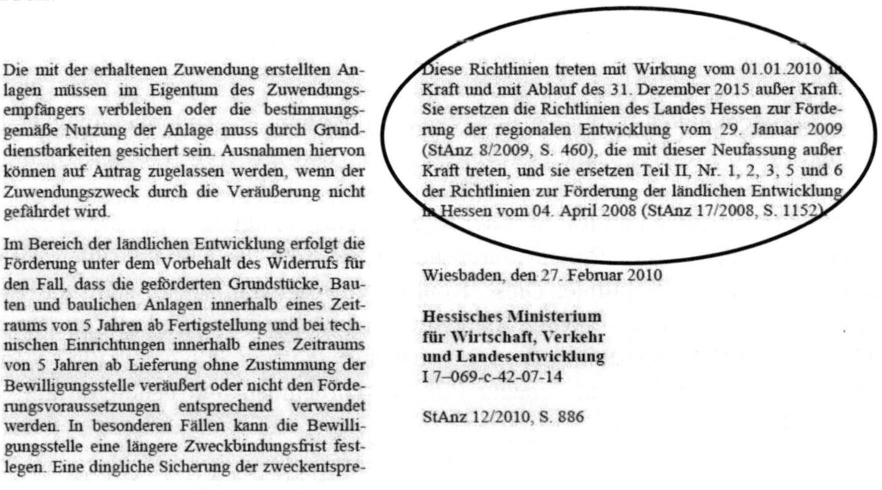

Die mit der erhaltenen Zuwendung erstellten Anlagen müssen im Eigentum des Zuwendungsempfängers verbleiben oder die bestimmungsgemäße Nutzung der Anlage muss durch Grunddienstbarkeiten gesichert sein. Ausnahmen hiervon können auf Antrag zugelassen werden, wenn der Zuwendungszweck durch die Veräußerung nicht gefährdet wird.

Im Bereich der ländlichen Entwicklung erfolgt die Förderung unter dem Vorbehalt des Widerrufs für den Fall, dass die geförderten Grundstücke, Bauten und baulichen Anlagen innerhalb eines Zeitraums von 5 Jahren ab Fertigstellung und bei technischen Einrichtungen innerhalb eines Zeitraums von 5 Jahren ab Lieferung ohne Zustimmung der Bewilligungsstelle veräußert oder nicht den Förderungsvoraussetzungen entsprechend verwendet werden. In besonderen Fällen kann die Bewilligungsstelle eine längere Zweckbindungsfrist festlegen. Eine dingliche Sicherung der zweckentspre-

Diese Richtlinien treten mit Wirkung vom 01.01.2010 in Kraft und mit Ablauf des 31. Dezember 2015 außer Kraft. Sie ersetzen die Richtlinien des Landes Hessen zur Förderung der regionalen Entwicklung vom 29. Januar 2009 (StAnz 8/2009, S. 460), die mit dieser Neufassung außer Kraft treten, und sie ersetzen Teil II, Nr. 1, 2, 3, 5 und 6 der Richtlinien zur Förderung der ländlichen Entwicklung in Hessen vom 04. April 2008 (StAnz 17/2008, S. 1152).

Wiesbaden, den 27. Februar 2010

Hessisches Ministerium für Wirtschaft, Verkehr und Landesentwicklung
I 7–069-c-42-07-14

StAnz 12/2010, S. 886

Abbildung 13: Auszug aus der letzten Seite der Programmrichtlinie „Betriebliche Investitionen im Rahmen der Regionalentwicklung" (Hessen), Stand 27.Februar 2010, www.wibank.de, (Quelle: Wirtschafts- und Infrastrukturbank Hessen)

Sie kennen den Text, der oben rechts eingekreist ist, bereits aus der Kurzübersicht der Richtlinie. Er wurde quasi eins zu eins aus der Originalrichtlinie übernommen.

Im Ergebnis heißt das, dass die Informationen zum Förderprogramm in der BMWi-Datenbank auf dem aktuellsten Stand sind.

Tipp

Kehren Sie zurück zur Datenbank und überprüfen die Richtlinie Schritt für Schritt daraufhin, ob in Bezug auf Ihr Vorhaben heilbare oder absolute K.-o.-Kriterien in ihr stecken. Natürlich können Sie auch die Richtlinie Ihrer Leitstelle nutzen.

Zur Darstellung der weiteren praktischen Vorgehensweise folgen auszugsweise Originaltexte der Programmrichtlinie „Betriebliche Investitionen im Rahmen der Regionalentwicklung" (Hessen), Stand 27. Februar 2010, mit Kommentierungen zum Inhalt. Notieren Sie bei der Prüfung Ihrer eigenen Richtlinie mögliche Problembereiche, und markieren Sie Textstellen, die voll und ganz auf Ihr Vorhaben zutreffen. Dabei arbeiten Sie idealerweise direkt auf der Original ausgedruckten Richtlinie. Diese Informationen dienen Ihnen später als Gedächtnisstütze für die Kommunikation mit der Förderstelle.

Fallbeispiel: Prüfung der Richtlinie

Gegenstand der Förderung	Kommentare
Zur Verbesserung der Arbeitsplatzsituation in vergleichsweise strukturschwächeren Landesteilen und als Voraussetzung für deren Teilnahme an Wachstum und Prosperität sind in erster Linie Investitionen von privaten Unternehmen notwendig, mit denen Dauerarbeitsplätze geschaffen und gesichert werden. Um die Investitionstätigkeit anzuregen, gewährt das Land Hessen nicht rückzahlbare Zuschüsse und rückzahlbare Zuschüsse (zinslose Darlehen) aus Mitteln der Gemeinschaftsaufgabe „Verbesserung der regionalen Wirtschaftsstruktur", des Landes Hessen und gegebenenfalls der Europäischen Union.	Keine kritischen Inhalte in Bezug auf das Fallbeispiel.

Gefördert werden Investitionen, die geeignet sind, durch die Schaffung von zusätzlichen Einkommensquellen das Gesamteinkommen in dem jeweiligen Wirtschaftsraum unmittelbar und auf Dauer nicht unwesentlich zu erhöhen.	
Fördergebiet	**Kommentare**
Vorrangig werden Vorhaben in den regionalen Fördergebieten der Gemeinschaftsaufgabe „Verbesserung der regionalen Wirtschaftsstruktur“ und in den EFRE-Vorranggebieten unterstützt (siehe Teil I Nr. 3). Außerhalb der genannten Gebiete kommt eine Förderung nur in begründeten Ausnahmefällen an Standorten mit akuten örtlichen Strukturproblemen in Betracht.	Keine kritischen Inhalte in Bezug auf das Fallbeispiel. Meißner liegt in einem C-Fördergebiet.
Antragsberechtigte	**Kommentare**
Antragsberechtigt sind Unternehmen der gewerblichen Wirtschaft. (…) In den C-Fördergebieten der Gemeinschaftsaufgabe „Verbesserung der regionalen Wirtschaftsstruktur“ sind kleine, mittlere und große Unternehmen antragsberechtigt. (…)	Keine kritischen Inhalte in Bezug auf das Fallbeispiel.
Verwendungszweck	**Kommentare**
Gefördert werden können (…) Dementsprechend sind Investitionsvorhaben zuwendungsfähig, wenn der Investitionsbetrag bezogen auf ein Jahr die in den letzten drei Jahren durchschnittlich verdienten Abschreibungen – ohne Berücksichtigung von Sonderabschreibungen – um mindestens 50 Prozent übersteigt oder die Zahl der bei Investitionsbeginn in der zu fördernden Betriebsstätte bestehenden Dauerarbeitsplätze um mindestens 15 Prozent erhöht wird. (…) Soweit Fördermittel aus der Gemeinschaftsaufgabe „Verbesserung der regionalen Wirtschaftsstruktur“ eingesetzt werden, sind die Bestimmungen des jeweiligen Rahmenplans der Gemeinschaftsaufgabe einzuhalten.	Sachverhalt muss explizit bei Becher GmbH geprüft werden. Das erfolgt z.B. in Zusammenarbeit mit dem Steuerberater.

Art und Umfang der Förderung	Kommentare
Die Förderung wird im Wege der Anteilsfinanzierung als nicht rückzahlbarer Zuschuss und/oder als rückzahlbarer Zuschuss (zinsloses Darlehen) zu den zuwendungsfähigen Investitionsausgaben oder zu den zuwendungsfähigen Personalausgaben (nur nicht rückzahlbarer Zuschuss) gewährt. (…)	Neue Information, die im Vorfeld der Antragstellung zu klären ist. Für die laufende Buchhaltung heißt das, dass eine korrekte Kontierung der Belege erfolgen muss, damit später ein Auszug aus der Buchhaltung zum Nachweis der förderfähigen Kosten gezogen werden kann. Wird das vernachlässigt, wird die Nachweisführung enorm zeitintensiv.
Die genannten Fördersätze sind Förderhöchstsätze, die im Einzelfall nur bei Vorliegen besonderer Struktureffekte ausgeschöpft werden können (zum Beispiel Errichtungen von Betriebsstätten sowie Erweiterungen im Zusammenhang mit Betriebsverlagerungen). (…) Bei einer Kombination von einem nicht rückzahlbaren Zuschuss mit einem rückzahlbaren Zuschuss (zinslosen Darlehen) darf der Subventionswert beider Zuwendungen zusammen die zuvor genannten Förderhöchstsätze nicht überschreiten. Die Laufzeit der Darlehen beträgt zehn Jahre bei drei tilgungsfreien Jahren. Die Tilgung erfolgt in gleichen halbjährlichen Raten. Sofern andere öffentliche Fördermittel für dasselbe Vorhaben in Anspruch genommen werden, wird deren Subventionswert auf die Förderhöchstsätze angerechnet.	Neue Information: Meißner liegt in einem C-Fördergebiet und damit ist ein maximaler Fördersatz in Höhe von 35 % möglich. Allerdings wird das Projekt der Becher GmbH von der WiBank geprüft. Der tatsächliche Fördersatz wird von dieser im Rahmen des Ermessensspielraums festgelegt. Neue Information: Darlehen und Zuschuss werden miteinander kumuliert. Das hat Auswirkungen auf die Liquidität, denn ein Zuschuss, der direkt auf das Konto der Becher GmbH überwiesen werden würde, steht für weitere Geschäftsaktivitäten zur Verfügung, die Förderung durch ein Darlehen wirkt sich langfristig durch seine Konditionen aus. Das ist bei der mittel- und langfristigen Liquiditätsplanung zu berücksichtigen.
Verfahren	**Kommentare**
Anträge sind auf einem Formblatt zu stellen und müssen vor Beginn des Vorhabens bei der Wirtschafts- und Infrastrukturbank Hessen (Anschriften siehe Teil I Nr. 5) eingegangen sein. Die bewilligende Stelle muss vor Beginn des Investitionsvorhabens schriftlich bestätigen, dass die Fördervoraussetzungen vorbehaltlich einer detaillierten Prüfung dem Grunde nach erfüllt werden.	In der Regel wird der Abschluss eines förderrelevanten Liefer- und Leistungsvertrages als Vorhabensbeginn gewertet. Der genaue Zeitpunkt ist mit der zuständigen Sachbearbeitung bei der WiBank klären. Nach Antragstellung muss der Fördergrundbescheid abgewartet werden, weil erst mit Vorliegen des Bescheides mit dem Vorhaben begonnen werden darf. Es ist ratsam nach den durchschnittlichen Bearbeitungszeiten (bei Vorliegen sämtlicher Unterlagen!) zu fragen, um das Projekt zeitlich darauf abstimmen zu können.

Arbeitshilfe Checkliste Ergebnisauswertung

Nutzen Sie den Musterbogen „Checkliste Ergebnisauswertung" (siehe Kapitel „Arbeitshilfen und Checklisten").

Nachdem Sie Hinweise, Bemerkungen und Notizen in der Richtlinie vermerkt haben, wenden Sie sich der Registerkarte „Checkliste" zu. Bei besonders kurz gehaltenen Programmen fehlt diese Registerkarte, bei den meisten ist sie allerdings vorhanden.

Abbildung 14: Register „Checkliste" einer Einzelrichtlinie, www.foerderdatenbank.de, (Quelle: BMWi)

Hinter der Registerkarte verbirgt sich eine sehr knappe Aufstellung der wichtigsten Voraussetzungen, die Ihr Vorhaben mitbringen muss, um von der Förderstelle überhaupt in Betracht gezogen zu werden. Die Punkte dürften Ihnen umfänglich bekannt sein, wenn Sie die Richtlinie aufmerksam geprüft haben. Die Checkliste ist eine hilfreiche Gedankenstütze für Gespräche mit Ihrer Förderstelle, wenn Sie sich die Richtlinie im Hinblick auf Ihr Vorhaben inhaltlich erarbeitet haben und die ergänzenden Fakten kennen, die sich hinter den verkürzten Punkten verbergen.

Fallbeispiel: Inhalt der Registerkarte „Checkliste" einer Einzelrichtlinie unter www.foerderdatenbank.de

Werden die wichtigsten Voraussetzungen für die Förderung betrieblicher Investitionen erfüllt? Sämtliche Fragen müssen mit „ja" beantwortet werden, wenn die wichtigsten Fördervoraussetzungen gegeben sein sollen.

- Handelt es sich bei dem geplanten Vorhaben um eine Investition im Zusammenhang mit der Errichtung, der Erweiterung, der Umstellung oder der grund-legenden Rationalisierung/Modernisierung einer Betriebsstätte oder dem Erwerb einer stillgelegten oder von Stilllegung bedrohten Betriebsstätte?
- Handelt es sich bei dem Antragsteller um ein Unternehmen der gewerblichen Wirtschaft?
- Wird das Vorhaben in den Fördergebieten der Gemeinschaftsaufgabe „Verbesserung der regionalen Wirtschaftsstruktur" oder in den EFRE-Vorranggebieten des Landes durchgeführt (eine Förderung in anderen Gebieten ist nur in Ausnahmefällen möglich)?
- Werden in der zu fördernden Betriebsstätte überwiegend (zu mehr als 50 % des Umsatzes) Güter hergestellt oder Leistungen erbracht, die ihrer Art nach regelmäßig überregional abgesetzt werden?
- Ist gewährleistet, dass mit den Investitionsvorhaben neue Dauerarbeitsplätze oder Ausbildungsplätze geschaffen oder vorhandene gesichert werden?
- Ist sichergestellt, dass die Arbeitsplätze für mindestens fünf Jahre nach Abschluss des Investitionsvorhabens tatsächlich besetzt oder auf dem Arbeitsmarkt dauerhaft angeboten werden?
- Leistet der Antragsteller einen Eigenbeitrag von mindestens 25 % (ohne Beihilfen) zur Finanzierung des Investitionsvorhabens?

Achtung: Sie haben keinen Rechtsanspruch auf eine Förderung. Auch wenn Sie alle Fragen der Checkliste mit „ja" beantworten können, heißt das nicht, dass Sie auf jeden Fall gefördert werden. Wie Sie durch die Prüfung Ihrer individuellen Richtlinie vermutlich bereits erkannt haben, spielen noch viele andere Faktoren eine Rolle. Letzten Endes entscheidet Ihre Sachbearbeitung darüber – im Rahmen des vorhandenen Ermessensspielraumes – ob Ihr Projekt gefördert wird oder nicht. Deshalb kommt der Kommunikation mit der Förderstelle und insbesondere mit der Person der Sachbearbeitung eine Schlüsselstellung zu.

Das Wichtigste in Kürze: Etappe 4 – Ergebnisse auswerten

1. Drucken Sie die Ergebnisliste Ihrer Recherche aus.
2. Lesen Sie die Programmtitel durch und schätzen Sie anhand der Überschrift den Inhalt ab.
   Öffnen und lesen Sie das Programm, das Ihnen vom Titel her am aussichtsreichsten erscheint.
3. Für Einsteiger und auch für Fortgeschrittene gilt gleichermaßen: Beschränken Sie sich bei der ersten Grobanalyse lediglich auf die Lektüre der Informationen, die in der Registerkarte „Übersicht“ bereitgestellt werden und entscheiden danach, ob es sinnvoll ist, das Programm detailliert zu prüfen.
4. Finden Sie in der Übersicht bereits K.-o.-Kriterien, können Sie das Programm zur Seite legen.
5. Finden Sie bei der Prüfung der Kurzbeschreibung kein K.-o.-Kriterium, setzen Sie das Programm auf den Merkzettel oder drucken die Inhalte der Registerkarte „Übersicht“ aus.
6. Besorgen Sie die aktuelle Richtlinie vom Ansprechpartner des Förderprogramms.
7. Überprüfen die Richtlinie auf K.-o.-Kriterien. (Checkliste K.-o.-Kriterien)
8. Notieren Sie mögliche Problembereiche und markieren Sie Textstellen, die auf Ihr Vorhaben zutreffen. (Checkliste Ergebnisauswertung)
9. In Vorbereitung auf ein Gespräch mit der Förderstelle gehen Sie die Checkliste durch, die Ihnen im Internet als Registerkarte in Ihrer Richtlinie angezeigt wird. Diese weist Sie auf die wichtigsten Punkte hin, die den Zugang zu Ihrem angestrebten Fördertopf markieren.
10. Etablieren Sie einen guten Kontakt zur zuständigen Sachbearbeitung.
11. Sie haben keinen Rechtsanspruch auf Förderung.

4.8 Etappe 5 – Kontakt mit der Förderstelle aufnehmen

Etappe 5

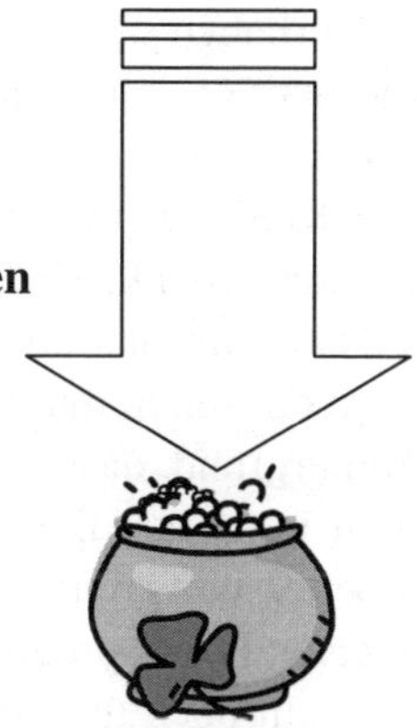

1. Projektskizze I erstellen
2. Förderpotenzial prüfen
3. Programme recherchieren
4. Ergebnisse auswerten

5. **Kontakt mit der Förderstelle aufnehmen**

6. Projektskizze II erstellen
7. Antrag stellen
8. Mittel anfordern
9. Troubleshooting

Sie haben in den vorangegangenen Schritten mit Hilfe Ihrer Projektskizze I das Vorhaben in den wesentlichen Punkten festgehalten. Anschließend haben Sie diese mit dem Förderpotenzial-Check nach förderfähigen Bereichen untersucht und sind dann im Rahmen Ihrer Recherche auf Förderprogramme gestoßen, die Sie Schritt für Schritt begutachtet haben. Mit hoher Wahrscheinlichkeit haben sich aus den Richtlinien Fragen ergeben, die Sie nicht alleine durch die Arbeit am Schreibtisch beantworten können. Sie brauchen Unterstützung. Deshalb steht als nächstes ein unverbindliches Gespräch mit der Förderstelle an. Doch bevor Sie zum Telefonhörer greifen, sollten Sie Ihre gewählten Förderprogramme in eine der drei Kategorien einordnen, denn davon hängt ab, wie Sie weiter vorgehen.

4.8.1 Kategorie Finanzierungsfördermittel – Darlehen, Bürgschaften, Garantien, Beteiligungen

Der Weg zum Fremdkapital unter Nutzung von Finanzierungsfördermitteln (siehe ausführliche Erläuterungen in Kapitel 1.2 „Wie wird gefördert") unterscheidet sich kaum von einer banküblichen Kreditanfrage.

- Sie benötigen ein Konzept, in dem Sie Ihre Geschäftsidee darstellen.
- Sie müssen den Fremdkapitalgeber von Ihrem Vorhaben überzeugen.
- Sie müssen Sicherheiten bringen.

Die Finanzierungsfördermittel werden als helfendes Instrument eingesetzt, um z.B. Ihre Eigenkapitaldecke zu stärken, Haftungsrisiken zu verteilen oder günstige Zinskonditionen zu ermöglichen.

Bei Verständnisfragen zum Förderprogramm rufen Sie die zuständige Stelle an und schildern Ihr Vorhaben sowie den Finanzierungsbedarf. Erläutern Sie ggf., wie Sie auf das Förderprogramm gestoßen sind, und fragen Sie gezielt nach, ob es grundsätzlich für Ihr Vorhaben offen wäre, was Sie beachten müssen und ob die Förderstelle noch Alternativen vorschlagen kann, die Ihnen entgangen sind. Mit diesen Informationen können Sie weiterarbeiten, Ihr Konzept bei einer Bank vorstellen und im Zuge der Kreditgespräche die vorab recherchierten Finanzierungsfördermittel einbringen. Bitte bedenken Sie dabei, dass die meisten Programme dieser Kategorie über die Hausbank laufen und deshalb Ihr Kreditsachbearbeiter den Antrag mit Ihnen zusammen stellen muss.

Vor dem Hintergrund, dass Sie sich für die Kreditverhandlungen gut vorbereitet und sich mit den Förderkrediten vertraut gemacht haben, ist es nicht selten, dass Kreditsachbearbeiter bei grundsätzlichem Interesse für Ihr Projekt entweder über das vorgeschlagene Förderprogramm finanzieren, Alternativen vorschlagen oder vergleichbare Konditionen über die Hausbank anbieten. Sie sollten bei den Kreditverhandlungen das vorab recherchierte Förderprogramm mit diesen Alternativangeboten vergleichen und nicht blind auf „Ihrem" Programm verharren. Auch Ihre Hausbank kann z.T. günstige Kredite anbieten. Wägen Sie ab, welches Kreditangebot auf Ihr Vorhaben am besten passt.

Sie sind am Ziel, sobald die Kreditverträge unterzeichnet sind. Bei Finanzierungsfördermitteln folgt auf Etappe 5 direkt Etappe 7 (siehe Kapitel 4.10 „Formale Antragstellung"), wobei Etappe 7 für gewöhnlich vom Kreditinstitut koordiniert wird.

4.8.2 Kategorie Zuschüsse mit formaler Schwerpunktsetzung

Bei nicht rückzahlbaren Zuschüssen sieht es anders aus. Hier kann man in der Praxis von zwei unterschiedlichen Ansätzen ausgehen: Es gibt Zuschüsse, die bei Vorliegen sämtlicher *formaler* Anforderungen bewilligt werden, vorausgesetzt der Topf ist noch gefüllt. Beispiele dafür finden sich in den Bereichen Energie, Beratung oder Fortbildung.

1. Sie erhalten für eine Solarkollektoranlage in einem Bestandsgebäude einen Zuschuss zwischen 1.500 € und 18.000 € in Abhängigkeit von der Größe der Bruttokollektorfläche der Solaranlage.
2. Sie können einen Beratungszuschuss aus dem Zuschussprogramm des Bundesamtes für Wirtschaft und Ausfuhrkontrolle (BafA) in Höhe von max. 1.500 € netto beantragen, wenn Sie allgemeine wirtschaftliche Beratungsleistungen von einem registrierten Berater in Anspruch genommen haben und Ihr Unternehmen mindestens ein Jahr am Markt besteht.
3. Zuschüsse in Sachen Fortbildung/Weiterbildung können u.a. von KMU mit Sitz in NRW für ihre Mitarbeiter beantragt werden, wenn der Inhalt der

Schulung für den allgemeinen Arbeitsmarkt qualifizierende Inhalte hat, wie z.B. Sprachkurse, Software-Anwender-Kurse, Sekretariatsschulungen etc. und der Anbieter der Schulungsmaßnahme anerkannt ist.

Die oben beschriebenen Programme haben weitere detaillierte Anforderungen, was den Zeitpunkt der Antragstellung, der einzureichenden Belege etc. betrifft, doch die Anforderungen sind rein formaler Art und damit unzweifelhaft erfüllbar.

So oder ähnlich konzipierte Förderprogramme erfordern in der Regel lediglich einen überschaubaren administrativen Aufwand, der im laufenden Tagesgeschäft mit erledigt werden kann. Außerdem sind sie verhältnismäßig unkompliziert in der Antragstellung. Auch hier hilft im Vorfeld der Griff zum Telefonhörer: Rufen Sie die Förderstelle an, erläutern Sie Ihr Vorhaben und erklären, warum Sie davon ausgehen, dass das Programm auf Ihr Projekt passen könnte. Haken Sie nach, ob Sie richtig liegen, und fragen Sie ggf. nach Alternativen, falls die Förderstelle Ihre Voraussetzungen für wenig aussichtsreich halten sollte. Auf diese Weise arbeiten Sie effizient und stellen nicht unnötig einen ohnehin aussichtslosen Antrag. Formale Zuschüsse verzichten meist auf Etappe 6 (siehe Kapitel 4.9 „Projektskizze II erstellen) und Sie können direkt weiter zu Etappe 7 (Kapitel 4.10 „Formale Antragstellung“) springen.

4.8.3 Kategorie Zuschüsse mit konzeptioneller Schwerpunktsetzung

Zuschüsse mit konzeptioneller Schwerpunktsetzung fordern neben den rein formalen Voraussetzungen eine ganze Reihe von Begleitumständen, deren Beurteilung zum einen im Ermessen der Förderstelle liegt und die zum anderen häufig von Faktoren beeinflusst werden, die sich außerhalb des Sicht- und Einflussbereiches des Antragstellers befinden. Typischerweise ist das bei Fördermitteln in den Bereichen „Innovation“ oder „Infrastruktur und Regionalförderung“ der Fall.

Ob der individuell erforderliche Aufwand im Verhältnis zu dem zu erwartenden Zuschuss ökonomisch sinnvoll ist, hängt stark davon ab, wie effektiv und zielgerichtet Sie agieren. Der Weg zu diesen Fördertöpfen ist um einiges langwieriger und in der Regel mit weiteren Kosten verbunden. Die Kosten werden durch notwendige, vorbereitende Aktivitäten verursacht wie z.B. die Erstellung eines Businessplans, die Beauftragung rechtlicher Beratungsleistungen zur Abstimmung von Verträgen oder die Erstellung von Bauplänen etc.

Die Form des Fördermittels spielt ebenfalls eine Rolle bei der Entscheidung für oder gegen ein Programm, denn sie hat ebenfalls Einfluss auf die Erfolgsaussichten eines Förderantrags. Wer sich auf einen öffentlich ausgeschriebenen Wettbewerb mit engem Zeitfenster einlässt, muss sich darüber im Klaren sein, dass er in kurzer Zeit hochwertige Unterlagen unterschriftsreif vorbereiten muss, wobei die Aussicht auf Erfolg aufgrund der hohen Konkurrenzdichte vergleichsweise gering ist und der

Zufall sowie funktionierende Branchenkontakte und Hintergrundinformationsquellen eine große Rolle spielen.

Offene Programme, die ganzjährig Anträge annehmen, bieten hingegen bessere Zuschlagsquoten. Der Weg zu diesen begehrten Fördermitteln ist erfahrungsgemäß deutlich arbeitsintensiver. Allerdings geht es dabei nicht selten um ein erhebliches Fördervolumen. Haben Sie ein Programm der Kategorie Zuschüsse mit konzeptionellen Schwerpunkten, müssen Sie davon ausgehen, dass ein ganz erheblicher zeitlicher Aufwand auf Sie zukommt. Entsprechend gründlich sollten Sie sich den Vorarbeiten widmen, bevor Sie sich mit der zeitaufwendigen Antragstellung beschäftigen und in diesem Zusammenhang weitere kostenintensive Aufträge erteilen.

Eine gute Vorbereitung ist das A und O und den Hauptteil haben Sie bereits geleistet. Für das anstehende Gespräch benötigen Sie:

1. Ihre Projektskizze I
2. Ihren individuellen Förderpotenzial-Check
3. die „Checkliste" zum Förderprogramm aus der BMWi-Förderdatenbank
4. die aktuell bearbeitete Original-Richtlinie

Halten Sie sich noch einmal das Trüffelprinzip vor Augen und stellen Sie sich vor dem Gespräch auf die Seite der Förderstelle. Welche Ziele werden mit dem Programm verfolgt? Wie tragen Sie mit Ihrem Vorhaben dazu bei, diese Ziele zu erreichen? Betrachten Sie Ihren Ansprechpartner als *Partner*. Sie beide haben dasselbe Ziel und können gemeinsam ein Stück des Weges gehen.

Erläutern Sie dem Ansprechpartner Ihr Vorhaben und orientieren sich zunächst an der Fragenliste aus der Registerkarte „Checkliste". Damit liefern Sie direkt zu Anfang die allerwichtigsten Informationen, die die Sachbearbeitung benötigt, um die Ernsthaftigkeit Ihrer Anfrage sowie die Förderfähigkeit des geplanten Vorhabens grundsätzlich einzuschätzen. Darüber hinaus geben Sie das positive Signal, dass Sie sich schon stark mit dem Programm auseinandergesetzt haben. Dieser Gesprächseinstieg ist eine Möglichkeit, offene Fragen anzusprechen und die grundsätzliche Haltung der Förderstelle zu Ihrem Projekt zu erfahren.

Bei positivem Verlauf wird die Sachbearbeitung ggf. an einer Projektskizze interessiert sein. Fragen Sie aktiv nach, ob Interesse besteht bzw. die Einreichung einer Projektskizze zur Vorabeinschätzung hilfreich wäre. Falls ja: Reichen Sie die Projektskizze II (siehe Kapitel 4.9) kurzfristig im Nachgang zum ersten Telefonat am besten per E-Mail ein, denn so können Informationen innerhalb der Förderstelle unkompliziert weitergegeben, bearbeitet sowie archiviert werden. Empfehlenswert ist, die Förderstelle um eine Einschätzung Ihres Vorhabens hinsichtlich der Förderfähigkeit zu bitten. Auf diese Weise dokumentieren Sie Ihre Anfrage informell. Erfahrungsgemäß ergeben sich seitens der Förderstelle Rückfragen, die dann auf Grundlage der Projektskizze – und möglichst im Vorfeld einer zeit- und kostenintensiven formalen Antragstellung – in einem persönlichen Präsenzgespräch mit der Förderstelle geklärt werden können.

Das Wichtigste in Kürze: Etappe 5 – Kontakt mit der Förderstelle aufnehmen

1. Bereiten Sie Ihr Erstgespräch mit der Förderstelle sorgfältig vor.
2. In welche Kategorie lässt sich „Ihr“ Förderprogramm einordnen? Ist es ein Finanzierungsfördermittel, ein formaler Zuschuss oder ein konzeptioneller Zuschuss?
3. Vorgehen bei Finanzierungsfördermitteln: Ihr Weg verläuft in der Regel über die gewählte Hausbank oder ein externes Kreditinstitut. Bereiten Sie ein Konzept vor und stellen Sie Ihr Vorhaben in allen Einzelheiten vor. Erfragen Sie im Zuge des Kreditantrags beim Kreditinstitut/bei der Hausbank, welche Informationen benötigt werden, und legen Sie diese vor. Der Weg zu einem Fördertopf aus der Kategorie „Finanzierungsfördermittel“ führt Sie direkt zu Etappe 7 der Antragstellung, wobei diese regelmäßig vom Kreditinstitut koordiniert wird.
4. Vorgehen bei formalen Zuschüssen: Nehmen Sie telefonisch Kontakt zur zuständigen Förderstelle auf und sichern Sie sich ab, dass Ihr Vorhaben über das von Ihnen identifizierte Programm gefördert werden kann. Ggf. fragen Sie nach Alternativmöglichkeiten. In den meisten Fällen können Sie direkt zu Etappe 7 weiter springen (siehe Kapitel 4.10 „Formale Antragstellung“).
5. Vorgehen bei konzeptionellen Zuschüssen: Prüfen Sie die Fristsetzungen und Terminvorgaben zur Antragstellung. Rechnen Sie mit einem erheblichen zeitlichen Aufwand. Nehmen Sie für das Erstgespräch Ihre Projektskizze I, Ihren Förderpotenzial-Check, die „Checkliste“ aus der BMWi-Förderdatenbank falls vorhanden und Ihre aktuell bearbeitete Original-Richtlinie zur Hand. Vergegenwärtigen Sie sich die wesentlichen Kernziele des Programms. Führen Sie das Gespräch mit der Förderstelle mit dem Grundgedanken der Partnerschaftlichkeit. Bei konzeptionellen Zuschüssen folgt jetzt Etappe 6 „Projektskizze II erstellen“.

4.9 Etappe 6 – Projektskizze II erstellen

1. Projektskizze I erstellen
2. Förderpotenzial prüfen
3. Programme recherchieren
4. Ergebnisse auswerten
5. Kontakt mit der Förderstelle aufnehmen

6. **Projektskizze II erstellen**

7. Antrag stellen
8. Mittel anfordern
9. Troubleshooting

Etappe 6

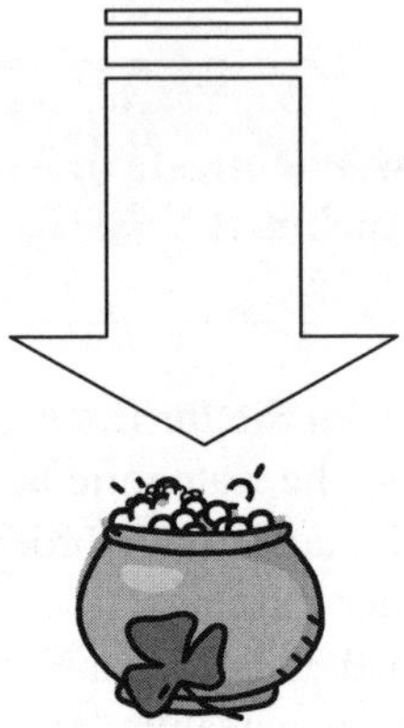

Haben Sie es mit einem formalen Zuschuss (siehe Kapitel 4.8.2) zu tun, geht es jetzt daran, die Formulare gemäß zeitlicher und inhaltlicher Vorgaben auszufüllen. Neben zahlreichen sachlichen Informationen zu Ihrem Vorhaben, ist gelegentlich eine individuelle Kurzbeschreibung Ihres Projektes einzureichen. Manche Förderstellen erwarten einen frei geschriebenen Text, anderen genügt eine knappe Zusammenfassung in wenigen Zeilen. Informieren Sie sich anhand der Formulare, was gefordert ist, wenn Sie das nicht ohnehin schon beim Telefonat in Etappe 5 erfahren haben. Ihre Projektskizze I hält in der Regel die gewünschten Informationen bereit, so dass Sie diese lediglich übertragen oder geringfügig modifizieren müssen.

Haben Sie es mit einem Zuschuss mit konzeptioneller Schwerpunktsetzung zu tun, erfordert Projektskizze II Ihre ganze Aufmerksamkeit. Die Projektskizze II sollten Sie sorgfältig und explizit in inhaltlicher Abstimmung auf die dazugehörende Richtlinie fertigen, d.h. mit Ausrichtung auf Ihre Leitstelle. Die meisten Informationen für die Projektskizze II haben Sie nebenbei schon in den vorangegangenen Schritten gefiltert. Jetzt geht es darum, die konzeptionellen Schwerpunkte der Projektskizze im Sinne der Richtlinie zu setzen und treffend zu formulieren. Als Leitfaden für den Textaufbau kann die „Checkliste Businessplan" helfen, weil Sie damit die klassischen und betriebswirtschaftlich wissenswerten Informationen liefern. Ihr Ziel, das Sie mit der Projektskizze II erreichen wollen, ist, dass ein zukünftiger Geldgeber (die Förderstelle) einen Einblick in das Vorhaben bekommt, sich ein Bild vom unternehmerischen Risiko machen und die Erfolgsaussichten einschätzen kann. Richten Sie die Projektskizze II deshalb individuell auf Ihre Förderstelle aus.

Hintergrund für dieses Vorgehen ist folgender: Haben Sie die Förderstelle bereits durch die Projektskizze II und persönliche Gespräche von der Tragfähigkeit Ihres Vorhabens überzeugt, erhält die anschließende formale Antragstellung ein ganz anderes Gewicht. Auf diesem Weg arbeiten Sie effizient und erhöhen Ihre Chancen auf eine Förderung erheblich.

Tipp

Nehmen Sie die Originalrichtlinie zur Hand und gehen diese mit Blick auf die Förderstelle durch. Markieren Sie ausschlaggebende Passagen und notieren Sie Ihre Gedanken hinsichtlich der Ausrichtung Ihres Vorhabens. Besonders wichtig ist, in Ihrer Projektskizze II das „Fördervokabular" aufzugreifen. Zeigen Sie der Förderstelle, dass Ihr Projekt eine tragfähige und seriöse Basis ist, auf der sie als Partner beide gemeinsam aktiv werden können.

Es folgen auszugsweise Originaltexte der Programmrichtlinie „Betriebliche Investitionen im Rahmen der Regionalentwicklung" (Hessen), Stand 27. Februar 2010, in der die Passagen markiert sind, die in der Projektskizze Niederschlag finden sollten.

Gegenstand der Förderung

Zur Verbesserung der Arbeitsplatzsituation in vergleichsweise strukturschwächeren Landesteilen und als Voraussetzung für deren Teilnahme an Wachstum und Prosperität sind in erster Linie Investitionen von privaten Unternehmen notwendig, mit denen Dauerarbeitsplätze geschaffen und gesichert werden.

Um die Investitionstätigkeit anzuregen, gewährt das Land Hessen nicht rückzahlbare Zuschüsse und rückzahlbare Zuschüsse (zinslose Darlehen) aus Mitteln der Gemeinschaftsaufgabe „Verbesserung der regionalen Wirtschaftsstruktur", des Landes Hessen und gegebenenfalls der Europäischen Union.

Gefördert werden Investitionen, die geeignet sind, durch die Schaffung von zusätzlichen Einkommensquellen das Gesamteinkommen in dem jeweiligen Wirtschaftsraum unmittelbar und auf Dauer nicht unwesentlich zu erhöhen.

Antragsberechtigte
Antragsberechtigt sind Unternehmen der gewerblichen Wirtschaft. Entsprechend den Regelungen des jeweiligen Rahmenplanes der Gemeinschaftsaufgabe „Verbesserung der regionalen Wirtschaftsstruktur“ müssen in der zu fördernden Betriebsstätte Güter hergestellt oder Leistungen erbracht werden, die ihrer Art nach überwiegend, das heißt zu mehr als 50 Prozent des Umsatzes, regelmäßig überregional abgesetzt werden. Im Einzelfall kann auch der tatsächliche, überwiegend überregionale Absatz nachgewiesen werden, wenn das Unternehmen keinem von der Förderung ausgeschlossenen Wirtschaftszweig angehört. In den C-Fördergebieten der Gemeinschaftsaufgabe „Verbesserung der regionalen Wirtschaftsstruktur“ sind kleine, mittlere und große Unternehmen.
Verwendungszweck
Gefördert werden können volkswirtschaftlich besonders förderungswürdige gewerbliche Investitionen im Zusammenhang mit der Errichtung oder der Erweiterung einer Betriebsstätte, (…) Mit den Investitionsvorhaben müssen neue Dauerarbeitsplätze geschaffen oder vorhandene gesichert werden. Dauerarbeitsplätze sind Arbeitsplätze, die von vornherein auf Dauer angelegt sind. Ausbildungsplätze können wie Dauerarbeitsplätze gefördert werden. Ein neu geschaffener Ausbildungsplatz wird dabei wie zwei Dauerarbeitsplätze gewertet. Für eine Überwachungszeit von mindestens fünf Jahren nach Abschluss des Investitionsvorhabens müssen die Arbeitsplätze tatsächlich besetzt oder zumindest auf dem Arbeitsmarkt dauerhaft angeboten werden. Für die Förderung kommen nur solche Investitionen in Betracht, die ausgehend vom Volumen oder von der Zahl der geschaffenen Dauerarbeitsplätze eine besondere Anstrengung des Betriebs erfordern. Dementsprechend sind Investitionsvorhaben zuwendungsfähig, wenn - der Investitionsbetrag bezogen auf ein Jahr die in den letzten drei Jahren durchschnittlich verdienten Abschreibungen – ohne Berücksichtigung von Sonderabschreibungen – um mindestens 50 Prozent übersteigt oder - die Zahl der bei Investitionsbeginn in der zu fördernden Betriebsstätte bestehenden Dauerarbeitsplätze um mindestens 15 Prozent erhöht wird. (…)
Art und Umfang der Förderung
(…) In den Fördergebieten (…) Die genannten Fördersätze sind Förderhöchstsätze, die im Einzelfall nur bei Vorliegen besonderer Struktureffekte ausgeschöpft werden können (zum Beispiel Errichtungen von Betriebsstätten sowie Erweiterungen im Zusammenhang mit Betriebsverlagerungen). Sofern andere öffentliche Fördermittel für dasselbe Vorhaben in Anspruch genommen werden,

wird deren Subventionswert auf die Förderhöchstsätze angerechnet. Nach den bei der Förderung zu beachtenden „Leitlinien für staatliche Beihilfen mit regionaler Zielsetzung" der Europäischen Union muss der Beitrag des Beihilfeempfängers zur Finanzierung des Investitionsvorhabens mindestens 25 Prozent betragen. Dieser Mindestbetrag darf keine Beihilfe enthalten.
Verfahren
Anträge sind auf einem Formblatt zu stellen und müssen vor Beginn des Vorhabens bei der Wirtschafts- und Infrastrukturbank Hessen (Anschriften siehe Teil I Nr. 5) eingegangen sein. (...)

Projektskizze II am Fallbeispiel Becher GmbH – Anschreiben an die Förderstelle nach erfolgreichem Erstgespräch

Wirtschafts- und Infrastrukturbank Hessen (WiBank)
z.H. Carola Janson
Niederlassung Kassel
Wilhelmsstraße 2
34117 Kassel

Meißner, 30.04.2013

Kurzporträt des Investitionsvorhabens Betriebserweiterung/Errichtung einer weiteren Betriebsstätte der Becher GmbH in 37290 Meißner

Sehr geehrte Frau Janson,

vielen Dank für das informative und freundliche Gespräch vom vergangenen Donnerstag. Wie vereinbart fasse ich gerne die wichtigsten Eckdaten unseres Investitionsvorhabens in 37290 Meißner für Sie zusammen.

Die Becher GmbH mit Sitz in 37290 Meißner plant die Expansion des Unternehmens, das derzeit 20 Mitarbeiter hat. Als Zeitpunkt für den Maßnahmenbeginn ist das III. Quartal 2013 geplant. Das Investitionsvorhaben soll innerhalb von 10 Monaten realisiert werden. Dabei stehen die Optionen „Erweiterung der bestehenden Betriebsstätte“ sowie „Neuerrichtung einer Zweigstelle“ im Raum Meißner zur Diskussion. Eine abschließende Entscheidung konnte hierüber noch nicht gefällt werden. Die Standortwahl richtet sich danach, wo das passende Grundstück erworben werden kann. Die Verhandlungen laufen bereits. Ein Grundstück grenzt direkt an den Standort in Meißner an, ein anderes geeignetes Grundstück liegt ungefähr 3 km entfernt. Die beiden Grundstücke wären über ein privates Gleis miteinander verbunden, was für das laufende Tagesgeschäft von Vorteil wäre.

Die Investitionssumme beläuft sich auf rund 1,25 Mio. € in die neue Produktionsstätte, der Eigenkapitalanteil liegt bei 25 %. Gegenstand des Unternehmens ist die Produktion und der Vertrieb von Kunststoffbehältern im Groß- und Einzelhandel. Ich, Karl Becher (Jhrg. 1962), führe seit 1995 das Unternehmen als Geschäftsführer und habe den Betrieb im Jahr 2005 komplett von meinem Vater übernommen. Seitdem bin ich der alleinige Anteilseigner und kann für die Becher GmbH über Jahre hinweg stabile Bilanzen vorweisen.

Das wichtigste Ziel der Regionalentwicklung in Hessen, nämlich das Wirtschaftswachstum durch zusätzliche Einnahmequellen und die damit verbundene Schaffung von Arbeitsplätzen anzureizen, würden unsere Investitionen in der strukturschwachen Region Meißner erreichen. Wir planen die Schaffung von 8 Arbeitsplätzen (Vollzeit), wobei auch die Einrichtung eines Ausbildungsplatzes mit berücksichtigt werden soll. Die bestehenden 20 Arbeitsplätze wären durch die Betriebserweiterung auf Jahre gesichert. Das würde einer Steigerung von 40 % entsprechen. Die Fluktuation im Unternehmen ist seit vielen Jahren nachweislich gering, was für die Zufriedenheit der Mitarbeiter und die Stabilität der Unternehmensführung spricht. Gerne möchten wir im Folgenden die wichtigsten Informationen in Bezug auf das geplante Investitionsvorhaben darlegen:

Die neu errichtete Halle soll eine Grundfläche von 1.000 qm haben. Die Errichtung einer Photovoltaikanlage sowie die Einspeisung von erneuerbaren Energien ins Stromnetz sind angedacht. Geprüft wird, in wie weit die Halle nach den neuesten energetischen Anforderungen errichtet werden kann, so dass der Strom- und Energieverbrauch allgemein vergleichsweise gering gehalten werden kann. Wir sind im Gespräch mit einer Hochschule, mit der wir die Halle in Kooperation als Modellprojekt für eine neue, energieeffiziente Technik für gewerbliche Produktionsstraßen zur multifunktionalen Nutzung aufziehen könnten. Dabei würden die produktionsseitig vorgegebenen Stillstände fast vollständig beseitigt, weil sie währenddessen von anderen Unternehmen für die Auslagerung von Überkapazitäten genutzt werden könnten. Das Modellprojekt in Verbindung mit der Hochschule könnte für Meißner ein Highlight in der Gewerbelandschaft werden und neue Investoren anziehen. Einzelheiten hierzu erläutern wir Ihnen selbstverständlich gerne ausführlich und persönlich.

Hauptaugenmerk liegt jedoch auf der gewerblichen, effizienten Nutzbarkeit der Halle: In ihr wird eine Produktionsstraße eingerichtet, an der unser neu entwickeltes Produkt vom Band laufen soll, dessen Patent markenschutzrechtlich bereits abgesichert ist. Die Becher haben eine neuartige Oberfläche, die eine aufwendige Reinigung in Zukunft überflüssig macht. Besondere Zielgruppe sind Kunden im In- und Ausland, die Hygienestandards einhalten müssen wie z.B. Krankenhäuser, Alten- und Pflegeheime. Erfahrungen zur Herstellung, dem Vertrieb und der Nutzbarkeit des Produktes liegen bereits vor. Auf Wunsch reichen wir die Unterlagen hierzu gerne ein. Eine Marketingstrategie existiert noch nicht, wird jedoch in Kürze beauftragt. Kern der Strategie ist die internationale Ausrichtung unserer Geschäftsaktivitäten sowie die Vermarktung mit dem Gütesiegel „Inno-Made in Meißner."

Die Berechnungen, die kaufmännisch vorsichtig angelegt wurden, zeigen, dass im 1. Jahr ein Umsatz in Höhe von 150.000 € zu erwarten ist, der sich im 2. und 3. Jahr jeweils um 10 % steigert. Der Gewinn daraus wird sich auf geschätzte 15 % belaufen. Die Zahlen sind lediglich auf den deutschen Markt bezogen. Die geplante Erweiterung unseres Vertriebs aufs EU-Ausland ist dabei noch nicht berücksichtigt.

Unser Fazit lautet: Die Expansion der Becher GmbH in der beschriebenen Form wäre aus unserer Sicht für Meißner ein wertvoller Baustein zur Sicherung und Schaffung von Arbeitsplätzen und zur Steigerung des Gesamteinkommens im Wirtschaftsraum, und das nicht nur aufgrund des erweiterten Absatzes auf dem internationalen Markt. Das angedachte Modellprojekt würde die Ansiedlung neuer Gewerbebetriebe auch für auswärtige Firmen attraktiv machen.

Vor diesem Hintergrund bitten wir um eine Einschätzung unseres Vorhabens und eine Reaktion, inwieweit die Wirtschaftsbank Hessen die Möglichkeit sieht, das Projekt mit Hilfe der regionalen Förderinstrumente zu unterstützen.

Über eine positive Rückmeldung würden wir uns freuen und stehen für Rückfragen gerne zur Verfügung.

Mit freundlichen Grüßen

Karl Becher
-Becher GmbH

Das Wichtigste in Kürze: Etappe 6 – Projektskizze II erstellen

1. Formale Zuschüsse erfordern meist nur eine knappe Kurzbeschreibung des Vorhabens. Diese lässt sich aus der Projektskizze I herleiten.
2. Zuschüsse mit konzeptioneller Schwerpunktsetzung sind sehr arbeits- und zeitintensiv. Projetskizze II erfordert Ihre voll Aufmerksamkeit und sollte auf die Förderstelle ausgerichtet werden. Prüfen Sie die Originalrichtlinie gemäß der gewünschten förderfähigen Projektausrichtung.
3. Zur strukturierten Aufbereitung der Informationen können Sie die „Checkliste Businessplan“ im Anhang nutzen.

4.10 Etappe 7 – Formale Antragstellung

Etappe 7

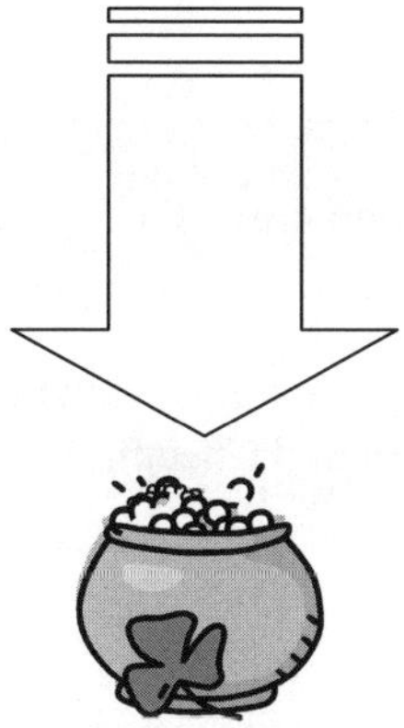

1. Projektskizze I erstellen
2. Förderpotenzial prüfen
3. Programme recherchieren
4. Ergebnisse auswerten
5. Kontakt mit der Förderstelle aufnehmen
6. Projektskizze II erstellen

7. **Antrag stellen**

8. Mittel anfordern
9. Troubleshooting

Die formale Antragstellung ist ein Nadelöhr, das sich bei guter Vorbereitung durch einen positiven Erstkontakt und sorgfältig erstellter Projektskizze meistern lässt. Bevor Sie ins Detail einsteigen und Formulare ausfüllen, Anlagen erstellen und geforderte Informationen in vorgeschriebener Form aufbereiten, laden Sie sich sämtliche Dokumente in aktueller Version herunter bzw. lassen sich diese von der Förderstelle per E-Mail zusenden und bearbeiten sie administrativ. Das bedeutet, dass Sie die Unterlagen lesen, die relevanten Passagen markieren und sich eine To-do-Liste erstellen, die Sie dann Schritt für Schritt abarbeiten. Der Teufel steckt im Detail: In Formularen stecken häufig Hinweise auf geforderte Unterlagen und Informationen, die ggf. einigen zeitlichen Vorlauf benötigen, um sie abschließend bearbeiten zu können.

Beispielsweise steckt in der Frage, ob das antragstellende Unternehmen in der Vergangenheit „De-minimis-Beihilfen" erhalten hat, unter Umständen die Aufgabe, die Buchhaltung der letzten drei Jahre zu prüfen, Darlehensverträge zu kontrollieren oder den möglichen Bezug auf eine andere Weise festzustellen bzw. auszuschließen. Auf dem Formular müssen Sie zwar nur das Kreuz an der richtigen Stelle setzen, doch die Vorarbeiten dazu können in der Tat aufwendig sein und erschöpfen sich nicht im reinen Ankreuzen.

Am Beispiel der Becher GmbH bearbeiten wir den „Antrag auf Gewährung öffentlicher Finanzierungshilfen an die gewerbliche Wirtschaft im Rahmen der regionalen Wirtschaftsförderung". Viele Angaben sind selbsterklärend, andere sind erklärungsbedürftig. Im Prinzip finden Sie in den Antragsformularen Fragestellungen, die Ihnen bereits bei sorgfältiger Bearbeitung der vorgeschalteten Arbeitsschritte aufgefallen sind. Nehmen Sie Ihre bearbeitete Richtlinie hinzu sowie Ihre Notizen und machen Sie sich daran, die Formulare durchzugehen.

In unserem Beispielfall können Sie die entsprechenden Hinweise direkt aus dem folgenden Antragsformular entnehmen, das in gekürzter Form abgedruckt ist. Im Anschluss an das Formular finden Sie eine individuell erstellte To-do-Liste.

Arbeitshilfe To-do-Liste

Ein Muster der To-do-Liste zur Nutzung für Ihr Vorhaben finden Sie im Kapitel „Arbeitshilfen und Checklisten".

1

Antrag auf Gewährung öffentlicher Finanzierungshilfen an die gewerbliche Wirtschaft im Rahmen der regionalen Wirtschaftsförderung[1]

1. Allgemeines

1.1

An
Wirtschafts- und Infrastrukturbank Hessen
60297 Frankfurt am Main

Nicht vom Antragsteller auszufüllen.
Eingangsstempel (falls auf Begleitschreiben, genügt hier eine Bestätigung der Annahmestelle)
Datum des Eingangs
Datum der Bestätigung der grundsätzlichen Förderfähigkeit
Datum der Bewilligung
Projekt-Nr.

➔ Ihr Antrag kann nur bearbeitet werden, wenn Sie die folgenden Fragen beantworten.

Rechtsgrundlage ist § 5 Nr. 4 des Gesetzes über die Gemeinschaftsaufgabe „Verbesserung der regionalen Wirtschaftsstruktur" vom 06. Oktober 1969 (BGBl I S. 1861), in der jeweils geltenden Fassung, in Verbindung mit den Regelungen des jeweiligen Koordinierungsrahmens (Teil II-A). Die in Ihrem Bundesland geltenden Rechtsgrundlagen entnehmen Sie bitte der Anlage zum Antragsformular.

Zutreffendes bitte ankreuzen ☒

1.2 Antragsteller

Firma (Name und Anschrift, ggf. Gemeindekennziffer) Becher GmbH In den Hügeln 3 37290 Meißner	
Bundesland Hessen	Regierungsbezirk / Kreis Werra-Meißner-Kreis
Bearbeiter: Karl Becher Telefon/Telefax/ E-Mail-Adresse: 05657/12345	
Bankverbindung Bank: Meißner Bank BLZ:: 0123456 Kontonummer: 01234567	

0002 10/09

[1] sowie an gemeinnützige außeruniversitäre wirtschaftsnahe Forschungseinrichtungen nach Ziffer 1.5 Teil II-A des GRW-Koordinierungsrahmens
1/2009

2

1.3 Rechtsform

Rechtsform und steuer- bzw. gesellschaftsrechtliche Verhältnisse (falls notwendig, bitte erläutern)	Zuständiges Finanzamt Eschwege-Witzenhausen
GmbH, alleiniger Gesellschafter-Geschäftsführer ist Herr Karl Becher	Postleitzahl/Ort 37269 Eschweg
	Steuer-Nr. 012/345/678

Ich/wir beantrage(n)

☒ die Gewährung eines Investitionszuschusses aus Mitteln der Gemeinschaftsaufgabe „Verbesserung der regionalen Wirtschaftsstruktur" (GRW)

- ☒ als sachkapitalbezogener Zuschuss,
- ☐ als lohnkostenbezogener Zuschuss.

☐ die Gewährung von Finanzierungshilfen aus Landesmitteln
➔ gegebenenfalls bitte Ergänzungsformblatt benutzen

1.4 Zuletzt wurde(n) für die unter Punkt 2.1 angegebene(n) Betriebsstätte(n) öffentliche Finanzierungshilfen bewilligt bzw. beantragt:

Investitionszeitraum	*Datum des Antrags sowie Datum und Aktenzeichen des Bewilligungs- oder Ablehnungsbescheides*
Beginn Monat .... Jahr	XXXX
Beendigung Monat .... Jahr	XXXX

Frühere Anträge werden von der Bewilligungsbehörde zur Erfolgskontrolle und zur Entscheidung über den vorliegenden Antrag herangezogen.

Die Beteiligungsverhältnisse wirken sich auf die Einstufung des Unternehmens aus und haben direkten Einfluss auf die max. mögliche Förderung.

1.5 Prüfung der Beteiligungsverhältnisse bei kleinen und mittleren Unternehmen

- Gehört die Betriebsstätte zu einem Unternehmen, das zu 25 % oder mehr des Kapitals oder der Stimmanteile unmittelbar im Besitz eines anderen Unternehmens bzw. einer öffentlichen Stelle oder im gemeinsamen Besitz mehrerer verbundener Unternehmen bzw. öffentlicher Stellen ist?
- Hält das Unternehmen Anteile von 25 % oder mehr an anderen Unternehmen?
- Erstellt das Unternehmen eine konsolidierte Bilanz oder ist es im Abschluss eines anderen Unternehmens enthalten?

☒ nein

☐ ja ➔ Geben Sie bitte die einzelnen Beteiligungsverhältnisse an (ggf. Anlage beifügen):

Anlage ggf. zusätzlich runterladen und ausfüllen.

0002 10/09

1/ 2009

3

1.6 Anzahl der beschäftigten Arbeitskräfte im Unternehmen, Jahresumsatz und Jahresbilanzsumme

siehe auch Erläuterungen in Kapitel 1.1 "Wer wird gefördert?"

Anzahl der beschäftigten Arbeitskräfte im Unternehmen	☒	bis 49
	☐	50 bis 249
	☐	über 249
Jahresumsatz	☒	unter 10 Mio. €
	☐	10 Mio. € bis 50 Mio. €
	☐	über 50 Mio. €
Jahresbilanzsumme	☒	unter 10 Mio. €
	☐	10 Mio. € bis 43 Mio. €
	☐	über 43 Mio. €

Nicht vom Antragsteller auszufüllen

KMU i.S.d. VO EG Nr. 800/2008 der Kommission vom 06. August 2008 zur Erklärung der Vereinbarkeit bestimmter Gruppen von Beihilfen mit dem Gemeinsamen Markt in Anwendung der Artikel 87 und 88 EG-Vertrag (allgemeine Gruppenfreistellungsverordnung) (ABl. EG L 214 vom 9.8.2008)

☐ ja falls ja: ☐ kleines Unternehmen ☐ nein

☐ mittleres Unternehmen

Unternehmen in Schwierigkeiten werden nicht gefördert. Grundlage ist die EU-Definition, siehe auch Merkblatt in den Anlagen.

1.7 Angaben zu Rettungs- und Umstrukturierungsbeihilfen in Vorjahren, wirtschaftliche Situation des Unternehmens[2]

Befindet sich das Unternehmen derzeit in wirtschaftlichen Schwierigkeiten?

☒ nein ☐ ja → Bitte erläutern (ggf. Anlage):

Falls ja, befindet sich die Betriebsstätte, das Unternehmen oder die Unternehmensgruppe noch in der Umstrukturierungsphase?

☒ nein ☐ ja → Bitte erläutern (ggf. Anlage):

Wurde für die Betriebsstätte, das Unternehmen oder die Unternehmensgruppe in den vergangenen zehn Jahren eine Rettungs- oder Umstrukturierungsbeihilfe gewährt?

☒ nein ☐ ja → Bitte erläutern (ggf. Anlage):

0002 10/09

[2] Leitlinien der Europäischen Kommission für staatliche Beihilfen zur Rettung und Umstrukturierung von Unternehmen in Schwierigkeiten (ABl. EG C 244/2 vom 1. Oktober 2004)
1/ 2009

2. Angaben zum Investitionsvorhaben

2.1 Investitionsort

Postleitzahl	Ort/Ortsteil	Straße und Hausnummer	
37290	Meißner	In den Hügeln 3	
Gemeindekennziffer	Kreis		Bundesland
	Werra-Meißner-Kreis		Hessen

BA-Betriebsnummer **der zu fördernden Betriebsstätte**

☒ bekannt *(Ggf. bei der Bundesagentur für Arbeit, Eschberger Weg 68, 66121 Saarbrücken erfragen)*
BA-Betriebsnummer: 0123456789

☐ nicht bekannt, da es sich um eine neue Betriebsstätte handelt; Hinweis: ist innerhalb von 2 Monaten nach Bewilligung nachzumelden

Befinden sich weitere Betriebsstätten des Antragstellers in derselben Gemeinde?

☒ nein ☐ ja ➔ Geben Sie bitte den Wirtschaftszweig und die Anschrift(en) der Betriebstätte(n) an:

Wirtschaftszweig:
Anschrift:

2.2 Beschreibung und Begründung des unter Punkt 2. bezeichneten Vorhabens

Die vorgesehenen Investitionen sowie die Zukunftsaussichten der Betriebsstätte (z.B. die Absatzperspektive) sind in einer **Anlage** darzustellen, die auch die einzelnen Wirtschaftsgüter ausweist. Dabei ist auf die rechtliche und wirtschaftliche Entwicklung des Unternehmens (z.B. Beteiligungen, Bezug von Rohstoffen und Vorprodukten, Produktionsziffern, Kapazitätsauslastung, Umsatz) einzugehen.

Auf Grundlage der bereits bestehenden Projektskizze erweitern Sie die Erläuterungen um die zusätzlich geforderten Angaben.

0002 10/09

1/ 2009

5

2.3 Wirtschaftszweig der zu fördernden Betriebsstätte
Kennzeichnung und Nummer der amtlichen Statistik

> Eine Liste hält das statistische Bundesamt online bereit (www.statistikportal.de)

25.24.2 Herstellung von Fertigerzeugnissen aus Kunststoffen

Fertigungsprogramm oder Art der gewerblichen Tätigkeit

Wenn sich die Fertigung oder die gewerbliche Tätigkeit auf mehrere Wirtschaftszweige oder Industriegruppen bezieht, bitte nähere Angaben, z.B. prozentualer Anteil an Produktion und Umsatz (erforderlichenfalls in einer **Anlage**).

Angaben zum Absatzgebiet (zu den Abnehmern) für die in der Betriebsstätte erstellten Produkte und Leistungen

Bitte nähere Angaben: z.B. prozentualer Anteil des Absatzes nach Kreisen, Bundesländern und Ausland, erforderlichenfalls in einer Anlage. Diese Angaben sind erforderlich, falls der Nachweis des überregionalen Absatzes im Einzelfall erfüllt werden muss. Sie sind ggf. in geeigneter Form nachzuweisen.

> Auf Grundlage der Vergangenheit können Schätzangaben gemacht werden. Ausschlaggebend ist, dass >50% des Umsatzes überregional erfolgt. Dieser Wert ist ein K.-o.-Kriterium.

Nicht vom Antragsteller auszufüllen

Die zu fördernde Betriebsstätte erfüllt die Merkmale des Prim
- gemäß Positivliste

☐ ja ☐ nein

- gemäß Einzelfallnachweis (vgl. geltenden Koordinierungsrahmen)

☐ ja ☐ nein

0002 10/09

1/ 2009

6

3. Angaben zu den Arbeitsplatzzielen und den Abschreibungen

3.1 Anzahl der vorhandenen Dauerarbeitsplätze vor Antragstellung

Dauerarbeitsplätze für Frauen (1)	für Männer	Ausbildungsplätze (2)	Summe (1)+(2)
4	14	2	20

3.2 Zahl der Arbeitsplätze nach Abschluss der Investition

- Anzahl der geplanten **zusätzlichen** Dauerarbeitsplätze nach Abschluss der unter Punkt 4 genannten Investitionen:

Dauerarbeitsplätze für Frauen (1)	für Männer	Ausbildungsplätze (2)	Summe (1)+(2)
2	5	1	8

- Anzahl der geplanten **gesicherten** Dauerarbeitsplätze nach Abschluss der unter Punkt 4 genannten Investitionen:

Dauerarbeitsplätze für Frauen (1)	für Männer	Ausbildungsplätze (2)	Summe (1)+(2)
0	3	0	3

Nicht vom Antragsteller auszufüllen

Zahl der zusätzlichen			Zu Investitionsbeginn vorhandene Arbeitsplätze	Erhöhung in %
Dauerarbeitsplätze	Ausbildungsplätze x 2	Summe		

3.3 Angaben zu Verlagerungsinvestitionen

Werden in einem sachlichen/inhaltlichen und zeitnahen Zusammenhang zu dem in Punkt 2 bezeichneten Vorhaben in einer anderen mit dem Unternehmen verbundenen Betriebsstätte Arbeitsplätze abgebaut?

☒ nein ☐ ja ➔ Geben Sie bitte die Anzahl der Arbeitsplätze und die Anschrift der betreffenden Betriebsstätte an:

Anzahl der abgebauten bzw. noch abzubauenden Arbeitsplätze:
Anschrift der Betriebsstätte:

Eine Verlagerung von Arbeitsplätzen wirkt sich mindernd auf die Anzahl der förderfähigen Arbeitsplätze aus.

0002 10/09

1/ 2009

7

3.4 Verdiente Abschreibungen in den letzten drei Geschäftsjahren vor Investitionsbeginn in vollen Euro ohne Berücksichtigung von Sonderabschreibungen

Jahr	Betrag (€)
2012	13.500,00
2011	12.200,00
2010	11.000,00

Diese Werte können anhand der Bilanzen/ Anlagespiegel festgestellt werden bzw. werden von Ihrem Steuerberater ermittelt.

Nicht vom Antragsteller auszufüllen

Jahresdurchschnitt der verdienten Abschreibungen in €	
Jahresdurchschnitt des Investitionsvolumens in €	
Jahresdurchschnitt des Investitionsvolumens in % der jahresdurchschnittlichen Abschreibungen	

0002 10/09

1/ 2009

8

4. Investitionen

4.1 Investitionsvolumen

			Betrag (€)
Gesamtinvestitionen			1.250.000,00
1.	Anschaffungskosten immaterielle Wirtschaftsgüter		0,00
2.	Anschaffungs- / Herstellungskosten zum Investitionsvorhaben zählender Wirtschaftsgüter des Sachanlagevermögens		1.250.000,00
	davon:		
	a) Grundstücke	250.000,00	
	b) Investitionen der Ersatzbeschaffung	0,00	
	c) Anschaffungs- und Herstellungskosten für Fahrzeuge	0,00	
	d) Gebrauchte Wirtschaftsgüter	0,00	
3.	Anschaffungskosten zu leasender, zu mietender/zu pachtender Wirtschaftsgüter		0,00
4.	Sonstige Kosten		0,00
	Gesamt 1. – 4.		1.250.000,00
5.	Veräußerungserlöse bei Betriebsverlagerung		0,00
6.	Entschädigungsbeträge bei Betriebsverlagerung		0,00

➔ Hinweis: Die Summe der Gesamtinvestitionen muss der Summe der Gesamtfinanzierung entsprechen.

Wurden Grundstücke oder Bauten von der öffentlichen Hand erworben?

☒ nein ☐ ja

Nicht vom Antragsteller auszufüllen

Investitionskosten bezüglich **neu geschaffener** Dauerarbeitsplätze	
Investitionskosten bezüglich **gesicherter** Dauerarbeitsplätze	
Gesamt	
Förderfähige Kosten	

4.2 Zeitliche Durchführung des Vorhabens

	Tag		Monat		Jahr	
Beginn	0	1	0	8	1	3
Beendigung	3	0	0	6	1	4

Der Durchführungszeitraum darf maximal 36 Monate betragen.

0002 10/09

1/ 2009

9

4.3 Falls Investitionen in mehreren Jahren durchgeführt werden (max. 36 Kalendermonate)

Aufteilung der Investitionen	
Jahr	Betrag (€)
2013	500.000,00
2014	750.000,00

Nur ausfüllen, wenn unter Punkt 1.3 Ensprechendes angekreuzt wurde.

5. Lohnkostenbezogene Zuschüsse

Anzahl der neu geschaffenen Dauerarbeitsplätze	
• Anzahl der neu geschaffenen Dauerarbeitsplätze, die eines der Kriterien nach Ziffer 2.6.6 Teil II-A des Koordinierungsrahmens erfüllen	
• Summe der Lohnkosten und gesetzlichen Sozialabgaben der neu geschaffenen Dauerarbeitsplätze für den Zeitraum von 2 Jahren (€)	
Förderfähige Lohnkosten insgesamt (€)	

6. Finanzierung

Herkunft der Mittel	Betrag (€)
• Eigenmittel	320.000,00
• Fremdmittel (zu Marktkonditionen; ohne Finanzierungshilfen)	492.500,00
• öffentliche Finanzierungshilfen (z.B. zinsvergünstigter Kredit, über Bürgschaft abgesicherte Kreditsumme, Investitionszulage, Investitionszuschuss)	437.500,00
• Gesamtfinanzierung (mit Nachweis der Durchfinanzierung des Vorhabens – ggf. Bestätigung der Hausbank beifügen)	1.250.000,00

➔ Hinweis: Die Summe der Gesamtfinanzierung muss der Summe der Gesamtinvestitionen entsprechen.

Nicht vom Antragsteller auszufüllen:

Beihilfefreier Eigenbeitrag von mindestens 25 % der Bemessungsgrundlage:

☐ ja ☐ nein

0002 - 0/09

1/ 2009

10

7. Öffentliche Finanzierungshilfen

In der **Gesamtfinanzierung** (Punkt 6) sind folgende öffentliche Finanzierungshilfen enthalten, die beantragt oder bewilligt worden sind oder beantragt werden sollen:

Herkunft der Mittel	☒ bitte ankreuzen ↓	Betrag (€)	Darlehen (€)	Darlehen: Laufzeit in Jahren	Darlehen: davon Freijahre	Darlehen: Zinssatz in %	Darlehen: Effektiver Zinssatz in %	*Nicht vom Antragsteller auszufüllen* Subventionswert in %
Mittel der Gemeinschaftsaufgabe	☒	437.500,00						
• Normalförderung	☐							
• Sonderprogramm) Bezeichnung:	☐							
Finanzierungshilfen des Bundes Bezeichnung:	☐							
Finanzierungshilfen des Landes Bezeichnung:	☐							
Mittel des ERP-Sondervermögens Bezeichnung	☐							
Investitionszulage	☐							
Sonstige öffentliche Finanzierungshilfen Bezeichnung:	☐							
			Darlehenshöhe (€)	Laufzeit in Jahren		Zinszuschuss in %		
Zinszuschuss	☐							

0002 10/09

1/ 2009

To-do-Liste Antragstellung			
Wer?	**Was?**	**Geschätzter Aufwand**	**Bis wann?**
Kb	Merkblatt EU-Definition zu „Unternehmen in Schwierigkeiten“ prüfen, Steuerberater befragen.	1,5 h	10.05.13
Kb	Projektskizze präzisieren – evtl. mit Businessplan kombinieren?	8,0 h	30.05.13
Kb	Liste der Kennzeichnungen und Nummern der amtlichen Statistik aktuell recherchieren und Zuordnung vornehmen.	0,5 h	10.05.13
Kb	Absatzgebiete einschätzen und darauf hinweisen, dass es sich um eine kaufmännisch vorsichtige Schätzung handelt.	2,0 h	10.05.13
Kb	Vorhandene Arbeitsplätze nach m/w und Ausbildungsplätzen prüfen und die voraussichtlich neu geschaffenen Arbeitsplätze in derselben Aufteilung klären.	2,0 h	10.05.13
Kb	Werden Arbeitsplätze verlagert? Wenn ja, wie viele?	0,5 h	10.05.13
Stb/Kb	Kontakt zu Steuerberater aufnehmen und verdiente Abschreibungen der Jahre 2010 – 2012 geben lassen.	0,5 h	10.05.13
Stb/Kb	Gesamtinvestition aufstellen, aufteilen gem. Tabelle unter Punkt 4.1	4,0 h	30.05.13
Stb/Kb	Investitionsplan erstellen und Liquidität prüfen. Wann wird wie viel investiert?	16 h	30.05.13
Stb/Kb	Finanzierung: - Mit Steuerberater und Banken Termine machen, um die Finanzierung zu klären. - Businessplan für Bank erstellen. - Mit dem Steuerberater einen Termin zur Vorbereitung der Rentabilitätsberechnungen vereinbaren. - Können diese Leistungen bezuschusst werden? Beratungszuschüsse prüfen lassen.	40-60 h, Banktermine und Gespräche ausgenommen. Das kann insgesamt mehrere Wochen (!) dauern.	30.05.13
Stb/RA/Kb	Kleingedrucktes der Seiten 12-16 lesen und ggf. mit Rechtsanwalt und Steuerberater hierzu sprechen.	4 h	10.05.13

Kb = Karl Becher
Stb = Steuerberater
RA = Rechtsanwalt

Der oben stehenden To-do-Liste können Sie entnehmen, dass in den einzelnen Aufgaben viel Zeitaufwand steckt, so dass der geplante Investitionsbeginn voraussichtlich nur dann realistisch ist, wenn es keine Komplikationen gibt. Nach Antragstellung ist je nach Arbeitsaufkommen in der Antrag annehmenden Stelle und in Abhängigkeit vom Zeitpunkt der Einreichung mit einem Bearbeitungszeitraum von mehreren Wochen zu rechnen. Behalten Sie die Ferienzeiten des Bundeslandes im Auge bzw. reichen Ihren Antrag nicht unbedingt kurz vor den Weihnachtsfeiertagen oder gar während der Evaluierungsphase um den Jahreswechsel herum ein. In diesen Zeiträumen stockt der Arbeitsfluss erfahrungsgemäß und die Bearbeitungszeiten sind vergleichsweise länger.

Vor diesem Hintergrund ist es empfehlenswert, die zuständige Sachbearbeitung nach den durchschnittlichen Bearbeitungszeiten zu fragen unter der Voraussetzung, dass alle notwendigen Unterlagen zur Prüfung vorgelegt werden und keine nennenswerten Nacharbeiten vom Antragsteller zu erledigen sind. Sie können ganz erheblich dazu beitragen, die Bearbeitungszeiten in der Förderstelle zu verkürzen, indem Sie Ihre Unterlagen vollständig einreichen.

Auch deshalb ist ein funktionierender Kontakt zur Förderstelle vorteilhaft: Rufen Sie bei Schwierigkeiten und auftretenden Fragen dort an und lassen Sie sich helfen, bevor Sie fehlerhaft ausgefüllte Formulare und nur bedingt aussagekräftige Unterlagen einreichen, die zu Rückfragen führen und die Bearbeitungszeit in die Länge ziehen. Je genauer Sie den Antrag erstellen und auf die Anforderungen der Förderstelle zuschneiden, desto kürzer ist die Bearbeitungszeit für Ihre Unterlagen und desto reibungsloser verläuft der Kontakt mit der Förderstelle.

Das Wichtigste in Kürze: Etappe 7 – Formale Antragstellung

1. Besorgen Sie sich sämtliche Formulare, Merkblätter und Hinweise zum Förderprogramm über die zuständige Förderstelle entweder auf der Internetseite oder von Ihrer Sachbearbeitung.
2. Entwickeln Sie eine To-do-Liste anhand der Formulare. Ein Muster finden Sie im Anhang.
3. Rechnen Sie damit, dass Sie einige Tage bis Wochen benötigen, um alle erforderlichen Informationen beizubringen.
   Gehen Sie zusätzlich von einem mehrwöchigen Bearbeitungszeitraum bei der Förderstelle aus. Im Zweifel rufen Sie an und erkundigen sich nach den aktuellen Bearbeitungszeiträumen.

4. Besorgen Sie sich sämtliche Formulare, Merkblätter und Hinweise zum Förderprogramm über die zuständige Förderstelle entweder auf der Internetseite oder von Ihrer Sachbearbeitung.
5. Entwickeln Sie eine To-do-Liste anhand der Formulare. Ein Muster finden Sie im Anhang.
6. Rechnen Sie damit, dass Sie einige Tage bis Wochen benötigen, um alle erforderlichen Informationen beizubringen.
   Gehen Sie zusätzlich von einem mehrwöchigen Bearbeitungszeitraum bei der Förderstelle aus. Im Zweifel rufen Sie an und erkundigen sich nach den aktuellen Bearbeitungszeiträumen.

4.11 Etappe 8 – Förderrechtliches Projektmanagement

1. Projektskizze I erstellen
2. Förderpotenzial prüfen
3. Programme recherchieren
4. Ergebnisse auswerten
5. Kontakt mit der Förderstelle aufnehmen
6. Projektskizze II erstellen
7. Antrag stellen

8. **Mittel anfordern**

9. Troubleshooting

Etappe 8

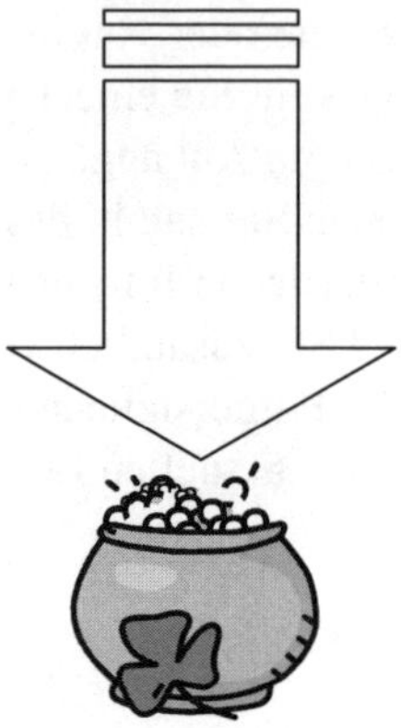

Nach erfolgreicher Antragstellung erhalten Sie von der Förderstelle einen Bescheid. Dieser Bescheid ist die Zusage über die Reservierung der Mittel für Ihr Vorhaben. Sie bekommen die Mittel in der Regel erst ausgezahlt, wenn Sie die Kosten nachweisen. Das wiederum setzt zwingend voraus, dass Sie antragsgemäß entsprechende Liefer- und Leistungsaufträge vergeben und durchführen lassen sowie förderfähige Rechnungen erhalten und bezahlen. Wichtig ist, dass die Rechnungen den Anforderungen der Förderstelle entsprechen. Die äußere Form einer Rechnung richtet sich nach den üblichen Rechnungslegungsvorschriften, die Ihnen als Unternehmer hinlänglich bekannt sind. Die Bezeichnung der einzelnen Rechnungspositionen sollte idealerweise eine unmissverständliche Zuordnung im Hinblick auf die Förderfähigkeit ermöglichen. Um das beurteilen zu können, müssen Sie sich mit den Einzelheiten in Ihrem individuellen Bescheid vertraut machen und sämtliche dazugehörenden Nebenbestimmungen durcharbeiten.

Falls Ihnen nach der Prüfung der Förderbestimmungen nicht klar sein sollte, wie die relevanten Belege aussehen müssen, sollten Sie diese zentrale Frage unbedingt klären, *bevor* Sie formale Fehler machen. Formale Fehler kosten unterm Strich Ihre Zeit und meistens auch Ihr Geld. Belege und Nachweise, die nicht den Anforderungen der Förderstelle entsprechen, ziehen in der Praxis eine Kürzung der Mittel nach sich. Schlimmstenfalls können die Mittel sogar komplett versagt werden.

Die Mittelauszahlung ist außerdem an weitere Bedingungen geknüpft, die es zu erfüllen gilt. Ihre erste Aufgabe im förderrechtlichen Projektmanagement besteht deshalb darin, den Bescheid mit allen Anlagen zu prüfen. Stimmen die formalen Angaben? Welche Bedingungen sind zu erfüllen? Welche Fristen und Termine sind einzuhalten? Wie erfolgt die Mittelanforderung und welche Nachweise sind zu erbringen? Wie müssen diese Nachweise aussehen? Unter Umständen ergeben sich aus dem Bescheid Notwendigkeiten, die Buchhaltung konkret zu ändern, damit die Nachweisführung in der geforderten Form erfolgen kann. Markieren Sie die relevanten Punkte und erstellen Sie eine weitere To-do-Liste.

Tragen Sie Termine in Ihren Kalender ein und sorgen Sie für deren Einhaltung. Im Folgenden sehen Sie eine Förderzusage für den Beispielfall der Becher GmbH, in der die relevanten Passagen markiert sind. Anschließend sind die sich ergebenden Aufgaben, Fristen und Termine in einer verkürzten To-do-Liste dargestellt.

Fallbeispiel: To-do-Liste der Becher GmbH

Textauszüge Bescheid	To-do	Frist/Termin
Sehr geehrter Herr Becher, auf Ihren Antrag vom 04.06.2013 hin wird Ihnen für den nachfolgend beschriebenen Zuwendungszweck ein Investitionszuschuss von höchstens 437.500,00 EUR (in Worten: vierhundertsiebenunddreißigtausend fünfhundert) bewilligt. Die Abtretung von Ansprüchen des Zuwendungsempfängers aus diesem Bescheid ist ausgeschlossen.	Abtretung nicht gestattet. Vereinbarungen hinsichtlich dieses Punktes ausschließen.	Fortlaufend
I. Zuwendungszweck Die Zuwendung wird unter Zugrundelegung des Finanzierungsplanes gemäß Abschnitt V. für die Errichtung der oben genannten Betriebsstätte der Herstellung von Fertigerzeugnissen aus Kunststoffen gewährt, in Verbindung mit der Schaffung von 9 Dauerarbeitsplätzen (7 Vollzeitplätze und 1 Ausbildungsplatz, der wie 2 Vollzeitplätze bewertet wird) (…)	Stellenausschreibungen vorbereiten	In der Endphase des Baus, ca. März 2014

Textauszüge Bescheid	To-do	Frist/Termin
Beginn eines Vorhabens ist der Abschluss eines der Ausführung zuzurechnenden Liefer- oder Leistungsvertrages. Bei Baumaßnahmen geiten Grunderwerb, Planung und Bodenuntersuchung nicht als Vorhabensbeginn.	Liefer- und Leistungsverträge prüfen	Sofort
I. Bewilligungszeitraum Der Zuschuss kann für Ausgaben des Zuwendungszwecks längstens bis zum 31.05.2014 (Bewilligungszeitraum) verwendet werden. Unter Bewilligungszeitraum ist der Zeitraum zu verstehen, währenddessen das zu fördernde Projekt materiell und finanziell abzuwickeln ist. Der Bewilligungszeitraum ist grundsätzlich nur eingehalten, wenn - das Vorhaben innerhalb des Bewilligungszeitraumes abgeschlossen wird, - sämtliche anfallende Rechnungen innerhalb des Bewilligungszeitraumes bezahlt werden und - sämtliche Ihnen aufgrund der tatsächlichen Ausgaben zustehenden Fördermittel innerhalb des Bewilligungszeitraumes angefordert werden. Die Einhaltung des Bewilligungszeitraumes ist eine Auflage, deren Nichterfüllung zum Widerruf dieses Zuwendungsbescheides und zur Rückforderung ausgezahlter Fördermittel führen kann. (...) Die Bewilligungsbehörde kann den Bewilligungszeitraum – regelmäßig auf Antrag hin – nach pflichtgemäßem Ermessen und nach Maßgabe der haushaltsrechtlichen Bestimmungen verlängern.	Fortgang der Arbeiten überwachen - fristgerechte Zahlung der Rechnungen sicherstellen - Mittelanforderungen rechtzeitig einreichen - falls der Durchführungszeitraum nicht ausreicht, rechtzeitig Verlängerung beantragen	Fortlaufende Bearbeitung bis zum 31.05.2014

Textauszüge Bescheid	To-do	Frist/Termin
III. Rechtliche Grundlagen Die Gewährung der Zuwendung erfolgt auf der Grundlage - des Haushaltsgesetzes des Landes Hessen in der jeweils gültigen Fassung, (...) Die in der Anlage beigefügten Allgemeinen Nebenbestimmungen für Zuwendungen zur Projektförderung (ANBest-P) und die Erläuterungen und Bestimmungen aufgrund der Förderung produktiver Investitionen aus dem "Europäischen Fonds für regionale Entwicklung" sind Teil dieses Zuwendungsbescheides, soweit nicht im Folgenden ausdrücklich etwas anderes festgelegt wird.	ANBest-P durcharbeiten und To-do-Liste erstellen	Sofort
IV. Investitionsvorhaben Für die Durchführung des Vorhabens gilt folgender Investitionsplan: Bauliche Investitionen 300.000,00 EUR* Grundstücke 250.000,00 EUR Maschinen und Einrichtungen 700.000,00 EUR Insgesamt 1.250.000,00 EUR Förderfähige Investitionssumme: 1.250.000,00 EUR effektiver Fördersatz: 35 % *) Gemäß Förderpraxis des Landes Hessen werden Baunebenkosten bis zu einer Höhe von 10 %, bezogen auf die förderfähigen Baukosten, als förderfähig anerkannt. Der effektive Fördersatz für die Berechnung des Investitionszuschusses aus der Gemeinschaftsaufgabe ergibt sich unter Heranziehung aller Subventionswerte und Finanzierungshilfen.	Baunebenkosten kontrollieren. Klären, was zu den Baunebenkosten gehört. Aufträge und Rechnungen daraufhin prüfen.	Fortlaufend

Textauszüge Bescheid	To-do	Frist/Termin
V. Finanzierung Wir weisen darauf hin, dass der Zuwendungszweck auch dann verletzt wird, wenn außer den bei der Ermittlung des Fördersatzes berücksichtigten öffentlichen Finanzierungshilfen weitere Beihilfen in Anspruch genommen bzw. beantragt wurden. Veränderungen bei der Finanzierung, die sich auf die Subventionierung des Investitionsvorhabens auswirken, sind unverzüglich mitzuteilen.	Finanzierungsfördermittel auf Subventionswert prüfen. Bank fragen, KfW anrufen. Ggf. Information an Förderstelle rausgeben.	Sofort
Für die Finanzierung des Vorhabens gilt folgender Finanzierungsplan, der Teil des Zuwendungszweckes ist: Kredit/Privatdarlehen: 813.000,00 EUR Investitionszuschuss (gerundet) 437.000,00 EUR insgesamt 1.250.000,00 EUR		
Die Zuschussquote beträgt 35 %.	Kontrolle Zuschussquote, Baufortschritt und Kosten im Auge behalten.	Fortlaufend
VI. Anforderung des Zuschusses Der bewilligte Zuschuss steht Ihnen wie folgt zur Verfügung: - aus Mitteln für 2013, abrufbar bis zum 31.10.2013 mit einem Betrag von 175.000,00 EUR - aus Mitteln für 2014, abrufbar bis zum 31.05.2014 mit einem Betrag von 262.000,00 EUR	Werte prüfen	Sofort
Sie haben die Möglichkeit, vor Ablauf des jeweiligen Haushaltsjahres die zeitliche Verschiebung Ihres Zuschussbedarfs mitzuteilen und eine Änderung der Mittelbereitstellung zu beantragen. Ein Rechtsanspruch auf Verlängerung der Abruffrist oder auf Übertragung der Mittel in Folgejahre besteht jedoch nicht. Der Zuschuss kann erst ausgezahlt werden, wenn dieser Bescheid bestandskräftig geworden ist.	Ggf. Antrag auf Änderung stellen.	30.09.2013

Textauszüge Bescheid	To-do	Frist/Termin
Der Bescheid wird einen Monat nach Bekanntgabe bestandskräftig, sofern Sie keinen Widerspruch erhoben haben. Sie können die Bestandskraft sofort herbeiführen, indem Sie mit beiliegendem Formblatt auf die Einlegung von Rechtsbehelfen verzichten. Spätestens mit der ersten Mittelanforderung müssen vorliegen:	Nach Bescheidprüfung Bestandskraft vorzeitig herbeiführen	20.07.2013
- Erklärung über den Empfang des Zuwendungsbescheides, ausgefüllt und rechtsverbindlich unterschrieben - das beiliegende Unterschriftsprobenblatt	Empfangsbestätigung und Unterschriftenprobenblatt zur Förderstelle schicken	20.07.2013
Weiterhin müssen folgende Unterlagen unverzüglich nachgereicht werden:		
- Sofern andere Darlehen zur Vorhabensdurchführung abgeschlossen werden, sind diese unverzüglich unter Darstellung der geänderten Gesamtfinanzierung vorzulegen.	Bei Zwischenfinanzierung prüfen	Ggf. zum 31.12.2013 im Zuge der Zwischen-finanzierung
- Nach Erhalt des Zuwendungsbescheides ist jährlich zum 30.09. unaufgefordert die aktuelle Bilanz bzw. der Jahresabschluss einschließlich Anlagenspiegel, bestätigt durch den Steuerberater/Wirtschaftsprüfer, vorzulegen. Diese Berichtspflicht endet mit dem 30.09. des fünften Kalenderjahres nach Auszahlung des Gesamtzuschusses	JA jährlich einreichen	30.09.2014 Bis 30.09.2019
VII. Verwendungsnachweis Die Verwendung der Zuwendung ist innerhalb von sechs Monaten nach der letzten Auszahlung des Zuschusses, spätestens jedoch mit Ablauf des sechsten auf den Bewilligungszeitraum folgenden Monats nachzuweisen. Der beigefügte Vordruck ist vollständig bearbeitet, vom Zuwendungsempfänger unterschrieben und vom Wirtschaftsprüfer bzw. Steuerberater testiert, einzureichen.	Letzte Auszahlung abwarten, dann Verwendungsnachweis erstellen. Vordruck liegt bei.	31.05.2014

Textauszüge Bescheid	To-do	Frist/Termin
VIII. Sonstige Nebenbestimmungen Die nachstehend genannten förderrechtlichen Verpflichtungen gelten, soweit nichts anderes bestimmt ist, für einen Zeitraum von fünf Jahren nach Abschluss des Investitionsvorhabens (Zweckbindungszeitraum). Unter dem Abschluss des Investitionsvorhabens wird regelmäßig der Zeitpunkt der letzten Auszahlung von Investitionszuschüssen verstanden. Der Zuschuss wird unter folgenden weiteren Nebenbestimmungen bewilligt:	Zweckbindungszeitraum 5 Jahre	Fristablauf Voraussichtlich 31.12.2019
1. Die durch Investitionszuschüsse geförderten Wirtschaftsgüter müssen während des Zweckbindungszeitraumes in der geförderten Betriebsstätte verbleiben, es sei denn, sie werden durch gleich- oder höherwertige Wirtschaftsgüter ersetzt. 2. Die Verpflichtung zur Einhaltung des Bewilligungszeitraumes stellt eine Auflage dar, deren Nichterfüllung (…) zum Widerruf dieses Zuwendungsbescheides und damit verbunden zur Rückforderung ausgezahlter Fördermittel führen kann. 3. Für die Anforderung der Mittel gelten insbesondere folgende Auflagen:	WG müssen im Betrieb bleiben oder durch mindestens gleichwertige WG ersetzt werden.	Frist 31.12.2019
b) Der Zuschuss darf (abweichend der den AnBest-P) nur soweit und nicht eher angefordert werden, als er für bereits bezahlte Rechnungen benötigt wird. Die Anforderung hat innerhalb des Bewilligungszeitraumes zu erfolgen. c) Mit jeder Anforderung von Zuschüssen ist eine Auflistung aller tatsächlich getätigten Einzelinvestitionen von Beginn der Maßnahme an beizufügen (siehe Vordruckmuster Mittelanforderung). Bauinvestitionen, Maschinen und Ausrüstungen sowie sonstige Investitionen sind getrennt aufzuführen.	Mittelanforderung erst nach Zahlung möglich. Klären, wie viele Mittelanforderungen gemacht werden dürfen. Mustervordruck verwenden. Gibt es den auch digital? Wie müssen die Rechnungen aussehen?	01.08.2013

Textauszüge Bescheid	**To-do**	**Frist/Termin**
Die Aufstellung muss durch einen Wirtschaftsprüfer oder Steuerberater sachlich und rechnerisch richtig bestätigt werden. Sofern es absehbar ist, dass die letzte zum Investitionsvorhaben gehörende Mittelanforderung nicht rechtzeitig vorgenommen werden kann, ist dieser Sachverhalt unverzüglich und unter Angabe der Gründe schriftlich anzuzeigen.	Steuerberater wg. Bestätigung fragen Zeitpunkt letzte Mittelanforderung berücksichtigen, ggf. Kontakt zur Förderstelle aufnehmen	01.08.2013 ca. 15.04.2014
Während des Zweckbindungszeitraumes müssen die mit Ihrem Antrag zugesicherten insgesamt 9 Arbeitsplätze tatsächlich dauerhaft im Jahresdurchschnitt besetzt sein oder zumindest auf dem Arbeitsmarkt dauerhaft angeboten werden. Jährlich, beginnend per 30.09. nach Abschluss des Investitionsvorhabens, ist unaufgefordert über die Entwicklung der Arbeitsplätze und ihre Besetzung gemäß beiliegendem Formblatt (Anlage) zu berichten. Diese Angaben sind subventionserheblich im Sinne § 264 StGB (Subventionsbetrug). Diese Berichtspflicht endet mit dem 30.09. des fünften Kalenderjahres nach der Auszahlung des Gesamtzuschusses.	- Arbeitsplatzkontrolle Nach Abschluss der Investition - jährliche Meldung zum 30.09.	01.06.2014 Ab 30.09.2014 bis 30.09.2019
Bewegliche und/oder unbewegliche Sachen, die mit Hilfe des Zuschusses beschafft (erworben oder hergestellt) worden sind, sind in der Bilanz zu aktivieren.	Verbuchung mit Steuerberater klären	01.08.2013
Für die geförderten Wirtschaftsgüter sind in der Buchführung Unterkonten einzurichten. Diese sollen eine erleichterte Verwendungsnachweisprüfung ermöglichen.	Buchführungshinweise mit Steuerberater klären	01.08.2013
Alle das Vorhaben betreffenden Belege sind entweder in Urschrift oder als beglaubigte Abschrift bis zum 31.12.2022 aufzubewahren.	Belege aufbewahren	Fristablauf 31.12.2022

Textauszüge Bescheid	To-do	Frist/Termin
Sie haben Aufträge nur an fachkundige und leistungsfähige Anbieter nach wettbewerblichen Gesichtspunkten zu wirtschaftlichen Bedingungen zu vergeben. Vorrangig sind dabei Anbieter der Region zu berücksichtigen. Soweit möglich, sind mindestens drei Angebote einzuholen.	Regionale Anbieter nutzen soweit wirtschaftlich sinnvoll	Fortlaufend
Laut der Verordnung (EG) Nr. 1828/2006 (...) ist ein Hinweisschild während der Durchführung der Baumaßnahmen zum Investitionsvorhaben aufzustellen. Spätestens sechs Monate nach Abschluss der Investitionen ist eine permanente, gut sichtbare Erläuterungstafel von signifikanter Größe anzubringen. Auf dieser Erläuterungstafel ist darauf hinzuweisen, dass das Vorhaben im Rahmen der Gemeinschaftsaufgabe zur „Verbesserung der regionalen Wirtschaftsstruktur" mit Mitteln des Landes Hessen und der Bundesrepublik Deutschland in Verbindung mit Mitteln des „Europäischen Fonds für regionale Entwicklung (EFRE)" gefördert wird.	Bauschild anfertigen lassen Erläuterungstafel anfertigen lassen	Sofort 31.05.2014

Die Aufgaben übertragen Sie in Ihre Terminverwaltung, so dass die verkürzte To-do-Liste nach Terminen und Fristen geordnet erheblich übersichtlicher wird. Anbei beispielhaft ein Auszug der verkürzten Liste. Fristen und Termine unterscheiden sich hinsichtlich Ihrer Konsequenzen. Während Termine von Ihnen selbst gesetzte Daten sind, sind Fristen von der Förderstelle vorgegeben. Versäumte Fristen ziehen in der Regel spürbare Konsequenzen nach sich, versäumte Termine sind diesbezüglich unkritisch. Darum ist es sinnvoll, die To-do-Liste entsprechend zu präparieren, um die sensiblen Daten präsent zu haben.

Fallbeispiel: Chronologisch sortierte To-do-Liste der Becher GmbH

Frist/Termin	To-do
Sofort	ANBest-P durcharbeiten und To-do-Liste erstellen
Termin 01.08.2013	Klärung Rechnungsstellung mit Lieferanten
Termin März 2014	Stellenausschreibungen vorbereiten
FRIST Fortlaufend bis zum 31.05.2014	Baunebenkosten kontrollieren. Klären, was zu den Baunebenkosten gehört. Aufträge und Rechnungen daraufhin prüfen.
FRIST Fortlaufende Bearbeitung bis zum 31.05.2014	Fristgerechte Zahlung der Rechnungen sicherstellen
FRIST Fortlaufende Bearbeitung bis zum 31.05.2014	Mittelanforderungen rechtzeitig einreichen
FRIST Fortlaufende Bearbeitung bis zum 31.05.2014	Falls der Durchführungszeitraum nicht ausreicht, rechtzeitig Verlängerung beantragen

4.11.1 Koordination der Inhalte und Beteiligten

Nachdem die To-do-Listen erstellt sind, haben Sie einen Projektüberblick in Kurzform in der Hand. Was jetzt folgt, ist das aktive förderrechtliche Projektmanagement. Diese Phase hat überwiegend administrativen und verwaltenden Charakter. Je größer und langwieriger Ihr Vorhaben ist, desto mehr Zeit wird das Projektmanagement in Anspruch nehmen. An dieser Stelle können Sie auch einen zuverlässigen Mitarbeiter einsetzen, der Ihnen einen Teil der Aufgabenverwaltung abnimmt und Sie auf dem Laufenden hält, an Fristen erinnert und erforderliche Formulare vorbereitet. Empfehlenswert ist es, die Aufgaben nach Terminen zu sortieren und sie auf diese Weise chronologisch im Griff zu behalten. Aus Aufgaben, die inhaltlich eng zusammenhängen, lässt sich oft ein Arbeitsablauf konstruieren, der dann fester Bestandteil bei der Projektsteuerung ist. Prüfen Sie Ihre To-do-Liste auf Möglichkeiten, Aufgaben zu koppeln. Das erspart langfristig enorm viel Zeit.

Aus dem Bescheid der Becher GmbH ergibt sich unter anderem, dass Belege, die die Investition betreffen, gesondert zu verbuchen sind. Sie müssen also dafür sorgen, dass die Buchhaltung Kenntnis davon bekommt, welcher Beleg zu welchem Wirtschaftsgut gehört. Deshalb ist es sehr zu empfehlen, dass Sie die Kostenzuordnung bei Eingang der Rechnungen selber vornehmen und bei der Zahlung der Rechnungen den Verwendungszweck sorgfältig angeben. Nur so kann die Buchhaltung eine korrekte Verbuchung im Sinne der geforderten Transparenz vornehmen.

Wenn Sie die Buchhaltung nicht selber erstellen, sondern extern vergeben haben, dann ist es dringend ratsam, mit der zuständigen Person über die Anforderungen der Förderstelle an die Buchhaltung zu sprechen. Stellen Sie den Förderbescheid mit allen Nebenbestimmungen zur Verfügung und besprechen Sie die relevanten Punkte. Gegenüber der Förderstelle sind alleine Sie dafür verantwortlich, dass die Belege, die die Grundlage für die Mittelauszahlung darstellen, neben den üblichen handels- und steuerrechtlichen Anforderungen insbesondere auch den Anforderungen der Förderstelle entsprechen.

Tipp

Gehen Sie nicht ungeprüft davon aus, dass der zuständige Buchhalter durchgängig selbständig erkennen kann, ob die Kosten auf einer Rechnung förderfähig sind oder nicht. Das würde voraussetzen, dass der Buchhalter die Details Ihres Bescheides komplett präsent hat. Vergessen Sie nicht, dass Sie gegenüber der Förderstelle letztendlich die Verantwortung für eine korrekte Kostenaufstellung tragen. Es hat sich bewährt, wenn Sie als Zuwendungsempfänger die relevanten Belege ***selber*** hinsichtlich der Einstufung zur Förderfähigkeit bearbeiten. Sprechen Sie die Buchungshinweise regelmäßig mit der Buchhaltung durch. Auf diese Weise tun Sie Ihr Möglichstes, dass die Verbuchung korrekt verläuft.

Fallbeispiel: Aufteilung Kosten für die Buchhaltung der Becher GmbH

Im Bescheid ist u.a. festgelegt, dass Baunebenkosten bis zu einer Höhe von 10 % der Baukosten förderfähig sind. Also sind die Baunebenkosten gesondert zu verbuchen und regelmäßig auf die 10 %-Grenze zu prüfen. Zunächst einmal müssen Sie in Erfahrung bringen, was im Sinne der Förderbestimmungen als Baunebenkosten eingestuft wird. Sie werden die Informationen in den ANBest-P finden oder können sich explizit mit Ihrer Sachbearbeitung bei der Förderstelle in Verbindung setzen. Wenn Sie wissen, was als Baunebenkosten einzustufen ist, prüfen Sie die eingehenden Belege der Baufirmen daraufhin und markieren die Rechnungspositionen nach Baunebenkosten und Baukosten. Besprechen Sie die Zuordnung mit der Buchhaltung. Die Buchhaltung verbucht die Rechnung dann entsprechend und weist die Kostenarten auf unterschiedlichen Buchhaltungskonten aus. Anhand der Auswertungen der laufenden Buchhaltung können Sie jetzt prüfen, ob die 10 %-Grenze eingehalten wird.

4.11.2 Mittelanforderung und Verwendungsnachweis

Je nach Projekt haben Sie es mit unterschiedlich konzipierten Mittelanforderungen und Verwendungsnachweisen zu tun. Die Mittelanforderung stellt das Formblatt dar, in dem die wichtigsten Informationen zum Projekt und der Höhe des angeforderten Betrages stehen. Der Verwendungsnachweis ist eine Aufstellung der Einzelkosten, die zusammengenommen die Summe ergeben, die in der Mittelanforderung eingetragen ist (siehe Beispiele „Mittelanforderung" und „Verwendungsnachweis" auf den folgenden beiden Seiten).

In den seltenen Fällen, in denen Anträge auf Förderung erst nach Fertigstellung eines Vorhabens gestellt werden, fallen Antragstellung, Mittelanforderung und Verwendungsnachweis zusammen in einen Arbeitsgang, manchmal sogar in ein einziges Formular. Bei langwierigen Projekten, die darüber hinaus auch ein größeres Volumen haben und mehrere Kostenarten unter einen Hut bringen müssen, sind die Formulare für die Mittelanforderungen in der Regel umfangreicher als bei Projekten, in denen es lediglich um eine Kostenart geht, wie es z.B. bei Beratungszuschüssen, Weiterbildungszuschüssen oder Zuschüssen für energetische Investitionen der Fall ist. Die Mittelanforderungen fragen formale Daten ab. Dazu gehören die Kontaktdaten des Antragstellers, Projektnummer bei der Förderstelle, Bemessungsgrundlage der Förderung nebst Auflistung der relevanten Kosten unter Angabe der Zahlbeträge, gezogene Skonti, gewährte Rabatte, Lieferanten, Liefergegenstände und Leistungszeiträume. In vielen Fällen sind Originalrechnungen einzureichen, bei umfangreichen Projekten werden die Belege stichprobenartig bzw. sporadisch zur Einsicht angefordert. Die Mittelanforderungen und Verwendungsnachweise sind die zentralen Punkte, um die sich das gesamte förderrechtliche Projektmanagement dreht. Dort laufen alle Informationen zusammen, die aus Fördersicht von ausschlaggebender Bedeutung sind. Eine sorgfältige Bearbeitung ist zwingend erforderlich.

Mittelanforderung

Name: Becher GmbH
Straße: In den Hügeln 3
PLZ: 37290
Ort: Meißner
Tel.: 05657/12345

Projektnummer: **231412/223**
Zuwendungsbescheid vom: 15.07.2013
Letzter Änderungsbescheid vom: XXXXXX

Wir bitten um Überweisung der im o.g. Zuwendungsbescheid bewilligten Mittel

in Höhe von **12.110,00 €**

an: Becher GmbH
auf das Konto: 01234567
BLZ: 0123456
Bank: Meißner Bank

Die Mittelanforderung ergibt sich aus der folgenden Übersicht:

	Förderfähige Investitionsausgaben (EUR)	**anteiliger Zuschuss (EUR)**
Bewilligter Betragsumfang lt. Zuwendungsbescheid bzw. letztem Änderungsbescheid	1.250.000,00 €	437.500,00 €
Ohne Berücksichtigung dieser Mittelanforderung bisher nachgewiesene Ausgaben zum Fördervorhaben	0,00 €	0,00 € (bisher erhaltene Zuschussmittel)
Angefallene Ausgaben, für die jetzt der anteilige Zuschuss angefordert wird	34.600,00 €	12.110,00 € (jetzige Mittelanforderung)

Erklärungen:
Ich/Wir bestätige(n) hiermit folgende Punkte:

- Die in der vorliegenden Mittelanforderung abgerechneten Investitionen sind keine Ersatzinvestitionen und wurden nicht bereits im Rahmen der GRW bezuschusst oder erfahren eine Förderung aus einem anderen Förderprogramm.
- In der vorliegenden Mittelanforderung sind keine gemäß geltenden Programmrichtlinien inklusive aller Nebenbestimmungen ausgeschlossenen Investitionen aufgeführt (z.B. Fahrzeuge, Ersatzinvestitionen, Wirtschaftsgüter, die nicht Bestandteil des Vorhabens sind).
- Die geltend gemachten Ausgaben beinhalten keine Umsatzsteuer und werden gemäß Steuerrecht im Anlagevermögen aktiviert.

Mir/Uns ist bekannt, dass die gemachten Angaben subventionserhebliche Tatsachen im Sinne des § 264 StGB darstellen.

Ort, Datum	rechtsverbindliche Unterschrift gem. Unterschriftskarte, Firmenstempel

Mittelanforderung Nr. 1
Datum: 27.09.2013
Antragsteller: Becher GmbH
Projekt-Nr.: 231412/223

Rechnungs-Nr.	Rechnungs-Datum	Bezahldatum	Lieferant	Liefer-/Leistungs-gegenstand	Rechnungs-betrag netto	Kürzungen	Zahlbetrag netto	Kosten-zuordnung
13452	15.08.2013	30.08.2013	Fa. Protec GmbH	Dämmmaterial Außenwände	2.400,00 €	0,00 €	2.400,00 €	Baukosten
5-65-A2	17.08.2013	30.08.2013	Ingenieurbüro Jaap	Planung Produktions-straße	4.120,00 €	82,40 €	4.037,60 €	Bau-NK
2013/514	18.08.2013	30.08.2013	Erdbewegung Kauls	Fundament-aushub	6.500,00 €	0,00 €	6.500,00 €	Bau-NK
13460	20.09.2013	04.10.2013	Fa. Protec GmbH	Dämmung Bodenplatte	18.500,00 €	0,00 €	18.500,00 €	Baukosten
10122465	20.09.2013	11.10.2013	Viktor Büro	Büromöbel Verwaltung	3.300,00 €	66,00 €	3.234,00 €	Innenaus-stattung
Summe							34.671,60	
Gerundet auf volle 100,00 €							34.600,00 €	
Anwendbarer Fördersatz 35% = Höhe der Mittelanforderung							12.110,00 €	

4.11.3 Dokumentation und Berichtspflicht

In Abhängigkeit vom Projekt und den Bedingungen sind Dokumente und Berichte zu verfassen. In aller Regel gibt es auch dafür Musterformulare. Typisch bei Investitionsprojekten ist die Fertigung von Berichten zum Projektfortschritt. Die Texte hierzu sehen korrespondierend zum Vorhaben sehr individuell aus. Im Kern der Projektberichte stehen selbstverständlich die geförderten Sachverhalte. Klären Sie auch hier bei Zweifeln mit Ihrer Förderstelle, wie ein solcher Bericht aufgebaut sein muss und welche Informationen aus ihm hervorgehen sollen. Am Beispiel der Becher GmbH wird jeweils mit einer Mittelanforderung ein Kurzbericht zum Projektfortschritt mitgeliefert. Diesen können Sie nach Absprache mit der Förderstelle im Anschreiben direkt mit einarbeiten, falls er nicht in ein gesondertes Formular einzutragen ist. Im Folgenden lesen Sie (am Fallbeispiel der Becher GmbH) ein Anschreiben an die Wirtschafts- und Infrastrukturbank Hessen, in dem ein Kurzbericht zum Projektfortschritt formuliert ist.

Wirtschafts- und Infrastrukturbank Hessen (WiBank)
z.H. Carola Janson
Niederlassung Kassel
Wilhelmsstraße 2
34117 Kassel

Meißner, 27.09.2013

1. Mittelanforderung zum Investitionsvorhaben Betriebserweiterung/Errichtung einer weiteren Betriebsstätte der Becher GmbH in 37290 Meißner

Projektnummer:	**231412/223**
Zuwendungsbescheid vom:	15.07.2013

Sehr geehrte Frau Janson,

anbei erhalten Sie die Unterlagen zur 1. Mittelanforderung des oben näher bezeichneten Projekts. Gleichzeitig möchten wir Ihnen einen kurzen Überblick über den Projektfortschritt geben:

Wir konnten bereits im August mit dem Projekt starten, so dass wir mehr als gut in der Zeit liegen. Für die Erweiterung unseres Firmensitzes konnten wir ein Grundstück in der unmittelbaren Nachbarschaft erwerben. Die ersten Investitionen sind bereits getätigt. Die ersten Erdbewegungen sind erfolgt und es wurden bereits erste Materiallieferungen realisiert. Insgesamt liegt der Projektfortschritt bezogen auf das Gesamtvolumen bei knapp drei Prozent. In Kürze erwarten wir die nächsten Lieferungen, um den Rohbau zu starten. Fotos vom Projektfortschritt habe ich den Unterlagen beigefügt.

Bei Rückfragen zur Mittelanforderung oder zum Projekt stehe ich Ihnen selbstverständlich gerne zur Verfügung.

Mit freundlichen Grüßen

Karl Becher
-Becher GmbH-

Das Wichtigste in Kürze: Etappe 8 – Förderrechtliches Projektmanagement

1. Prüfen Sie Ihre Förderzusage mit allen Anlagen und erstellen Sie eine To-do-Liste.
2. Richten Sie Termine mit Erinnerungsfunktion in Ihrem Terminkalender ein oder erstellen Sie eine To-do-Liste für Fristen und Termine.
3. Termine sind selbst gesetzte Daten. Fristen sind von der Förderstelle vorgegeben und ziehen meistens (finanziell) spürbare Konsequenzen nach sich.
4. Bündeln Sie das förderrechtliche Projektmanagement möglichst auf eine Einzelperson, die für die Einhaltung der Fristen und Termine sorgt, Erinnerungen gibt, verwaltende und administrative Aufgaben abarbeitet.
5. Sie müssen in Vorleistung gehen. Mittel werden erst ausgezahlt, nachdem Sie die bezahlten Kosten nachgewiesen haben.
6. Belege und Nachweise, die formal nicht den Anforderungen der Förderstelle entsprechen, ziehen im schlimmsten Fall eine Kürzung der Mittel nach sich.
7. Achten Sie darauf, dass die Rechnungen Ihrer Lieferanten den Anforderungen der Förderstelle entsprechen: Die Bezeichnung der Positionen auf den Rechnungen sollte idealerweise eine eindeutige Zuordnung auf die Förderfähigkeit ermöglichen.

8. Empfehlenswert ist, dass Sie die Zuordnung der Lieferantenrechnung auf die förderfähigen Wirtschaftsgüter selber vornehmen, damit die Buchhaltung korrekt verbuchen kann. Die Auszüge aus der Buchhaltung dienen später als Nachweis zu Prüfung der Richtigkeit der angeforderten Mittel.
9. Reden Sie mit dem Buchhalter, der die Belege verbucht, und binden ihn mit ein. Erläutern Sie ihm die für die Verbuchung relevanten Punkte aus dem Förderbescheid.
10. Die Verantwortung für die korrekte Kostenzuordnung hinsichtlich der Förderfähigkeit bleibt bei Ihnen, auch wenn Sie die Buchhaltung außer Haus geben.
11. Umfangreiche Projekte haben ein umfangreiches Formularwesen.
12. Mittelanforderungen und Verwendungsnachweise sind die zentralen Punkte, um die sich das gesamte förderrechtliche Projektmanagement dreht.
13. Falls Berichte gefordert werden, klären Sie mit der Förderstelle, wie diese aufgebaut sein sollen. Das ist ein praktischer Anknüpfungspunkt für die Kontaktpflege.

4.12 Etappe 9 – Troubleshooting: Schadensbegrenzung durch vorausschauendes Handeln

1. Projektskizze I erstellen
2. Förderpotenzial prüfen
3. Programme recherchieren
4. Ergebnisse auswerten
5. Kontakt mit der Förderstelle aufnehmen
6. Projektskizze II erstellen
7. Antrag stellen
8. Mittel anfordern

9. **Troubleshooting**

Etappe 9

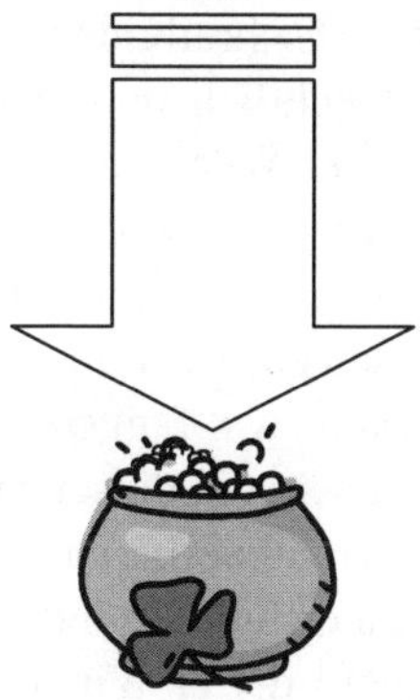

Vorausgesetzt, Sie haben die 8 Schritte bis zur Auszahlung der beantragten Mittel umsichtig vorbereitet, Mittelabrufe korrekt eingereicht und die Unterlagen wie gefordert zur Aufbewahrung archiviert, dann sollte es zu keinen Konflikten im Nachgang eines geförderten Projektes kommen. Gleichwohl müssen Sie damit rechnen, dass Ihr Vorgang erneut kontrolliert wird, dieses Mal nicht von Ihrer zuständigen Förderstelle, sondern von der Stelle, die ihr übergeordnet ist. In welchem Zeitraum und von welcher Stelle Kontrollen vorgenommen werden können, ist Ihrem Zuwendungsbescheid zu entnehmen. Wie Sie inzwischen wissen, ist eine der Bedingungen zur Nutzung öffentlicher Mittel, dass die Verwendung transparent und nachprüfbar ist. Diese Bedingung gilt auch für Sie.

Welches Projekt oder welche Firma geprüft wird, hängt von unterschiedlichen Faktoren ab. Manchmal werden Projekte herausgegriffen, die durch ein vergleichsweise hohes Zuschussvolumen ins Auge fallen oder einen konzeptionell besonders interessanten Schwerpunkt aufweisen. Ein anderes Mal werden willkürliche Stichproben unabhängig von der Größe und Art der Investition gemacht. Darüber hinaus werden sich Prüfungskommissionen bei Ihnen anmelden, wenn Unregelmäßigkeiten in der Projektdurchführung sowie Mittelverwendung aufgefallen sind.

Nun können Prüfer auf ganz unterschiedliche Unregelmäßigkeiten stoßen, die sie zum Anlass für eine Detailprüfung nehmen. Ein typischer Fall ist, dass durch Routinekontrollen der eingereichten Unterlagen des Projektes Ungereimtheiten im Zahlungsverkehr auffallen. Rechnungen, die in Abschlägen gezahlt werden und über diverse Skontoabzüge, Rabatte und Verrechnungen in der Buchhaltung für einen Fremden nicht ohne Weiteres nachzuprüfen sind, sind ein gerne genommener Einstieg in eine Projektprüfung. Auch führen häufig korrigierte Mittelanforderungen oder nicht ordnungsgemäße Rechnungen regelmäßig zu Prüfungsanordnungen.

Weiterer Anlass für Prüfungen können die unterschiedlichen handelsrechtlichen und steuerrechtlichen Vorschriften zur Aktivierung eines Wirtschaftsgutes sein. Kurz zusammengefasst lässt sich sagen: Sobald ein Wirtschaftsgut „aktiviert", also buchhalterisch als fertig und nutzbar ausgewiesen wird, kann es abgeschrieben werden. Durch Abschreibungen verlieren Wirtschaftsgüter an (Buch-) Wert. Dabei gibt es handelsrechtlich und steuerrechtlich unterschiedliche Ansätze. So kann es passieren, dass der Wert eines Anlagevermögens in Ihrer Bilanz nicht mit dem aus Fördersicht zu erwartenden Wert übereinstimmt – und auch gar nicht übereinstimmen kann. Welcher Ansatz der richtige ist bzw. wie sich diese Differenzen im Detail zusammensetzen, ist immer wieder Gegenstand erklärungsbedürftiger Sachverhalte. Sie merken, wir fangen an, uns auf steuer-, handels- und förderrechtliches Glatteis zu begeben. An dieser Stelle wird deutlich, wie wichtig die Einbindung des Buchhalters oder Steuerberaters in größere Förderprojekte ist, denn es spielt eine große Rolle, einen umfassenden Überblick über die unterschiedlichen Abschreibungsansätze geförderter Wirtschaftsgüter zu behalten.

Wichtig bei Prüfungen ist Ihre aktive Kooperationsbereitschaft. Vermitteln Sie, dass Ihnen an der zweifelsfreien Klärung der fraglichen Sachverhalte gelegen ist. Schließlich haben Sie sich im Zuge des geförderten Projektes gezielt mit den Förderrichtlinien auseinandergesetzt, haben mit der Förderstelle Kontakt gehalten, haben Unklarheiten persönlich geklärt und Schwierigkeiten in Absprache mit der zuständigen Stelle aus dem Weg geräumt.

Über diese Vorgänge haben Sie dank Ihres förderrechtlichen Projektmanagements in der Regel Schriftverkehr per E-Mail oder per Post, Gesprächsnotizen und Akteneinträge, Checklisten, To-do-Listen oder auch Buchungsvermerke auf Rechnungen. Diese Unterlagen helfen Ihnen jetzt dabei, Ihre unzweifelhaften Absichten zu belegen und Fragen der Prüfungskommission zu beantworten. Besonders, wenn die Projektdurchführung schon einige Jahre zurückliegt und die Prüfung verspätet kommt, sind ausführliche und gut geführte Projektunterlagen Gold wert. Haben Sie sich an den Praxistipp gehalten, eine positive Kommunikation mit Ihrer Förderstelle zu pflegen, haben Sie damit einen wichtigen Kontakt geknüpft, der im Zuge von Prüfungen unersetzlich ist.

Das Wichtigste in Kürze: Etappe 9 – Troubleshooting

1. Welche Stelle Sie in welchem Zeitraum prüfen kann, entnehmen Sie Ihrem Zuwendungsbescheid.
2. Anlässe für eine Prüfung können z.B. ein hohes Zuschussvolumen oder ein konzeptionell interessanter Projektinhalt sein. Manchmal spielt der

Zufall eine Rolle, denn es wird auch nach dem Zufallsprinzip per Stichprobe geprüft.

3. Prüfungen erfolgen immer angemeldet.
4. Vermitteln Sie Kooperationsbereitschaft und unterstützen Sie die Aufklärung von Zweifeln.
5. Beziehen Sie ggf. „Ihre" Förderstelle mit ein. Sie ist i.d.R. ebenfalls an einer reibungslos verlaufenden Prüfung interessiert.

4.13 Zusammenfassung der 9 Etappen auf dem Weg zum Fördertopf

Im Folgenden sehen Sie die 9 Etappen zum Fördertopf mit ihren wichtigsten Inhalten komplett im Überblick.

Das Wichtigste in Kürze: Etappe 1 – Projektskizze I erstellen

1. Die Erstellung der Projektskizze I wirft Fragen auf, deren Beantwortung einige Zeit in Anspruch nehmen wird.
2. Vage Informationen ziehen vage Ergebnisse nach sich. Vage Ergebnisse führen dazu, dass die nachfolgenden Etappen einen enormen Mehraufwand an Zeit erfordern. Deshalb gilt: Arbeiten Sie mit möglichst konkreten Informationen. Stellen Sie Ihr Projekt kurz und präzise dar. Nutzen Sie den Musterbogen „Förderpotenzial-Check" (siehe Kapitel „Arbeitshilfen und Checklisten").
3. Diese förderrelevanten Fragen sollten Sie mit Ihrer Projektskizze I beantworten:

Antragsteller

- Wer ist der Investor/Hauptakteur?
- Wie lauten der Firmenname und die Rechtsform?
- Welchen Status hat das Unternehmen?
- Wo liegt der Firmensitz?
- Wie ist der Geschäftszweck?
- Wer ist der gesetzliche Vertreter?

Gegenstand des Vorhabens

- Welche Hauptkomponenten hat das Vorhaben?
- An welchem Ort soll das Vorhaben umgesetzt werden?
- Zu welchem Zeitpunkt soll mit dem Vorhaben begonnen werden?
- Wie lange wird der Umsetzungszeitraum sein?
- Sind bis zum geplanten Vorhabensbeginn noch gesetzliche Auflagen zu erfüllen, Patente zu beantragen oder Schutzrechte zu klären?

Finanzierung

- Wie sieht der Investitionsplan aufgeteilt nach Anlagevermögen und Betriebsmitteln aus?
- Wie ist die Gesamtfinanzierung geplant? Legen Sie das Verhältnis von Eigenkapitalanteil und Fremdkapital offen.

Detaillierte Vorhabensbeschreibung

- Wie hoch ist der zu erwartende Umsatz im 1., 2. und 3. Jahr?
- Wie hoch sind die zu erwartenden Gewinne in derselben Staffelung?
- Schaffen Sie Arbeitsplätze? Wenn ja, wie viele?

Das Wichtigste in Kürze: Etappe 2 – Förderpotenzial prüfen

1. Übertragen Sie die erarbeiteten Inhalte Ihrer Projektskizze I Satz für Satz in die erste Spalte des Förderpotenzial-Checks.
2. Gleichen Sie Ihre Projektskizze Satz für Satz mit den Inhalten aus Kapitel 2 „Hier steckt das Förderpotenzial“ ab.
3. Schreiben Sie identifizierte potenzielle Förderbereiche auf.
4. Bedenken Sie: Fehlende Erfahrung können Sie zum Teil durch besonders sorgfältige Bearbeitung kompensieren. Mit der Zeit entwickeln Sie Routine und können den Bearbeitungsaufwand erheblich reduzieren.
5. Notieren Sie alle Hinweise, Fragen und Gedanken, die Ihnen beim Abgleich der Förderbereiche mit Ihrer Projektskizze in den Sinn kommen.

Das Wichtigste in Kürze: Etappe 3 – Recherche

1. Zur Recherche nutzen Sie die neutrale und kostenfreie Datenbank des Bundeswirtschaftsministeriums (BMWi) unter der Internet-Adresse www.foerderdatenbank.de.

2. Gehen Sie systematisch vor. Arbeiten Sie zunächst die Bereiche ab, die Sie im Förderpotenzial-Check ermittelt haben.
3. Kommen Ihnen bei der Recherche weitere Ideen, wo zusätzliches Förderpotenzial schlummern könnte, notieren Sie diese im Förderpotenzial-Check und arbeiten Sie die Bereiche systematisch zusätzlich ab.
4. Die wichtigsten Eckdaten wie Status, Standort und Förderberechtigte entnehmen Sie ebenfalls dem Förderpotenzial-Check. Damit grenzen Sie die Recherche zielgerichtet ein.

Das Wichtigste in Kürze: Etappe 4 – Ergebnisse auswerten

1. Drucken Sie die Ergebnisliste Ihrer Recherche aus.
2. Lesen Sie die Programmtitel durch und schätzen Sie anhand der Überschrift den Inhalt ab.
3. Öffnen und lesen Sie das Programm, das Ihnen vom Titel her am aussichtsreichsten erscheint.
4. Für Einsteiger und auch für Fortgeschrittene gilt gleichermaßen: Beschränken Sie sich bei der ersten Grobanalyse lediglich auf die Lektüre der Informationen, die in der Registerkarte „Übersicht" bereitgestellt werden und entscheiden danach, ob es sinnvoll ist, das Programm detailliert zu prüfen.
5. Finden Sie in der Übersicht bereits K.-o.-Kriterien, können Sie das Programm zur Seite legen.
6. Finden Sie bei der Prüfung der Kurzbeschreibung kein K.-o.-Kriterium, setzen Sie das Programm auf den Merkzettel oder drucken die Inhalte der Registerkarte „Übersicht" aus.
7. Besorgen Sie die aktuelle Richtlinie vom Ansprechpartner des Förderprogramms.
8. Überprüfen die Richtlinie auf K.-o.-Kriterien.
9. Notieren Sie mögliche Problembereiche und markieren Sie Textstellen, die auf Ihr Vorhaben zutreffen.
10. In Vorbereitung auf ein Gespräch mit der Förderstelle gehen Sie die Checkliste durch. Diese weist Sie auf die wichtigsten Punkte hin, die den Zugang zu Ihrem angestrebten Fördertopf markieren.
11. Etablieren Sie einen guten Kontakt zur zuständigen Sachbearbeitung.
12. Sie haben keinen Rechtsanspruch auf Förderung.

Das Wichtigste in Kürze: Etappe 5 – Kontakt mit der Förderstelle aufnehmen

1. Bereiten Sie Ihr Erstgespräch mit der Förderstelle sorgfältig vor. In welche Kategorie lässt sich Ihr Förderprogramm einordnen? Ist es ein Finanzierungsfördermittel, ein formaler Zuschuss oder ein konzeptioneller Zuschuss?
2. Vorgehen bei Finanzierungsfördermitteln: Ihr Weg verläuft in der Regel über die gewählte Hausbank oder ein externes Kreditinstitut. Bereiten Sie ein Konzept vor und stellen Sie Ihr Vorhaben in allen Einzelheiten vor. Erfragen Sie beim Kreditinstitut/bei der Hausbank, welche Informationen benötigt werden, und legen Sie diese vor. Der Weg zu einem Fördertopf aus der Kategorie „Finanzierungsfördermittel" führt Sie direkt zu Etappe 7, der Antragstellung, wobei diese regelmäßig vom Kreditinstitut koordiniert wird.
3. Vorgehen bei formalen Zuschüssen: Nehmen Sie telefonisch Kontakt zur zuständigen Förderstelle auf und sichern Sie sich ab, dass Ihr Vorhaben über das von Ihnen identifizierte Programm gefördert werden kann. Ggf. fragen Sie nach Alternativmöglichkeiten. In den meisten Fällen können Sie direkt zu Etappe 7 weiter springen (siehe Kapitel 4.10 „Formale Antragstellung").
4. Vorgehen bei konzeptionellen Zuschüssen: Prüfen Sie die Fristsetzungen und Terminvorgaben zur Antragstellung. Rechnen Sie mit einem erheblichen zeitlichen Aufwand. Nehmen Sie für das Erstgespräch Ihre Projektskizze I, Ihren Förderpotenzial-Check, die „Checkliste" aus der BMWi-Förderdatenbank falls vorhanden und Ihre aktuell bearbeitete Original-Richtlinie zur Hand. Vergegenwärtigen Sie sich die wesentlichen Kernziele des Programms. Führen Sie das Gespräch mit der Förderstelle mit dem Grundgedanken der Partnerschaftlichkeit. Bei konzeptionellen Zuschüssen folgt jetzt Etappe 6 „Projektskizze II erstellen".

Das Wichtigste in Kürze: Etappe 6 – Projektskizze II erstellen

1. Formale Zuschüsse erfordern meist nur eine knappe Kurzbeschreibung des Vorhabens. Diese lässt sich aus der Projektskizze I herleiten.

2. Zuschüsse mit konzeptioneller Schwerpunktsetzung sind sehr arbeits- und zeitintensiv. Projetskizze II erfordert Ihre volle Aufmerksamkeit und sollte auf die Förderstelle ausgerichtet werden. Prüfen Sie die Originalrichtlinie gemäß der gewünschten förderfähigen Projektausrichtung.
3. Zur strukturierten Aufbereitung der Informationen können Sie die „Checkliste Businessplan" im Anhang nutzen.

Das Wichtigste in Kürze: Etappe 7 – Formale Antragstellung

1. Besorgen Sie sich sämtliche Formulare, Merkblätter und Hinweise zum Förderprogramm über die zuständige Förderstelle entweder auf der Internetseite oder von Ihrer Sachbearbeitung.
2. Entwickeln Sie eine To-do-Liste anhand der Formulare. Ein Muster finden Sie im Anhang.
3. Rechnen Sie damit, dass Sie einige Tage bis Wochen benötigen, um alle erforderlichen Informationen beizubringen.
4. Gehen Sie zusätzlich von einem mehrwöchigen Bearbeitungszeitraum bei der Förderstelle aus. Im Zweifel rufen Sie an und erkundigen sich nach den aktuellen Bearbeitungszeiträumen.
5. Prüfen Sie bei Antragstellung, ob Ferienzeiten anstehen oder die Evaluierungsphase läuft. Das kann die Bearbeitung Ihres Antrags weiter verzögern.
6. Durch eine vollständige Einreichung Ihrer Unterlagen können Sie erheblich dazu beitragen, dass Ihr Antrag keine nennenswerten Rückfragen und Nachbearbeitungszeiten nach sich zieht.
7. Pflegen Sie Ihren Kontakt zur zuständigen Sachbearbeitung.

Das Wichtigste in Kürze: Etappe 8 – Förderrechtliches Projektmanagement

1. Prüfen Sie die Förderzusage komplett und erstellen Sie eine To-do-Liste.
2. Richten Sie Termine mit Erinnerungsfunktion in Ihrem Terminkalender ein oder erstellen Sie eine To-do-Liste für Fristen und Termine.
3. Termine sind selbst gesetzte Daten. Fristen sind von der Förderstelle vorgegeben und ziehen meistens (finanziell) spürbare Konsequenzen nach sich.
4. Bündeln Sie das förderrechtliche Projektmanagement möglichst auf eine Einzelperson, die für die Einhaltung der Fristen und Termine sorgt, Erinnerungen gibt, verwaltende und administrative Aufgaben abarbeitet.
5. Sie müssen in Vorleistung gehen. Mittel werden erst ausgezahlt, nachdem Sie die bezahlten Kosten nachgewiesen haben.
6. Belege und Nachweise, die formal nicht den Anforderungen entsprechen, ziehen im schlimmsten Fall eine Mittelkürzung nach sich.
7. Achten Sie darauf, dass die Rechnungen Ihrer Lieferanten den Anforderungen der Förderstelle entsprechen: Die Bezeichnung der Positionen auf den Rechnungen sollte idealerweise eine eindeutige Zuordnung auf die Förderfähigkeit ermöglichen.
8. Empfehlenswert ist, dass Sie die Zuordnung der Lieferantenrechnung auf die förderfähigen Wirtschaftsgüter selber vornehmen, damit die Buchhaltung korrekt verbuchen kann. Die Auszüge aus der Buchhaltung dienen später als Nachweis zur Prüfung der Richtigkeit der angeforderten Mittel.
9. Reden Sie mit dem Buchhalter, der die Belege verbucht, und binden ihn mit ein. Erläutern Sie ihm die für die Verbuchung relevanten Punkte aus dem Förderbescheid.
10. Die Verantwortung für die korrekte Kostenzuordnung hinsichtlich der Förderfähigkeit bleibt bei Ihnen, auch wenn Sie die Buchhaltung außer Haus geben.
11. Umfangreiche Projekte haben ein umfangreiches Formularwesen.
12. Mittelanforderungen und Verwendungsnachweise sind die zentralen Punkte, um die sich das gesamte förderrechtliche Projektmanagement dreht.
13. Falls Berichte gefordert werden, klären Sie mit der Förderstelle, wie diese aufgebaut sein sollen. Das ist ein praktischer Anknüpfungspunkt für die Kontaktpflege.

Das Wichtigste in Kürze: Etappe 9 – Troubleshooting

1. Welche Stelle Sie in welchem Zeitraum prüfen kann, entnehmen Sie Ihrem Zuwendungsbescheid.
2. Anlässe für eine Prüfung können z.B. ein hohes Zuschussvolumen oder ein konzeptionell interessanter Projektinhalt sein. Manchmal spielt der Zufall eine Rolle, denn es wird auch nach dem Zufallsprinzip per Stichprobe geprüft.
3. Prüfungen erfolgen immer angemeldet.
4. Vermitteln Sie Kooperationsbereitschaft und unterstützen Sie die Aufklärung von Zweifeln.
5. Beziehen Sie ggf. „Ihre" Förderstelle mit ein. Sie ist i.d.R. ebenfalls an einer reibungslos verlaufenden Prüfung interessiert.

5. Prozessablauf und Ausblick

In den zurückliegenden Praxiskapiteln haben Sie festgestellt, dass es nicht alleine darauf ankommt, Förderprogramme zu recherchieren, sondern dass die eigentliche Arbeit erst dann beginnt, wenn Sie ein Programm auf Herz und Nieren hinsichtlich seiner Passung auf Ihr Vorhaben prüfen.

Obwohl wir die klassischen 9 Etappen im Einzelnen nacheinander abgearbeitet haben, besteht eine Dynamik, die sich an den üblichen betriebswirtschaftlichen Prozessen orientiert. Fördermittelbeschaffung ist also nicht isoliert zu betrachten, sondern als Bestandteil eines Planungs-, Finanzierungs- und Realisierungsprozesses. Zur Erinnerung hier noch einmal der Ablauf der einzelnen Etappen auf dem Weg zum Fördertopf:

1. Projektskizze I erstellen
2. Förderpotenzial prüfen
3. Programme recherchieren
4. Ergebnisse auswerten
5. Kontakt mit der Förderstelle aufnehmen
6. Projektskizze II erstellen
7. Antrag stellen
8. Mittel anfordern
9. Troubleshooting

9 Etappen

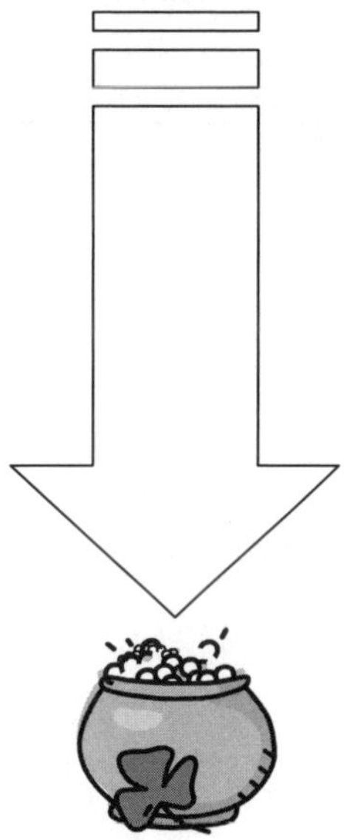

Doch was passiert, wenn Sie Ihr Vorhaben während der Planungsphase verändern und dabei Tatsachen schaffen, die erheblichen Einfluss auf die nutzbaren Förderprogramme haben? Wie gehen Sie mit dieser Situation um, ohne den Überblick zu verlieren? Auf der nächsten Seite können Sie mit Hilfe einer Grafik erkennen, wohin Sie Ihr Weg führt.

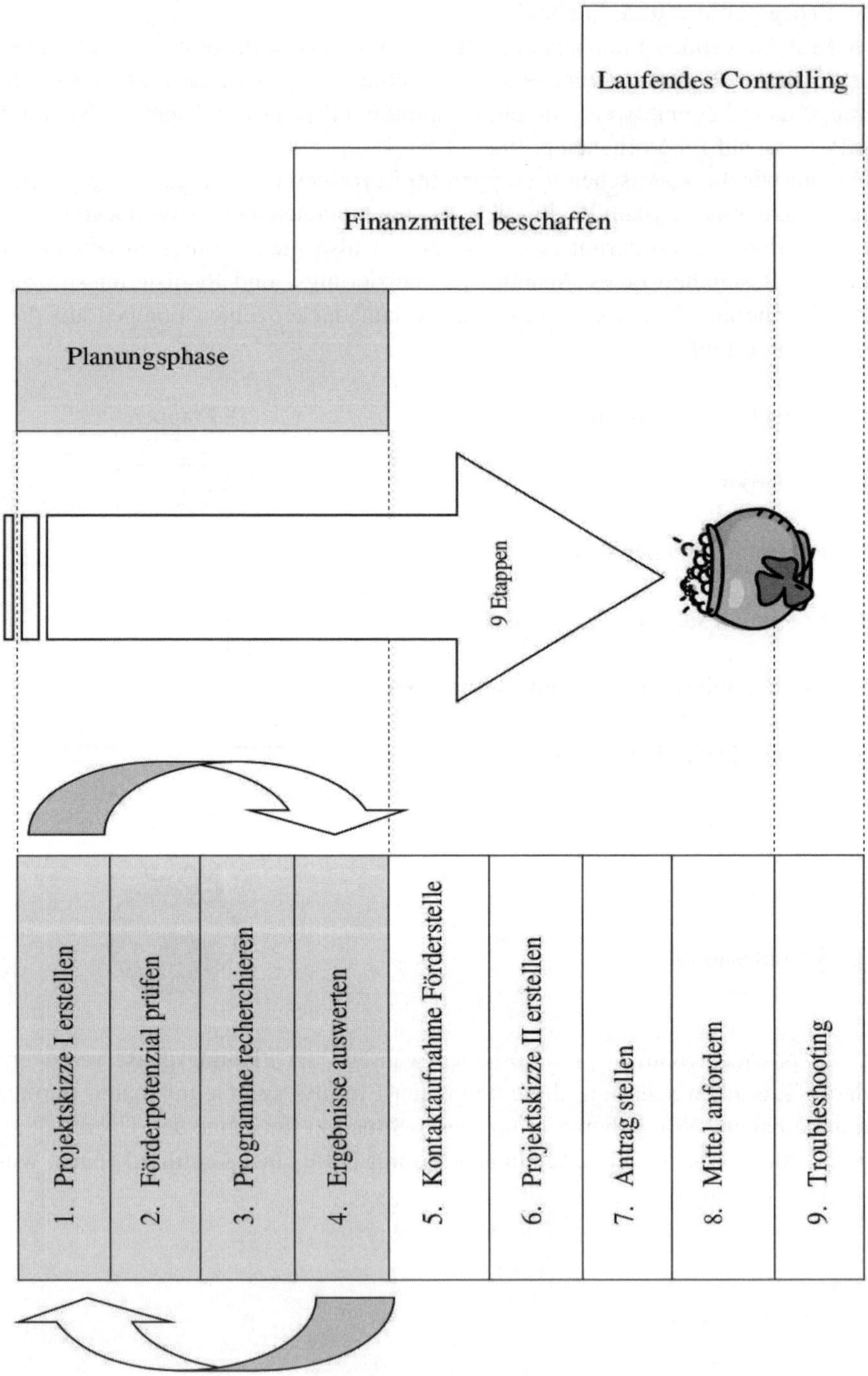

Abbildung 15: Schaubild Prozessablauf Phasen 1 bis 9

Die Schritte 1 bis 4 erfolgen während der Planungsphase eines Vorhabens. So lange Sie sich noch in der Planung befinden, kann es deshalb vorkommen, dass Sie die Schritte mehrfach wiederholen müssen, um sich eine zuverlässige Aussage über die potenziell nutzbaren Förderprogramme zu erarbeiten.

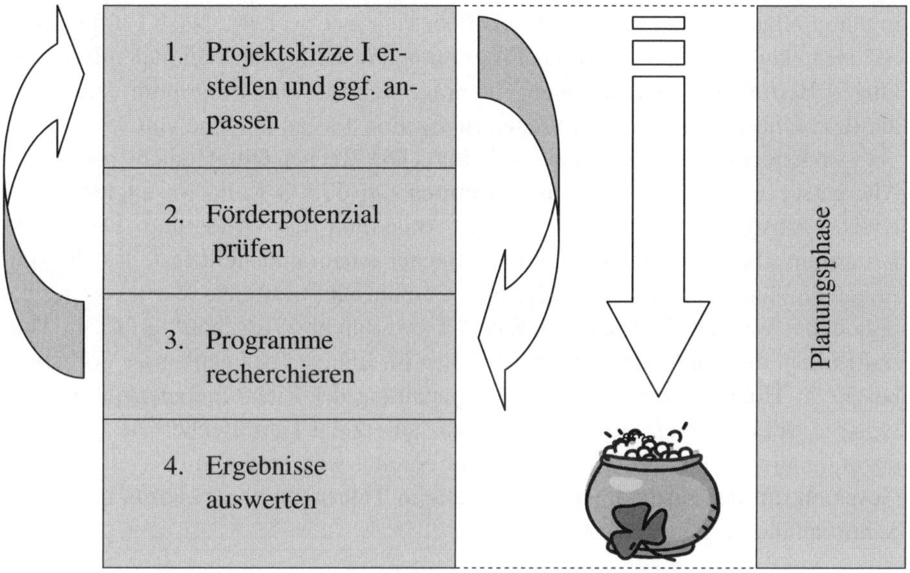

Abbildung 15: Schaubild Prozessablauf Phasen 1 bis 4

Diese Wiederholung ist ganz typisch und ergibt sich immer dann, wenn K.-o.-Kriterien (siehe Kapitel 3) grundsätzlich verändert werden. Dazu gehören die Änderung des Förderzwecks, des Status (KMU oder nicht KMU), des Standorts, Nichteinhalten von Fristen und Terminen sowie die Inanspruchnahme einer weiteren Förderung (Mehrfachförderung). In Abhängigkeit von den Veränderungen in der Planungsphase ist es erforderlich, erneut passende Programme zu recherchieren, die ermittelten Anforderungen mit den Vorgaben der Planung abzugleichen und die praktisch mögliche Anwendbarkeit zu prüfen. Ggf. müssen Sie abwägen, ob Sie Ihr Projekt anpassen können oder ob alternative Förderprogramme nutzbar sind. Die Schritte 1 bis 4 laufen in der Wiederholung verhältnismäßig zügig ab, vorausgesetzt, es werden lediglich einzelne Komponenten des Projektes verändert.

Fallbeispiel: Veränderung von K.-o.-Kriterien im Hinblick auf Fördermöglichkeiten

Die Becher KG mit Sitz in 37290 Meißner plant den Ankauf eines Grundstückes in unmittelbarer Nähe, um den Geschäftsbetrieb zu erweitern. Nach Prüfung aller Rahmendaten zeigt sich, dass das Programm „Förderung der regionalen Entwicklung – Betriebliche Investitionen" in Frage kommt. Das Programm ermöglicht die Bezuschussung von gewerblichen Investitionskosten in Höhe von 35 %.

Der Erwerb des Grundstücks scheitert. Die Becher GmbH sucht nach einer Alternative und wird im 15 km entfernten Ort 37308 Kella im angrenzenden Kreis Eichsfeld (Thüringen) fündig. Anlässlich der Änderung des K.-o.-Kriteriums „Standort" recherchiert Hr. Becher erneut und stellt fest, dass in Thüringen die länderspezifische Richtlinie „Gemeinschaftsaufgabe Verbesserung der regionalen Wirtschaftsstruktur (GRW) - Gewerbliche Wirtschaft" greift. In Thüringen liegt der Fördersatz für Investitionen im Rahmen des geplanten Vorhabens bei 50 %. Hinzu kommt, dass die Ausgestaltung der Richtlinie spezielle landestypische Schwerpunkte aufweist. Deshalb unterzieht Herr Becher die Richtlinie ebenfalls einer detaillierten Prüfung und bereitet sich erneut auf das anstehende Gespräch mit der zuständigen Förderstelle in Thüringen vor, bevor er sich im 6. Schritt an die Projektskizze II begibt.

Behalten Sie in der Planungsphase eines Projektes immer im Auge, dass die Änderung von K.-o.-Kriterien unter Umständen Auswirkungen auf das Förderpotenzial haben kann. Bedenken Sie, dass eine Änderung des Förderpotenzials die Wiederholung der Phasen 1 bis 4 mit sich bringt und damit Zeit und Geld kostet.

Die Prozessphasen 1 bis 4 laufen also hinter verschlossenen Türen auf Ihrem Schreibtisch ab. Erst in der 5. Phase gehen Sie auf einen potenziellen Förderpartner zu und machen Ihr Vorhaben damit aktenkundig. Ab diesem Zeitpunkt ist eine ganze Reihe von formalen Anforderungen zu erfüllen, die Ihr (förderfähiges) Projekt bei Nichtbeachtung unabhängig von der Förderwürdigkeit immer noch zu Fall bringen können. Hinzu kommt, dass Sie im Kontakt mit der Förderstelle gut daran tun, sich inhaltlich gezielt vorzubereiten. Denn eine unspezifische Vorbereitung, die noch viele Unwägbarkeiten mit sich bringt, löst bei Ihrer Förderstelle wenig Gegenliebe aus. Unklare Rahmenbedingungen ergeben unklare Reaktionen. Es liegt an Ihnen, die Kontaktaufnahme mit der Förderstelle so effektiv wie möglich vorzubereiten. Bedenken Sie Folgendes: Wenn Sie schon länger als Unternehmer tätig sind, haben Sie vermutlich schon einige Jahre Erfahrung im Umgang mit potenziellen Geschäftspartnern. Die Förderstelle ebenfalls als einen Geschäftspartner zu betrachten, mit dem eine Kooperation angestrebt wird, ist m.E. ein empfehlenswerter Ansatz, um den passenden Ton zu treffen und ein zielführendes Verhalten an den Tag zu legen.

Vergessen Sie nicht, dass Sie keinen Rechtsanspruch auf Fördermittel haben und es meist im Ermessen der Förderstelle liegt, ob sie ein Projekt fördert oder nicht. Auf lange Sicht zeigt sich die Kommunikation mit der Förderstelle als das Zünglein an der Waage, auch und vor allem dann, wenn es zum Troubleshooting kommt. In dieser kritischen Phase wird sich deutlich zeigen, wie konzentriert Sie Ihre Hausaufgaben gemacht und den Kontakt zur Förderstelle in der Vergangenheit gepflegt haben.

Als Unternehmer mit Augenmerk auf das Tagesgeschäft ist Ihnen folgerichtig die Förderpraxis (noch) fremd. Sie sind weder Experte noch können Sie einen zuträglichen Erfahrungsschatz hinsichtlich Fördermittel aufbieten. Auch haben Sie mit großer Wahrscheinlichkeit (noch) keine hilfreichen Kontakte in der Förderbranche. Unter Beachtung dieser Gegebenheiten halte ich die gründliche Vorbereitung und den sorgfältigen Aufbau einer eigenen Dokumentation über alle Prozessschritte hinweg für eine sehr gute Möglichkeit, sich als Unternehmer langfristig und mit hoher Förder-Trefferquote durch den Förderdschungel zu schlagen.

Vierter Teil
Checklisten und Arbeitshilfen

Checkliste Businessplan

Nutzen Sie die Checkliste, um Ihren Businessplan strukturiert zu schreiben. Sie soll Ihnen als Leitfaden dienen, um den Text inhaltlich klar zu gliedern.

Überblick/Zusammenfassung des Vorhabens. **Halten Sie sich kurz und prägnant. Dieser Textblock soll idealerweise höchstens eine Seite Umfang haben. Fertigen Sie diesen Text erst an, wenn Sie alle anderen Texte erstellt haben. Ziel des Überblicks ist, beim potenziellen Geldgeber Interesse für Ihr Vorhaben zu wecken, damit er sich die nachfolgenden Details durchliest und sich mit den Berechnungen beschäftigt.**
1. Wie heißt das Unternehmen? Welche Rechtsform hat das Unternehmen? 2. Wer ist haftender Gesellschafter bzw. Inhaber? 3. Beschreiben Sie die Firmengeschichte und ihren beruflichen Werdegang. 4. Verweisen Sie gegebenenfalls auf Abschlüsse/Qualifikationen und fügen Anlagen bei. 5. Welche Geschäftsidee haben Sie und was ist das Besondere? 6. Welche Ziele wollen Sie erreichen und was sind die Risiken? 7. Wer sind Ihre Kunden und wie wollen Sie diese ansprechen? 8. Wie hoch ist der Kreditbetrag, den Sie benötigen und wann wollen Sie beginnen? 9. Welche Umsätze erwarten Sie in den nächsten drei Jahren? 10. Welche Personalentwicklung erwarten Sie in den nächsten drei Jahren?
Persönliches (ausführlich beschreiben)
11. Welchen beruflichen Hintergrund haben Sie? Gehen Sie im Detail auf Qualifikationen, Berufserfahrung, Branchenkenntnisse, kaufmännische Kenntnisse sowie auf Ihre persönlichen Stärken ein. 12. Welche Schwächen haben Sie und wie kompensieren Sie diese?

Dienstleistungen oder Produkte (ausführlich beschreiben)
13. Was wollen Sie herstellen/verkaufen/anbieten? 14. Was ist das Besondere an Ihrem Angebot? 15. Wie ist der Entwicklungsstand des Produktes/der Leistung und wann wollen Sie starten? 16. Welche Voraussetzungen müssen bis zum Start erfüllt werden und welche Hürden gibt es? 17. Liegen alle Genehmigungen und Zulassungen vor? 18. Gehen Sie gegebenenfalls auch auf Patentierungsverfahren, technische Zulassungen und anstehende Entwicklungsschritte ein.
Markt und Wettbewerb (ausführlich beschreiben)
19. Wer sind Ihre Kunden und wie setzen sie sich zusammen? 20. Erläutern Sie Ihre Zielgruppen so genau wie möglich. 21. Welche Anforderungen haben Ihre Kunden? 22. Was sind die Bedürfnisse und Problemstellungen? 23. Gibt es bereits Kunden? Wer sind diese? 24. Besteht möglicherweise eine Abhängigkeit von wenigen Großkunden? 25. Wie stellt sich die Konkurrenzsituation dar? Wer sind Ihre Konkurrenten? 26. In welchem Preisgefüge bewegt sich die Konkurrenz? 27. Welche Stärken und Schwächen hat die Konkurrenz? 28. Welche Schwächen haben Sie und wie können sie die Schwächen ausgleichen? 29. Wo und wie bieten Sie Ihr Angebot an? 30. Aus welchen Gründen haben Sie den Standort gewählt?

31. Gibt es Standortnachteile und wie können diese aufgefangen werden?

32. Geben Sie einen Überblick über die zu erwartende Standortentwicklung.

33. Wie nützt Ihr Angebot Ihren Kunden?

34. Welche Vorteile hat Ihr Angebot im Vergleich zu Konkurrenzanbietern?

35. Welche Preisstrategie haben Sie aus welchen Gründen entwickelt?

36. Mit welchem Preis wollen Sie an den Markt gehen und wie haben Sie diesen Preis kalkuliert?

37. Wie schätzen Sie die Absatzentwicklung ein? Erläutern Sie Zielgebiete, Vertriebspartner und Vertriebskosten.

38. Welche Werbestrategie haben Sie?

39. Gibt es ein Konzept, aus dem die geplanten Werbemaßnahmen hervorgehen? Nennen Sie Termine, wann welche Maßnahme geplant ist.

Organisationen und Personal

40. Welche Rechtsform hat das Unternehmen?

41. Wie sind die Beteiligungsverhältnisse?

42. Bei neu gegründeten Unternehmen sollten Ausführungen zu den Gründen der Rechtsformwahl gemacht werden.

43. Wie ist der Betrieb organisiert?

44. Ist ein Controlling im Betrieb installiert?

45. Wie ist die heutige Personalsituation und wie wird sie sich über die nächsten drei Jahre entwickeln?

46. Nennen Sie Qualifikationen und Fortbildungen bzw. geplante Schulungsmaßnahmen der Mitarbeiter.

Ausblick

47. Welches sind die größten Chancen, die die Unternehmensentwicklung in Zukunft positiv beeinflussen könnten?

48. Welche Hindernisse können die positive Entwicklung des Unternehmens zukünftig beeinflussen?

49. Wie wollen Sie diesem Umstand begegnen?

Die Berechnungen

Mit den Zahlen steht und fällt Ihr Projekt. Es gehört viel Erfahrung dazu, tragfähige Berechnungen zu erstellen, die alle notwendigen betriebswirtschaftlichen und steuerlichen Belange berücksichtigen. Die Erstellung der Berechnungen ist ein sehr komplexer Vorgang und die Darstellung der Einzelheiten würde den Rahmen des Buches bei weitem sprengen.

Wir empfehlen, einen versierten Berater zu beauftragen, dessen Leistungen Sie bezuschussen lassen können. (Siehe Kapitel 2.1.1.1. Beratungszuschüsse)

Fertigen Sie Rentabilitätsberechnungen sowie Liquiditätsberechnungen über die kommenden drei Jahre an und stellen Sie den Kapitalbedarf dar. Achten Sie darauf, dass sich Ihre Zahlen im Businessplan mit den Angaben in den Berechnungen decken (z.B. Jahresumsätze, Personalentwicklung, Kosten für Marketing etc.)

Kurzübersicht

Förderung der Niederlassung von Hausärzten im ländlichen Raum

Ziel und Gegenstand

Der Freistaat Bayern unterstützt die Nachbesetzung freier und freiwerdender Arztpraxen in ländlichen Regionen.

Förderfähig ist die Niederlassung bzw. Gründung einer Zweigpraxis als ambulant vertragsärztlich tätiger Hausarzt in ausgewiesenen Fördergebieten.

Ziel ist es, eine flächendeckende, möglichst wohnortnahe und qualitativ hochwertige medizinische Versorgung der Bevölkerung aufrechtzuerhalten.

Antragsberechtigte

Antragsberechtigt sind Ärzte, die sich in ausgewiesenen Fördergebieten im Rahmen der ambulant vertragsärztlichen Versorgung im hausärztlichen Bereich niederlassen oder eine Zweigpraxis gründen.

Voraussetzungen

Die Niederlassung bzw. Gründung einer Zweigpraxis muss in einer bayerischen Gemeinde mit höchstens 25.000 Einwohnern in einem ausgewiesenen Fördergebiet erfolgen.

Bei den ausgewiesenen Fördergebieten handelt es sich um ländliche Regionen, in denen die Kassenärztlichen Vereinigung Bayerns anhand der aktuellen Versorgungsdaten zu hausärztlichem Versorgungsgrad und Altersstruktur der dort niedergelassenen Hausärzte ein besonderes Interesse an der Nachbesetzung freier und freiwerdender Arztsitze festgestellt hat. Für das Jahr 2012 sind dies: Haßberge, Tirschenreuth, Bad Kissingen, Schweinfurt, Wunsiedel im Fichtelgebirge, Deggendorf, Mühldorf am Inn, Ansbach, Altötting, Dingolfing-Landau, Landshut, Lichtenfels, Rottal-Inn, Freising, Eichstätt, Neustadt an der Waldnaab, Kelheim, Rosenheim, Forchheim, Ostallgäu, Dachau, Miltenberg, Aschaffenburg, Regen, Schwandorf, Unterallgäu, Würzburg, Fürstenfeldbruck, Dillingen, Bamberg. Für die folgenden Jahre werden die Fördergebiete jeweils neu festgelegt.

Das Vorhaben muss mit der ärztlichen Bedarfsplanung in Übereinstimmung stehen und die zulassungsrechtliche Entscheidung erfolgt sein.

Der Antragsteller muss sich verpflichten, die

- hausärztliche Tätigkeit innerhalb von 6 Monaten nach der zulassungsrechtlichen Entscheidung aufzunehmen,
- Niederlassung bzw. Zweigpraxis für mindestens 5 Jahre aufrechtzuerhalten und dort die hausärztliche Tätigkeit in diesem Zeitraum auch tatsächlich auszuüben (im Falle der Gründung einer Zweigpraxis im Umfang von mindestens 10 Stunden pro Woche an mehreren Tagen in der Zweigpraxis).

Art und Höhe der Förderung

Die Förderung erfolgt in Form eines Zuschusses.

Die Höhe der Förderung beträgt im Fall einer Niederlassung 60.000 EUR, bei Gründung einer Zweigpraxis 15.000 EUR.

Bei der Niederlassung von zwei oder mehr Hausärzten in einer Gemeinschaftspraxis wird der Zuschuss nur einmal gewährt.

Antragsverfahren

Anträge sind unter Verwendung des Antragsformulars per Post und per E-Mail an die

Bayerische Gesundheitsagentur
am Bayerischen Landesamt für Gesundheit und Lebensmittelsicherheit
Eggenreuther Weg 43
91058 Erlangen
Tel. (0 91 31) 68 08-0
Fax (0 91 31) 68 08-21 02
E-Mail: BayGA@lgl.bayern.de
Internet: **http://www.lgl.bayern.de**

zu stellen.

Weitere Informationen sowie das Antragsformular sind im **Internet** abrufbar.

Quelle

Richtlinie des Bayerischen Staatsministeriums für Umwelt und Gesundheit vom 22. Juni 2012; Pressemitteilung des Bayerischen Staatsministeriums für Umwelt und Gesundheit vom 14. August 2012.

Wichtige Hinweise

Der Freistaat Bayern hat im August 2012 drei neue Förderprogramme zum Erhalt und zur Verbesserung der ärztlichen Versorgung auf dem Land aufgelegt, die durch den Nachtragshaushalt 2012 mit 4,5 Mio. EUR ausgestattet wurden:

- Förderung der Niederlassung von Hausärzten im ländlichen Raum
- Förderung innovativer medizinischer Versorgungskonzepte
- Stipendienprogramm zur Verbesserung der medizinischen Versorgung im ländlichen Raum

Für 2013 und 2014 sind weitere 11 Mio. EUR vorgesehen.

Eine Kumulierung mit anderen Haushaltsmitteln des Freistaates Bayern ist ausgeschlossen.

Die Förderung erfolgt als De-minimis-Beihilfe.

Richtlinie

Förderung der Niederlassung von Hausärzten im ländlichen Raum

Richtlinie des Bayerischen Staatsministeriums für Umwelt und Gesundheit
vom 22. Juni 2012

Vorbemerkung

Der Freistaat Bayern gewährt nach Maßgabe dieser Richtlinie und der allgemeinen haushaltsrechtlichen Bestimmungen (vor allem Art. 23 und 44 der Bayerischen Haushaltsordnung und der dazu erlassenen Verwaltungsvorschriften) Zuwendungen für die Niederlassung von Hausärzten im ländlichen Raum. Die Förderung erfolgt ohne Rechtspflicht im Rahmen der verfügbaren Haushaltsmittel.

I. Allgemeine Beschreibung des Zuwendungsbereichs

1. Zweck der Zuwendung

Zentrales Ziel der Bayerischen Staatsregierung ist es, allen Bürgerinnen und Bürgern unabhängig von Alter, Einkommen und sozialer Herkunft eine wohnortnahe und qualitativ hochwertige medizinische Versorgung zu gewährleisten. In den nächsten Jahren werden viele Ärzte ihre Praxis altersbedingt aufgeben.

Immer weniger Ärzte entscheiden sich für eine Niederlassung im ländlichen Raum. Es müssen deshalb zusätzliche Anreize geschaffen werden, damit sich mehr Ärzte dort niederlassen. Der Freistaat Bayern fördert daher die Niederlassung von Hausärzten im ländlichen Raum.

Ziel des Förderprogramms ist es, die Entscheidung für eine hausärztliche Niederlassung im ländlichen Raum zu forcieren und Praxisgründungen zu erleichtern, um auch in Zukunft eine flächendeckende und möglichst wohnortnahe medizinische Versorgung auf hohem qualitativen Niveau gewährleisten zu können.

2. Gegenstand der Förderung

Gefördert wird die Niederlassung als ambulant vertragsärztlich tätiger Hausarzt im Fördergebiet. Bei besonderer Bedeutung für den ländlichen Raum kann auch die Gründung einer Filialpraxis gefördert werden.

Fördergebiet sind die Planungsbereiche, in denen wegen des hausärztlichen Versorgungsgrades und der Altersstruktur der dort niedergelassenen Hausärzte ein besonderes Interesse an der Nachbesetzung freier und freiwerdender Arztsitze besteht.

Für das Jahr 2012 sind dies die Planungsbereiche Haßberge, Tirschenreuth, Bad Kissingen, Schweinfurt, Wunsiedel im Fichtelgebirge, Deggendorf, Mühldorf am Inn, Ansbach, Altötting, Dingolfing-Landau, Landshut, Lichtenfels, Rottal-Inn, Freising, Eichstätt, Neustadt an der Waldnaab, Kelheim, Rosenheim, Forchheim, Ostallgäu, Dachau, Miltenberg, Aschaffenburg, Regen, Schwandorf, Unterallgäu, Würzburg, Fürstenfeldbruck, Dillingen, Bamberg. Für die folgenden Jahre wird das Fördergebiet anhand der aktuellen Versorgungsdaten der Kassenärztlichen Vereinigung Bayerns jeweils neu festgelegt.

Darüber hinaus kann in weiteren Planungsbereichen gefördert werden, wenn anderenfalls im konkreten Einzelfall ein unmittelbares lokales Versorgungsdefizit entstünde, dem durch die Niederlassung bzw. Filialbildung wirksam entgegengewirkt werden kann.

Solange in einem Planungsbereich Zulassungsbeschränkungen nach § 103 Abs. 1 SGB V angeordnet sind und auch im Falle der Nichtnachbesetzung eines Vertragsarztsitzes nicht aufgehoben werden müssten, kann eine Praxisnachfolge im Sinne von § 103 Abs. 4 SGB V (mit Wirkung vom 01.01.2013: § 103 Abs. 3a und 4 SGB V) nur gefördert werden, wenn ohne diese Praxisnachfolge ein unmittelbares schwerwiegendes lokales Versorgungsdefizit entstünde und eine ausreichende Mitversorgung der lokalen Bevölkerung durch andere Vertragsärzte nicht möglich bzw. nicht zumutbar wäre.

3. Zuwendungsempfänger

Zuwendungsempfänger sind ausschließlich Ärzte, die sich im Fördergebiet im Rahmen der ambulant vertragsärztlichen Versorgung im hausärztlichen Bereich niederlassen oder eine Filialpraxis gründen.

4. Zuwendungsvoraussetzungen

Die Förderung setzt – neben der Berücksichtigung von Zweck und Gegenstand sowie der Niederlassung bzw. Filialbildung im Fördergebiet (1. und 2.) – voraus, dass

- die Niederlassung bzw. Filialbildung in einer bayerischen Gemeinde mit höchstens 25.000 Einwohnern erfolgt,
- die Niederlassung bzw. Filialbildung mit der ärztlichen Bedarfsplanung in Übereinstimmung steht und die zulassungsrechtliche Entscheidung erfolgt ist,
- der Zuwendungsempfänger sich verpflichtet, die hausärztliche Tätigkeit innerhalb von sechs Monaten nach der zulassungsrechtlichen Entscheidung aufzunehmen,

- der Zuwendungsempfänger sich verpflichtet, die Niederlassung bzw. Filialbildung für mindestens 60 Monate aufrechtzuerhalten und dort die hausärztliche Tätigkeit in diesem Zeitraum auch tatsächlich auszuüben (im Falle der Filialbildung im Umfang von mindestens zehn Stunden pro Woche an mehreren Tagen in der Filialpraxis),
- mit der Niederlassung bzw. Filialbildung vor der Bewilligung nicht begonnen worden oder ausnahmsweise die schriftliche Zustimmung zur vorzeitigen Niederlassung bzw. Filialbildung erteilt worden ist.

5. Art und Umfang der Zuwendung

5.1 Zuwendung

Die Niederlassung wird mit einem Festbetrag in Form eines zweckgebundenen Zuschusses gefördert.

Bei der Niederlassung von zwei oder mehr Hausärzten in einer Gemeinschaftspraxis wird die Zuwendung nur einmal gewährt.

5.2 Höhe der Zuwendung

Die Höhe der Zuwendung beträgt 60.000 Euro. Bei Gründung einer Filialpraxis beträgt der Zuschuss 15.000 Euro.

5.3 „De-minimis"-Beihilfe

Die Verordnung (EG) Nr. 1998/2006 der Kommission vom 15.12.2006 über die Anwendung der Artikel 87 und 88 EG-Vertrag auf „De-minimis"-Beihilfen ist zu beachten.

5.4 Subvention

Die Zuwendung ist eine Subvention gemäß § 264 des Strafgesetzbuchs. Die für die Gewährung der Zuwendung maßgeblichen Tatsachen sind subventionserheblich im Sinne dieser Bestimmungen (vgl. Art. 1 des Bayerischen Subventionsgesetzes vom 01.01.1983, BayRS 453-1-W) in ihrer jeweils geltenden Fassung. Mit dem Zuwendungsantrag ist eine entsprechende Erklärung abzugeben.

5.5 Mehrfachförderung

Für Maßnahmen, die nach diesen Grundsätzen gefördert werden, darf keine Förderung aus anderen Haushaltsmitteln des Freistaates Bayern in Anspruch genommen werden.

6. Rückzahlung der Zuwendung

Die Zuwendung ist zurückzuzahlen, wenn

- die hausärztliche Tätigkeit nicht innerhalb von sechs Monaten nach der zulassungsrechtlichen Entscheidung aufgenommen wird;
- die Niederlassung bzw. Filialbildung innerhalb der Bindungsdauer beendet wird. Der Erstattungsbetrag errechnet sich in diesem Fall anteilig aus der ausgezahlten Zuwendung dividiert durch 60 (Monate der Bindungsdauer) multipliziert mit der Anzahl der Monate, die noch bis zum Ende der Bindungsdauer fehlen. Von einer Rückforderung kann abgesehen werden, wenn der Zuwendungsempfänger die Beendigung der Niederlassung bzw. Filialbildung nicht zu vertreten hat oder ein besonderer Härtefall vorliegt;
- die hausärztliche Tätigkeit am Ort der Niederlassung bzw. Filialbildung im Zeitraum der Bindungsdauer nicht tatsächlich ausgeübt wird (im Falle der Filialbildung im Umfang von mindestens zehn Stunden pro Woche an mehreren Tagen in der Filialpraxis). Der Erstattungsbetrag errechnet sich wie bei einer Beendigung der Niederlassung bzw. Filialbildung.

II. Verfahren

7. Antragstellung

Der Antrag ist einzureichen beim Bayerischen Landesamt für Gesundheit und Lebensmittelsicherheit - Bayerische Gesundheitsagentur - mit dem auf der Internetseite des Landesamtes bereitgestellten Formblatt.

Dem Antrag sind beizufügen:

- die zulassungsrechtliche Entscheidung über die vertragsärztliche Tätigkeit,
- eine De-minimis-Erklärung,
- eine Erklärung zu subventionserheblichen Tatsachen,
- eine datenschutzrechtliche Einverständniserklärung.

Im Einzelfall kann die Bewilligungsbehörde auf die Vorlage bestimmter Unterlagen verzichten oder weitere Unterlagen anfordern.

8. Bewilligung und Auszahlung

Das Landesamt für Gesundheit und Lebensmittelsicherheit ist Bewilligungsbehörde.

Der Auszahlungsantrag ist beim Landesamt für Gesundheit und Lebensmittelsicherheit einzureichen. Hierfür ist auf der Internetseite des Landesamtes für Gesundheit und Lebensmittelsicherheit ein Formblatt bereitgestellt. Die Prüfung und Auszahlung erfolgt durch das Landesamt für Gesundheit und Lebensmittelsicherheit.

Das Landesamt für Gesundheit und Lebensmittelsicherheit überwacht die ordnungsgemäße und zweckentsprechende Verwendung der Zuwendung.

9. Nachweis der Verwendung

Die Verwendungsbestätigung wird vom Landesamt für Gesundheit und Lebensmittelsicherheit abschließend geprüft. Hierfür ist auf der Internetseite des Landesamtes für Gesundheit und Lebensmittelsicherheit ein Formblatt bereitgestellt.

III. Inkrafttreten

Diese Richtlinie tritt am 1. Juli 2012 in Kraft.

Musterbogen Projektskizze I (Etappe 1)

Inhalt	**Geplantes Vorhaben**
Antragsteller	
Wer ist der Investor/Hauptakteur? Wie lauten Firmenname und Rechtsform? Welchen Status hat das Unternehmen? Wo liegt der Firmensitz? Wie ist der Geschäftszweck? Wer ist der gesetzliche Vertreter?	
Gegenstand des Vorhabens	
Welche Hauptkomponenten hat das Vorhaben? An welchem Ort soll das Vorhaben umgesetzt werden? Zu welchem Zeitpunkt soll mit dem Vorhaben begonnen werden? Wie lange wird der Umsetzungszeitraum sein? Sind bis zum geplanten Vorhabensbeginn noch gesetzliche Auflagen zu erfüllen, Patente zu beantragen oder Schutzrechte zu klären?	

Finanzierung	
Wie sieht der Investitionsplan aufgeteilt nach Anlagevermögen und Betriebsmittel aus? Wie ist die Gesamtfinanzierung geplant? Legen Sie das Verhältnis von Eigenkapitalanteil und Fremdkapital offen.	
Detaillierte Vorhabensbeschreibung	
Was haben Sie vor? Wie lautet Ihre Geschäftsidee? Welche Produkte/Leistungen sollen abgesetzt werden? Wie läuft der Warenabsatz/der Vertrieb ab? Wo setzen Sie die Produkte/Leistungen ab? Lokal, regional, bundesweit, international? Wie hoch ist der zu erwartende Umsatz im 1., 2. und 3. Jahr, wie hoch die zu erwartenden Gewinne in derselben Staffelung? Schaffen Sie Arbeitsplätze? Wenn ja, wie viele?	

Förderpotenzial-Check (Etappen 2 und 3)

Übertragen Sie die Ergebnisse aus der zweiten Spalte der Projektskizze in die erste Spalte des Förderpotenzial-Checks und gehen Sie die einzelnen Förderbereiche aus Kapitel 2 durch.

Geplantes Vorhaben	Förderrelevante Fragen und Hinweise	Potenzieller Förderbereich
Antragsteller		
Gegenstand des Vorhabens		
Finanzierung		
Detaillierte Vorhabensbeschreibung		

Checkliste K.-o.-Kriterien (Etappe 4)

Prüfen Sie Ihre Richtlinie Satz für Satz auf K.-o.-Kriterien und nehmen Sie dabei Kapitel 3 zur Hilfe

Voraussetzungen			
Originaltext der Richtlinie	**Zugangskriterien**	**Erfüllt**	**K. o.**
Art und Höhe der Förderung			
Originaltext der Richtlinie	**Zugangskriterien**	**Erfüllt**	**K. o.**
Antragsverfahren			
Originaltext der Richtlinie	**Zugangskriterien**	**Erfüllt**	**K. o.**
Sonstiges			
Originaltext der Richtlinie	**Zugangskriterien/Hinweis**	**Erfüllt**	**K. o.**

Checklisten Erstkontakt (Etappe 5)

Checkliste Erstkontakt bei Finanzierungsfördermitteln (z.B. Darlehen, Bürgschaft)

1. Bereiten Sie Ihren Businessplan vor.
2. Rufen Sie beim Kreditinstitut an und kündigen Ihre Anfrage an. Dabei sollten Sie den Finanzierungsbedarf nennen und Ihre Geschäftsidee klar beschreiben können.
3. Fragen Sie gezielt nach, welche Unterlagen Sie anliefern sollen, insbesondere was den Teil der Berechnungen angeht.
4. Ziehen Sie ggf. einen Berater hinzu, der Ihnen bei der Erstellung der Unterlagen hilft. Klären Sie im Vorfeld eines Auftrags die Förderfähigkeit seiner Leistungen (siehe Kapitel 2.1.1.1 Beratungszuschüsse).
5. Gehen Sie in die Kreditgespräche. Hat die Bank Interesse daran, Ihr Vorhaben zu begleiten, schlagen Sie die von Ihnen recherchierten Finanzierungsfördermittel vor.
6. Aufgrund des Hausbankprinzips wird das begleitende Kreditinstitut die Antragstellung der Finanzierungsfördermittel übernehmen und alles Weitere koordinieren. Etappe 6 (Projektskizze II erstellen) fällt in der Regel weg. Die Etappen 7 und 8 übernimmt die Bank.

Checkliste Erstkontakt bei formalen Zuschüssen (z.B. Beratungszuschüsse, Zuschüsse für energieeffiziente Maßnahmen)

1. Rufen Sie die zuständige Förderstelle an. Erläutern Sie Ihr Vorhaben fernmündlich anhand Ihrer Projektskizze I und klären die Förderfähigkeit. Ggf. fragen Sie nach Alternativen.
2. Wird Ihr Vorhaben gemäß Ihrer eigenen Einschätzung auch von der Förderstelle als förderfähig eingestuft, fordern Sie die Antragsunterlagen an bzw. laden diese von der Internetseite runter.
3. Die Etappe 6 (Projektskizze II erstellen) fällt meist weg. Wenn das der Fall ist, knüpfen Sie an Etappe 7 an.

Checkliste Erstkontakt bei konzeptionellen Zuschüssen (z.B. Investitionszuschüsse, Forschungsvorhaben, Wettbewerbe)
1. Prüfen Sie die Richtlinien und aktuellen Informationen auf Fristen und Termine und stellen Sie sicher, dass diese nicht verstrichen sind. 2. Nehmen Sie Ihre Projektskizze I, den Förderpotenzial-Check, einen Ausdruck der Registerkarte „Checkliste“ aus der BMWi-Förderdatenbank und die aktuelle, bearbeitete Originalrichtlinie mit in das Gespräch. 3. Vergegenwärtigen Sie sich die wesentlichen Kernziele des Förderprogramms. 4. Führen Sie das Gespräch mit dem Grundgedanken der Partnerschaftlichkeit.. Sie und die Förderstelle verfolgen im Prinzip dasselbe Ziel.

To-do-Liste (Etappe 8)

Wer?	Was?	Geschätzter Aufwand	Bis wann?

Anhang

Abbildungsverzeichnis

Förderstellen sortiert nach Fördergebieten

Bundesländer

Baden-Württemberg

Bürgschaftsbank Baden-Württemberg GmbH
Werastraße 13-17
70182 Stuttgart
Tel. (07 11) 16 45-6
E-Mail: info@buergschaftsbank.de
Internet: http://www.buergschaftsbank.de

Finanzministerium Baden-Württemberg
Neues Schloss
Schlossplatz 4
70173 Stuttgart
Tel. 0711 279-0
E-Mail: poststelle@fm.bwl.de
Internet: http://www.fm.baden-wuerttemberg.de

L-Bank - Staatsbank für Baden-Württemberg
Geschäftsstelle Stuttgart
Börsenplatz 1
70174 Stuttgart
Tel. (07 11) 1 22-0
E-Mail: wirtschaft@l-bank.de
Internet: http://www.l-bank.de

Ministerium für Finanzen und Wirtschaft Baden-Württemberg
Schlossplatz 4
70173 Stuttgart
Tel. (07 11) 1 23-0
E-Mail: poststelle@mfw.bwl.de
Internet: http://www.mfw.baden-wuerttemberg.de

Ministerium für Umwelt, Klima und Energiewirtschaft Baden-Württemberg
Kernerplatz 9
70182 Stuttgart
Tel. (07 11) 1 26-0
E-Mail: Poststelle@um.bwl.de
Internet: http://www.um.baden-wuerttemberg.de

Mittelständische Beteiligungsgesellschaft Baden-Württemberg GmbH (MBG)
Werastraße 13-17
70182 Stuttgart
Tel. (07 11) 16 45-6
E-Mail: info@mbg.de
Internet: http://www.mbg.de

Bayern

Bayerische Beteiligungsgesellschaft mbH (BayBG)
Königinstraße
80539 München
Tel. (0 89) 12 22 80-1 00
E-Mail: info@baybg.de
Internet: http://www.baybg.de/

Bayerisches Staatsministerium für Ernährung, Landwirtschaft und Forsten
Ludwigstraße 2
80539 München
Tel. +49 89 2182-0
E-Mail: poststelle@stmelf.bayern.de
Internet: http://www.stmelf.bayern.de

Bayerisches Staatsministerium für Wirtschaft, Infrastruktur, Verkehr und Technologie
Prinzregentenstraße 28
80538 München
Tel. (0 89) 21 62-0
E-Mail: info@stmwivt.bayern.de
Internet: http://www.stmwivt.bayern.de/

Bayerische Gesellschaft für Internationale Wirtschaftsbeziehungen mbH
Landsberger Straße 300
80687 München
Tel. (0 89) 66 05 66-0
E-Mail: info@bayern-international.de
Internet: http://www.bayern-international.de/

Bayern Kapital GmbH
Ländgasse 135a
84028 Landshut
Tel. (08 71) 9 23 25-0
E-Mail: info@bayernkapital.de
Internet: http://www.bayernkapital.de

Bürgschaftsbank Bayern GmbH
Max-Joseph-Straße 4
80333 München
Tel. (089) 54 58 57-0
E-Mail: info@bb-bayern.de
Internet: http://www.bb-bayern.de/

Innovations- und Technologiezentrum Bayern (ITZB)
im Haus der Forschung München
Prinzregentenstraße 52
80538 München
Hotline (08 00) 0 26 87 24
Tel. (0 89) 89 05 43 21-0
E-Mail: info@itzb.bayern.de
Internet: http://www.itzb.de
Internet: http://www.hausderforschung.de

LfA Förderbank Bayern
Königinstraße 17
80539 München
Kundencenter: (08 00) 2 12 42 4 0
Tel. (0 89) 21 24-0
E-Mail: info@lfa.de
Internet: http://www.lfa.de

Berlin

IBB Beteiligungsgesellschaft mbH
Bundesallee 171
10715 Berlin
Tel. (0 30) 21 25-32 01
E-Mail: Venture@IBB-Bet.de
Internet: http://www.ibb-bet.de

Investitionsbank Berlin (IBB)
Bundesallee 210
10719 Berlin
Tel. (0 30) 21 25-47 47
E-Mail: info@ibb.de
Internet: http://www.ibb.de

Mittelständische Beteiligungsgesellschaft Berlin-Brandenburg GmbH (MBG)
Geschäftsstelle Berlin
Schillstraße 9
10785 Berlin
Tel. (0 30) 31 10 04-0
E-Mail: berlin@mbg-bb.de
Internet: http://www.mbg-bb.de

Senatsverwaltung für Wirtschaft, Technologie und Forschung
Martin-Luther-Straße 105
10825 Berlin
Tel. (0 30) 90 13-0
E-Mail: poststelle@senwtf.berlin.de
Internet: http://www.berlin.de/sen/wtf/index.html

TSB Technologiestiftung Innovationsagentur Berlin
Ludwig-Erhard-Haus
Fasanenstraße 85
10623 Berlin
Tel. (0 30) 4 63 02-5 00
E-Mail: tsb@tsb-berlin.de
Internet: http://www.tsb-berlin.de

Brandenburg

BBB Bürgschaftsbank zu Berlin-Brandenburg GmbH
Schillstraße 9
10785 Berlin
Tel. (0 30) 31 10 04-0
E-Mail: info@buergschaftsbank-berlin.de
Internet: http://www.buergschaftsbank-berlin.de

BC Brandenburg Capital GmbH
Venture Capital für Brandenburger Technologieunternehmen
Steinstraße 104-106
14480 Potsdam
Tel. (03 31) 6 60-16 98
E-Mail: bc-capital@ilb.de
Internet: http://www.bc-capital.de

Investitionsbank des Landes Brandenburg (ILB)
Steinstraße 104-106
14480 Potsdam
Tel. (03 31) 6 60-0
E-Mail: postbox@ilb.de
Internet: http://www.ilb.de

LASA Brandenburg GmbH
Wetzlarer Straße 54
14482 Potsdam
Postfach 90 02 37
14438 Potsdam
Tel. (03 31) 60 02-2 00
E-Mail: lasa@lasa-brandenburg.de
Internet: http://www.lasa-brandenburg.de

Ministerium für Arbeit, Soziales, Frauen und Familie des Landes Brandenburg
Heinrich-Mann-Allee 103
14473 Potsdam
Tel. (03 31) 8 66-0
E-Mail: poststelle@masf.brandenburg.de
Internet: http://www.masf.brandenburg.de

Ministerium für Wirtschaft und Europaangelegenheiten des Landes Brandenburg
Heinrich-Mann-Allee 107
14473 Potsdam
Tel. (03 31) 8 66-0
E-Mail: poststelle@mwe.brandenburg.de
Internet: http://www.wirtschaft.brandenburg.de

Mittelständische Beteiligungsgesellschaft Berlin-Brandenburg GmbH (MBG)
Geschäftsstelle Brandenburg
Schwarzschildstraße 94
14480 Potsdam
Tel.: (03 31) 6 49 63-0
E-Mail: brandenburg@mbg-bb.de
Internet: http://www.mbg-bb.de

TSB Technologiestiftung Innovationsagentur Berlin
Ludwig-Erhard-Haus
Fasanenstraße 85
10623 Berlin
Tel. (0 30) 4 63 02-5 00
E-Mail: tsb@tsb-berlin.de
Internet: http://www.tsb-berlin.de

ZukunftsAgentur Brandenburg (ZAB)
Steinstraße 104-106
14480 Potsdam
Tel. (03 31) 6 60-38 56
E-Mail: info@zab-brandenburg.de
Internet: http://www.zab-brandenburg.de

Bremen

Bürgschaftsbank Bremen GmbH
Langenstr. 6-8
28195 Bremen
Tel. (04 21) 33 52-33
E-Mail: info@buergschaftsbank-bremen.de
Internet: http://www.buergschaftsbank-bremen.de/

Senator für Umwelt, Bau und Verkehr
Ansgaritorstraße 2
28195 Bremen
Tel.: (04 21) 3 61-247
E-Mail: office@umwelt.bremen.de
Internet: http://www.bauumwelt.bremen.de

Senator für Wirtschaft, Arbeit und Häfen
Zweite Schlachtpforte 3
28195 Bremen
Tel. (04 21) 3 61-88 08
E-Mail: office@wuh.bremen.de
Internet: http://www.wirtschaft.bremen.de

WFB Wirtschaftsförderung Bremen GmbH
Kontorhaus am Markt
Langenstraße 2-4
28195 Bremen
Tel. (04 21) 96 00-10
E-Mail: mail@wfb-bremen.de
Internet: http://www.wfb-bremen.de

Hamburg

Behörde für Wirtschaft, Verkehr und Innovation
Alter Steinweg 4
20459 Hamburg
Tel. (0 40) 4 28 28-0
E-Mail: poststelle@bwvi.hamburg.de
Internet: http://www.hamburg.de/bwvi/

Bürgschaftsgemeinschaft Hamburg GmbH
Habichtstraße 41
22305 Hamburg
Tel. (0 40) 61 17 00-0
E-Mail: bg-hamburg@bg-hamburg.de
Internet: http://www.bg-hamburg.de

HWF Hamburgische Gesellschaft für Wirtschaftsförderung mbH
Habichstraße 41
22305 Hamburg
Tel. (0 40) 22 70 19-0
E-Mail: info@hwf-hamburg.de
Internet: http://www.hwf-hamburg.de

Innovationsstiftung Hamburg
Habichtstraße 41
22305 Hamburg
Tel. (0 40) 8 22 20 78-0
E-Mail: info@innovationsstiftung.de
Internet: http://www.innovationsstiftung.de

Mittelstandsförderinstitut (MFI)
c/o Innovationsstiftung Hamburg
Habichtstr. 41
22305 Hamburg
Tel. (0 40) 8 22 20 78-0
E-Mail: info@mfi-hamburg.de
Internet: http://www.mfi-hamburg.de

Hessen

Bürgschaftsbank Hessen GmbH
Abraham-Lincoln-Straße 38-42
65189 Wiesbaden
Tel. (06 11) 15 07-0
E-Mail: info@bb-h.de
Internet: http://www.bb-h.de

HA Hessen Agentur GmbH
Konradinerallee 9
65189 Wiesbaden
Tel. (06 11) 950 17-80
E-Mail: info@hessen-agentur.de
Internet: http://www.hessen-agentur.de

Hessen Trade & Invest GmbH
Konradinerallee 9
65189 Wiesbaden
Tel. (06 11) 950 17-85
E-Mail: info@htai.de
Internet: http://www.htai.de

Hessisches Ministerium für Wirtschaft, Verkehr und Landesentwicklung
Kaiser-Friedrich-Ring 75
65185 Wiesbaden
Tel. (06 11) 8 15-0
E-Mail: info@hmwvl.hessen.de
Internet: http://www.wirtschaft.hessen.de

Mittelständische Beteiligungsgesellschaft Hessen mbH (MBG H)
Schumannstraße 4-6
60325 Frankfurt am Main
Tel. (0 69) 13 38 50-78 41
E-Mail: info@mbg-hessen.de
Internet: http://www.mbg-hessen.de

Wirtschafts- und Infrastrukturbank Hessen (WiBank)
Strahlenbergerstraße 11
63067 Offenbach
Tel. (0 69) 91 32-03
E-Mail: foerderberatung@wibank.de
Internet: http://www.wibank.de

Mecklenburg-Vorpommern

Bürgschaftsbank Mecklenburg-Vorpommern GmbH (BMV)
Ludwig-Bölkow-Haus
Graf-Schack-Allee 12
19053 Schwerin
Tel. (03 85) 3 95 55-0
E-Mail: info@bbm-v.de
Internet: http://www.bbm-v.de

Landesförderinstitut Mecklenburg-Vorpommern
Werkstraße 213
19061 Schwerin
Tel. (03 85) 63 63-0
E-Mail: info@lfi-mv.de
Internet: http://www.lfi-mv.de

Ministerium für Wirtschaft, Bau und Tourismus Mecklenburg-Vorpommern
Johannes-Stelling-Straße 14
19053 Schwerin
Tel. (03 85) 5 88-0
E-Mail: poststelle@wm.mv-regierung.de
Internet: http://www.wm.mv-regierung.de

Mittelständische Beteiligungsgesellschaft Mecklenburg-Vorpommern mbH (MBMV)
Ludwig-Bölkow-Haus
Graf-Schack-Allee 12
19053 Schwerin
Tel. (03 85) 3 95 55-0
E-Mail: info@mbm-v.de
Internet: http://www.mbm-v.de

TBI Technologie-Beratungs-Institut GmbH
Hagenower Straße 73
19061 Schwerin
Tel. (03 85) 39 93-1 65
E-Mail: info@tbi-mv.de
Internet: http://www.tbi-mv.de

Niedersachsen

Investitions- und Förderbank Niedersachsen (NBank)
Günther-Wagner-Allee 12-16
30177 Hannover
Tel. (05 11) 3 00 31-0
E-Mail: info@nbank.de
Internet: http://www.nbank.de

Mittelständische Beteiligungsgesellschaft Niedersachsen (MBG) mbH
Hildesheimer Straße 6
30169 Hannover
Tel. (05 11) 3 37 05-11
E-Mail: info@mbg-hannover.de
Internet: http://www.mbg-hannover.de

Niedersächsische Bürgschaftsbank (NBB) GmbH
Hildesheimer Straße 6
30169 Hannover
Tel. (05 11) 3 37 05-0
E-Mail: info@nbb-hannover.de
Internet: http://www.nbb-hannover.de

Niedersächsisches Ministerium für Ernährung, Landwirtschaft
und Verbraucherschutz
Calenberger Straße 2
30169 Hannover
Tel. (05 11) 1 20-21 35/36/37/38
E-Mail: poststelle@ml.niedersachsen.de
Internet: http://www.ml.niedersachsen.de

Niedersächsisches Ministerium für Wirtschaft, Arbeit und Verkehr
Friedrichswall 1
30159 Hannover
Tel. (05 11) 1 20-0
E-Mail: info@mw.niedersachsen.de
Internet: http://www.mw.niedersachsen.de

Nordrhein-Westfalen

Burgschaftsbank Nordrhein-Westfalen GmbH
Hellersbergstraße 18
41460 Neuss
Tel. (0 21 31) 51 07-0
E-Mail: info@bb-nrw.de
Internet: http://www.bb-nrw.de

Kapitalbeteiligungsgesellschaft NRW mbh (KBG)
Hellersbergstraße 18
41460 Neuss

Tel. (0 21 31) 51 07-0
E-Mail: info@kbg-nrw.de
Internet: http://www.kbg-nrw.de

Landes-Gewerbeförderungsstelle des nordrhein-westfälischen Handwerks e.V. (LGH)
Handwerks e.V. (LGH)
Auf'm Tetelberg 7
40221 Düsseldorf
Tel. (02 11) 3 01 08-0
E-Mail: info@lgh.de
Internet: http://www.lgh.de

Ministerium für Wirtschaft, Energie, Industrie, Mittelstand
und Handwerk des Landes Nordrhein-Westfalen
Horionplatz 1
40213 Düsseldorf
Tel. (02 11) 8 37-02
E-Mail: poststelle@mwebwv.nrw.de
Internet: http://www.mwme.nrw.de

NRW.BANK
Kavalleriestraße 22
40213 Düsseldorf
E-Mail: info@nrwbank.de
Internet: http://www.nrwbank.de

NRW.BANK
Beratungscenter Rheinland
Tel. (02 11) 917 41-48 00

NRW.BANK
Beratungscenter Westfalen
Tel. (02 51) 917 41-48 00

NRW.International GmbH
Völklinger Straße 4
40219 Düsseldorf
Tel. (02 11) 71 06 71-0
E-Mail: info@nrw-international.de
Internet: http://www.nrw-international.de

NRW.INVEST GmbH
Völklinger Straße 4
40219 Düsseldorf
Tel. (02 11) 1 30 00-0
E-Mail: nrw@nrwinvest.com
Internet: http://www.nrwinvest.com

Rheinland-Pfalz

Bürgschaftsbank Rheinland-Pfalz GmbH
Rheinstraße 4 H
55116 Mainz
Telefon: (0 61 31) 6 29 15-5
Internet: http://www.bb-rlp.de

IMG Innovations-Management GmbH
Kurt-Schumacher-Straße 74a
67663 Kaiserslautern
Tel. (06 31) 3 16 68-0
E-Mail: info@img-rlp.de
Internet: http://www.img-rlp.de

Investitions- und Strukturbank Rheinland-Pfalz (ISB)
Holzhofstraße 4
55116 Mainz
Hotline (0 61 31) 61 72-13 33
Tel. (0 61 31) 61 72-0
E-Mail: isb@isb.rlp.de
Internet: http://isb.rlp.de/

Ministerium für Soziales, Arbeit, Gesundheit und Demografie
des Landes Rheinland-Pfalz
Bauhofstraße 9
55116 Mainz
Tel.: 06131 16-0
E-Mail: poststelle@msagd.rlp.de
Internet: http://www.msagd.rlp.de

Ministerium für Wirtschaft, Klimaschutz, Energie
und Landesplanung Rheinland-Pfalz
Stiftsstraße 9
55116 Mainz
Tel. (0 61 31) 16-0
E-Mail: Poststelle@mwkel.rlp.de
Internet: http://www.mwkel.rlp.de

Kapitalbeteiligungen an kleinen und mittleren Unternehmen
der gewerblichen Wirtschaft in Rheinland-Pfalz
c/o Bürgschaftsbank Rheinland-Pfalz GmbH
Rheinstraße 4 H
55116 Mainz
Tel. (0 61 31) 6 29 15-5
E-Mail: info@bb-rlp.de
Internet: http://www.bb-rlp.de/mbg
Stiftung Rheinland-Pfalz für Innovation
Mittlere Bleiche 61
55116 Mainz
Tel. (0 61 31) 1 60-56 10
E-Mail: stiftung.innovation@mbwjk.rlp.de
Internet: http://www.stiftung-innovation.rlp.de

Wagnisfinanzierungsgesellschaft für Technologieförderung
in Rheinland-Pfalz mbH (WFT)
Holzhofstraße 4
55116 Mainz
Tel. (0 61 31) 61 72-0
E-Mail: isb@isb.rlp.de
Internet: http://isb.rlp.de

Saarland

Bürgschaftsbank Saarland GmbH (BBS)
Franz-Josef-Röder-Straße 17
66119 Saarbrücken
Tel. (06 81) 30 33-0
E-Mail: info@bbs-saar.de
Internet: http://www.bbs-saar.de

Ministerium für Wirtschaft, Arbeit, Energie und Verkehr
Franz-Josef-Röder-Straße 17
66119 Saarbrücken
Tel. (06 81) 5 01-18 88
E-Mail: poststelle@wirtschaft.saarland.de
Internet: http://www.wirtschaft.saarland.de

Saarländische Investitionskreditbank AG (SIKB)
Franz-Josef-Röder-Straße 17
66119 Saarbrücken
Tel. (06 81) 30 33-0
E-Mail: info@sikb.de

Saarländische Wagnisfinanzierungsgesellschaft mbH (SWG)
Franz-Josef-Röder-Straße 17
66119 Saarbrücken
Tel. (06 81) 30 33-0
E-Mail: info@swgmbh.de
Internet: http://www.swgmbh.de

Zentrale für Produktivität und Technologie Saar e.V. (ZPT)
Franz-Josef-Röder-Straße 9
66119 Saarbrücken
Tel. (06 81) 95 20-4 70
E-Mail: info@zpt.de
Internet: http://www.zpt.de

Sachsen

Bürgschaftsbank Sachsen GmbH
Anton-Graff Straße 20
01309 Dresden
Tel. (03 51) 44 09-0
E-Mail: info@bbs-sachsen.de
Internet: http://www.bbs-sachsen.de

Mittelständische Beteiligungsgesellschaft Sachsen mbH
Anton-Graff-Straße 20
01309 Dresden
Tel. (03 51) 44 09-0
E-Mail: info@mbg-sachsen.de
Internet: http://www.mbg-sachsen.de

Sachsen-Anhalt

Bürgschaftsbank Sachsen-Anhalt GmbH
Große Diesdorfer Straße 228
39108 Magdeburg
Tel. (03 91) 7 37 52-0
E-Mail: info@bb-sachsen-anhalt.de
Internet: http://www.bb-sachsen-anhalt.de

Investitionsbank Sachsen-Anhalt
Domplatz 12
39104 Magdeburg
Tel. (03 91) 5 89-17 45
Hotline (08 00) 5 60 07 57
E-Mail: info@ib-lsa.de
Internet: http://www.ib-sachsen-anhalt.de

Ministerium für Wissenschaft und Wirtschaft des Landes Sachsen-Anhalt
Hasselbachstraße 4
39104 Magdeburg
Tel. (03 91) 5 67-01
E-Mail: poststelle@mw.sachsen-anhalt.de
Internet: http://www.mw.sachsen-anhalt.de

Mittelständische Beteiligungsgesellschaft Sachsen-Anhalt (MBG) mbH
39108 Magdeburg
Tel. (03 91) 7 37 52-0
E-Mail: info@mbg-sachsen-anhalt.de
Internet: http://www.mbg-sachsen-anhalt.de

Sächsische Aufbaubank - Förderbank (SAB)
Pirnaische Straße 9
01069 Dresden
Tel. (03 51) 49 10-0
E-Mail: servicecenter@sab.sachsen.de
Internet: http://www.sab.sachsen.de

Sächsisches Staatsministerium für Wirtschaft, Arbeit und Verkehr
Wilhelm-Buck-Straße 2
01097 Dresden
Tel. (03 51) 5 64-0
E-Mail: poststelle@smwa.sachsen.de
Internet: http://www.smwa.sachsen.de

SBG - Sächsische Beteiligungsgesellschaft mbH
Pirnaische Straße 9
01069 Dresden
Tel. (03 51) 49 10-54 74
E-Mail: info@sbg.sachsen.de
Internet: http://www.sbg.sachsen.de

Wirtschaftsförderung Sachsen GmbH
Bertolt-Brecht-Allee 22
01309 Dresden
Tel. (03 51) 21 38-0
E-Mail: info@wfs.sachsen.de
Internet: http://www.wfs.sachsen.de

Schleswig-Holstein

Bürgschaftsbank Schleswig-Holstein GmbH
Lorentzendamm 22
24103 Kiel
Tel. (04 31) 59 38-0
E-Mail: info@bb-sh.com
Internet: http://www.bb-sh.com

Ministerium für Wirtschaft, Arbeit, Verkehr und Technologie des Landes Schleswig-Holstein
Düsternbrooker Weg 94
24105 Kiel
Tel. (04 31) 9 88-47 60
E-Mail: mwvinternet@wimi.landsh.de
Internet: http://www.schleswig-holstein.de/MWAVT

Mittelständische Beteiligungsgesellschaft Schleswig-Holstein GmbH (MBG)
Lorentzendamm 21
24103 Kiel
Tel. (04 31) 6 67 01 35 86
E-Mail: info@mbg-sh.de
Internet: http://www.mbg-sh.de

Wirtschaftsförderung und Technologietransfer Schleswig-Holstein GmbH (WTSH)
Lorentzendamm 24
24103 Kiel
Tel. (04 31) 6 66 66-0
E-Mail: info@wtsh.de
Internet: http://www.wtsh.de

Thüringen

Bürgschaftsbank Thüringen GmbH
Bonifaciusstraße 19
99084 Erfurt
Tel. (03 61) 21 35-0
E-Mail: info@bb-thueringen.de
Internet: http://www.bb-thueringen.de

GFAW - Gesellschaft für Arbeits- und Wirtschaftsförderung Thüringen mbH
Warsbergstraße 1
99092 Erfurt
Tel. (03 61) 22 23-0
E-Mail: servicecenter@gfaw-thueringen.de
Internet: http://www.gfaw-thueringen.de

Mittelständische Beteiligungsgesellschaft Thüringen mbH
Bonifaciusstraße 19
99084 Erfurt
Tel. (03 61) 21 35-0
E-Mail: info@mbg-thueringen.de
Internet: http://www.mbg-thueringen.de

Thüringer Aufbaubank
Gorkistraße 9
99084 Erfurt
Tel. (03 61) 74 47-4 45
E-Mail: info@aufbaubank.de
Internet: http://www.aufbaubank.de

Thüringer Ministerium für Wirtschaft, Arbeit und Technologie
Max-Reger-Straße 4-8
99096 Erfurt
Tel. (03 61) 3 79-999
E-Mail: mailbox@tmwat.thueringen.de
Internet: http://www.thueringen.de/de/tmwat

Thüringer Ministeriums für Landwirtschaft, Forsten, Umwelt und Naturschutz
Beethovenstraße 3
99096 Erfurt
Tel.: (0361) 37 99 930
Internet: http://www.thueringen.de

Bund

Ausstellungs- und Messe-Ausschuss der Deutschen Wirtschaft e.V. (AUMA)
Littenstraße 9
10179 Berlin
Tel. (0 30) 24 00 0-0
E-Mail: info@auma.de
Internet: http://www.auma.de

BINE Informationsdienst
Kaiserstraße 185-197
53113 Bonn
Tel. (02 28) 9 23 79-0
E-Mail: kontakt@bine.info
Internet: http://www.bine.info

Bundesagentur für Arbeit (BA)
Regensburger Straße 104
90478 Nürnberg
Tel. (09 11) 1 79-0
Fax (09 11) 1 79-21 23
E-Mail: zentrale@arbeitsagentur.de
Internet: http://www.arbeitsagentur.de

Bundesamt für Migration und Flüchtlinge (BAMF)
Frankenstraße 210
90461 Nürnberg
Tel. (09 11) 9 43-0
E-Mail: info@bamf.de
Internet: http://www.bamf.de

Bundesamt für Wirtschaft und Ausfuhrkontrolle (BAFA)
Frankfurter Straße 29-35
65760 Eschborn
Tel. (0 61 96) 9 08-0
E-Mail: foerderung@bafa.bund.de
Internet: http://www.bafa.de

Bundesinstitut für Berufsbildung (BIBB)
Robert-Schumann-Platz 3
53175 Bonn
Tel. (02 28) 1 07-0
E-Mail: zentrale@bibb.de
Internet: http://www.bibb.de

Bundesministerium für Arbeit und Soziales (BMAS)
Wilhelmstraße 49
10117 Berlin
Tel. (0 30) 1 85 27-0
E-Mail: info@bmas.bund.de
Internet: http://www.bmas.bund.de

Bundesministerium für Bildung und Forschung (BMBF)
Heinemannstraße 2
53175 Bonn
Tel. (02 28) 99 57-0
E-Mail: information@bmbf.bund.de
Internet: http://www.bmbf.de

Bundesministerium für Ernährung, Landwirtschaft und Verbraucherschutz
Dienstsitz Bonn:
Rochusstraße 1
53123 Bonn
Tel. (02 28) 9 95 29-0
Fax (02 28) 9 95 29-31 79

Bundesministerium für Verkehr, Bau- und Stadtentwicklung (BMVBS)
Invalidenstraße 44
10115 Berlin
Tel. (0 30) 1 83 00-0
E-Mail: buergerinfo@bmvbs.bund.de
Internet: http://www.bmvbs.de

Bundesministerium für Wirtschaft und Technologie (BMWi)
Scharnhorststraße 34-37
10115 Berlin
Tel. (0 30) 18 61 5-0
E-Mail: info@bmwi.bund.de
Internet: http://www.bmwi.de

Bundesverwaltungsamt (BVA)
Barbarastraße 1
50735 Köln
Tel. (02 28) 9 93 58-0
E-Mail: poststelle@bva.bund.de
Internet: http://www.bundesverwaltungsamt.de

Deutsche Bundesstiftung Umwelt (DBU)
An der Bornau 2
49090 Osnabrück
Tel. (05 41) 96 33-0
Internet: http://www.dbu.de

Deutsches Zentrum für Luft- und Raumfahrt e.V.
Heinrich-Konen-Straße 1
53227 Bonn
Tel. (02 28) 38 21-11 31
E-Mail: Thorsten.Eggers@dlr.de
Internet: http://pt-ad.pt-dlr.de

Euler Hermes Kreditversicherungs-AG
Friedensallee 254
22763 Hamburg
Tel. (0 40) 88 34-90 00
E-Mail: info@exportkreditgarantien.de
Internet: http://www.agaportal.de/

EuroNorm GmbH
Stralauer Platz 34
10234 Berlin
Tel. (0 30) 9 70 03-0 43
E-Mail: info@fue-foerderung.de
Internet: http://www.fue-foerderung.de

Fachagentur Nachwachsende Rohstoffe e.V. (FNR)
Hofplatz 1
18276 Gülzow-Prüzen
Tel. (0 38 43) 69 30-0
E-Mail: info@fnr.de
Internet: http://www.fnr.de

Förderberatung "Forschung und Innovation" des Bundes
Projektträger Jülich (PTJ)
Forschungszentrum Jülich GmbH
Zimmerstr. 26-27
10969 Berlin

Beratungstelefon Forschungs- und Innovationsförderung:
(0 800) 26 23-0 08 (kostenfrei)
Lotsendienst für Unternehmen:
(0 800) 26 23-0 09 (kostenfrei)
E-Mail: beratung@foerderinfo.bund.de
Internet: http://www.foerderinfo.bund.de

Forschungszentrum Jülich GmbH - Projektträger Jülich (PtJ)
Wilhelm-Johnen-Straße
52428 Jülich
Tel. (0 24 61) 61-94 31
E-Mail: ptj@fz-juelich.de
Internet: http://www.ptj.de

Germany Trade and Invest (GTAI) - Gesellschaft für Außenwirtschaft und Standortmarketing mbH
Hauptsitz
Friedrichstraße 60
10117 Berlin
Tel. (0 30) 20 00 99-0
E-Mail: invest@gtai.com

Gesellschaft für soziale Unternehmensberatung mbH (gsub)
Kronenstraße 6
10117 Berlin
Tel. (0 30) 2 84 09-0
E-Mail: kontakt@gsub.de
Internet: http://www.gsub.de

Gesellschaft für Struktur- und Arbeitsmarktentwicklung (GSA)
Schulstraße 1-3
19055 Schwerin
Tel. (03 85) 5 57 75-0
E-Mail: info@gsa-schwerin.de
Internet: http://www.gsa-schwerin.de

High-Tech Gründerfonds Management GmbH
Schlegelstraße 2
53113 Bonn
Tel. (02 28) 82 30 01-00
E-Mail: info@high-tech-gruenderfonds.de
Internet: http://www.high-tech-gruenderfonds.de

Karlsruher Institut für Technologie - Projektträger Karlsruhe (PTKA)
Hermann-von-Helmholtz-Platz 1
76344 Eggenstein-Leopoldshafen
Tel. (07 21) 6 08-2 48 51
E-Mail: wte@ptka.kit.edu
Internet: http://www.ptka.kit.edu/wte/

KfW Bankengruppe
Palmengartenstraße 5-9
60325 Frankfurt am Main
Tel. (0 69) 74 31-0
E-Mail: info@kfw.de
Internet: http://www.kfw.de

KfW Bankengruppe
Ludwig-Erhard-Platz 1-3
53179 Bonn
Tel. (02 28) 8 31-0
E-Mail: info@kfw.de
Internet: http://www.kfw.de

KfW Bankengruppe
Charlottenstraße 33/33a
10117 Berlin
Tel. 030 20 2 64-0
E-Mail: info@kfw.de
Internet: http://www.kfw.de

KfW IPEX-Bank
Palmengartenstraße 5-9
60325 Frankfurt am Main
Tel. (0 69) 74 31-33 00
E-Mail: info@kfw-ipex-bank.de
Internet: http://www.kfw-ipex-bank.de

Landwirtschaftliche Rentenbank (LR)
Hochstraße 2
60313 Frankfurt am Main
Tel. (0 69) 21 07-0
E-Mail: office@rentenbank.de
Internet: http://www.rentenbank.de

PricewaterhouseCoopers AG Wirtschaftsprüfungsgesellschaft (PWC AG)
New-York-Ring 13
22297 Hamburg
Tel. (0 40) 88 34- 94 51
E-Mail: investitionsgarantien@de.pwc.com
Internet: http://agaportal.de/pages/dia/index.html

Projektträger Mobilität und Verkehr, Bauen und Wohnen (PT MVBW)
TÜV Rheinland Consulting GmbH
Am Grauen Stein
51105 Köln
Tel. (02 21) 8 06-0
Fax (02 21) 8 06-34 96
Internet: http://www.tuvpt.de

VDI/VDE Innovation + Technik GmbH
Steinplatz 1
10623 Berlin
Tel. (0 30) 31 00 78-0
E-Mail: vdivde-it@vdivde-it.de
Internet: http://www.vdivde-it.de

VDI-Technologiezentrum GmbH
VDI-Platz 1
40468 Düsseldorf
Tel. (02 11) 62 14-4 01
E-Mail: vditz@vdi.de
Internet: http://www.vditz.de

Verband Deutscher Bürgschaftsbanken e.V. (VDB)
Schillstraße 10
10785 Berlin
Tel. (0 30) 2 63 96 54-0
E-Mail: info@vdb-info.de
Internet: http://www.vdb-info.de

EU

CORDIS - Forschungs- & Entwicklungsinformationsdienst der EU
2, rue Mercier
L-2985 Luxemburg
Tel. (00 352) 29 29-42 21 0
E-Mail: cordis-helpdesk@publications.europa.eu
Internet: http://cordis.europa.eu/home_de.html

Europäische Kommission - Vertretung in Deutschland
Unter den Linden 78
10117 Berlin
Tel. (0 30) 22 80-20 00
E-Mail: eu-de-kommission@ec.europa.eu
Internet: http://www.eu-kommission.de

Euler Hermes Kreditversicherungs-AG
22763 Hamburg
Tel. (0 40) 88 34-90 00
E-Mail: info@exportkreditgarantien.de
Internet: http://www.agaportal.de/

Europäische Investitionsbank (EIB)
98-100, boulevard Konrad Adenauer
L-2950 Luxemburg
Tel. (00 352) 43 79-1
E-Mail: info@eib.europa.eu
Internet: http://eib.europa.eu/

Europäische Kommission
Rue de la Loi / Wetstraat 200
B-1049 Brüssel
Tel. (00 32 2) 299 11 11
E-Mail: Kontaktformular
Internet: http://ec.europa.eu/index_de.htm

Europäische Kommission - Vertretung in Deutschland
Unter den Linden 78
10117 Berlin
Tel. (0 30) 22 80-20 00
E-Mail: eu-de-kommission@ec.europa.eu
Internet: http://www.eu-kommission.de

Literaturverzeichnis

Bekanntmachung der Neufassung der Richtlinien vom 11. Februar 2002, Bundesanzeiger Nr. 59 vom 26. März 2002, S. 6077; zuletzt geändert am 22. Februar 2008; Bekanntmachung des BMWi vom 14. September 2012, Bundesanzeiger Amtlicher Teil vom 21. September 2012, B1; Informationen der Euler Hermes Deutschland AG, Stand September 2012; Pressemitteilung des BMWi vom 13. Februar 2013 (Exportkreditgarantien)

Bekanntmachung des Bundesministeriums für Wirtschaft und Technologie (BMWi) vom 1. Februar 2005, Bundesanzeiger Nr. 47 vom 9. März 2005, S. 3445; Pressemitteilung des BMWi vom 3. Juni 2011; Merkblatt der KfW Bankengruppe, Stand Juli 2012; Rundschreiben der KfW Bankengruppe vom 10. Juli 2012

Bekanntmachung des Bundesministeriums für Wirtschaft und Technologie (BMWi) vom 11. August 2009, Bundesanzeiger Nr. 135 vom 10. September 2009, S. 3217; ergänzt durch Bekanntmachungen vom 30. November 2009, Bundesanzeiger Nr. 189 vom 15. Dezember 2009, S. 4198; 22. Dezember 2009, Bundesanzeiger Nr. 7 vom 14. Januar 2010, S. 134 sowie 10. Dezember 2010, Bundesanzeiger Nr. 11 vom 20. Januar 2011, S. 192; Pressemitteilung des Bundesministeriums für Wirtschaft und Technologie (BMWi) vom 17. Dezember 2010 (Gemeinschaftsaufgabe „Verbesserung der regionalen Wirtschaftsstruktur)

Bekanntmachung vom 11. Juli 2011, Amtsblatt für Schleswig-Holstein Nr. 30 vom 25. Juli 2011, S. 441; Informationen der Wirtschaftsförderung und Technologietransfer Schleswig-Holstein GmbH (WTSH), Stand Juli 2012 (Zukunftsprogramm Wirtschaft - Beschäftigung von Absolventen von Fachhochschulen und wissenschaftlichen Hochschulen in kleinen Unternehmen (Innovationsassistentenrichtlinie - IAR -)

Bundesministerium der Finanzen, Dreiundzwanzigster Subventionsbericht, Bericht der Bundesregierung über die Entwicklung der Finanzhilfen des Bundes und der Steuervergünstigungen für die Jahre 2009 bis 2012 Bundesanzeiger Verlagsgesellschaft mbH

Emmenegger, Susan/Zbinden, Andrea: Die Inanspruchnahme der Bankgarantie, Schweizerische Bankrechtstagung 2008, Kreditsicherheiten, Basel 2008, S. 139-174

Ergänzende Förderkriterien vom 21. Juni 2010; Informationen der Investitionsbank Schleswig-Holstein (IB), Stand August 2012 (Zukunftsprogramm Arbeit – Prioritätsachse A – Potenzialberatung)

Europäische Kommission: The new SME definition – User guide and model declaration, 2003

Fördergrundsätze des Beauftragten der Bundesregierung für Kultur und Medien (BKM) vom 22. Februar 2011; Informationen des BKM, Stand Januar 2013; Pressemitteilung des BKM vom 12. April 2013 (Förderung von Internetangeboten für Kinder "Ein Netz für Kinder“)

Förderrichtlinien des Bundesministeriums für Familie, Senioren, Frauen und Jugend (BMFSFJ), Stand November 2012 (Betriebliche Kinderbetreuung)

Informationen der Bundesagentur für Arbeit, Stand Februar 2013; Sozialgesetzbuch, Drittes Buch (SGB III – Arbeitsförderung, §§ 88 ff.), Eingliederungszuschuss, www.arbeitsagentur.de,

Informationen der High-Tech Gründerfonds Management GmbH, Stand Februar 2013, High-Tech Gründerfonds, www.high-tech-gruenderfonds.de, 14.07.2013

Informationen der IBB Beteiligungsgesellschaft mbH, Stand Mai 2013 (Venture Capital (VC) Fonds Kreativwirtschaft Berlin)

Informationen der KIC InnoEnergy Germany GmbH, Stand November 2012, www.kic-innoenergy.com

Informationen des Ausstellungs- und Messe-Ausschusses der Deutschen Wirtschaft e.V. (AUMA) und des Bundesministeriums für Wirtschaft und Technologie (BMWi), Stand November 2012; Pressemitteilung des AUMA vom 24. April 2013 (Auslandsmesseprogramm)

Informationen des Bundesministeriums für Arbeit und Soziales (BMAS) und der GLS Gemeinschaftsbank eG, Stand Juni 2012; Pressemitteilung des BMAS vom 3. Januar 2012, Mikrokreditfonds, www.mikrokreditfonds.de

Informationen des Bundesministeriums für Wirtschaft und Technologie (BMWi), Stand Februar 2013 (BMWi-Markterschließungsprogramm)

Informationen des Bundesministeriums für Wirtschaft und Technologie (BMWi), Stand November 2012, Bürgschaften des Bundes und der Länder

Informationen der VDI/VDE Innovation + Technik GmbH, Stand Juni 2013, www.vdb-info.de

Merkblatt der KfW Bankengruppe, Stand Februar 2009; Rundschreiben der KfW Bankengruppe vom 27. Februar 2009, Fündigkeitsrisiko Tiefengeothermie

Merkblatt der KfW Bankengruppe, Stand Februar 2013 (KfW-Filmfinanzierung)

Merkblatt der KfW Bankengruppe, Stand Juni 2013, Energieeffizient Sanieren – Baubegleitung

Merkblatt der KfW Bankengruppe, Stand Juni 2013; Rundschreiben der KfW Bankengruppe vom 25. Februar 2013; Pressemitteilung der KfW vom 7. Juni 2013 (Altersgerecht Umbauen)

Merkblatt der KfW Bankengruppe, Stand März 2013, Beteiligungskapital für Wachstum, Innovation und Nachfolge (WIN)

Merkblatt der KfW Bankengruppe, Stand Mai 2011; Rundschreiben der KfW Bankengruppe vom 9. Mai 2011; Pressemitteilung des Bundesministeriums für Wirtschaft und Technologie (BMWi) vom 20. Juni 2013 (Runder Tisch)

Merkblatt der KfW Bankengruppe, Stand September 2012; Rundschreiben der KfW Bankengruppe vom 25. Februar 2013; Pressemitteilung der KfW vom 7. Juni 2013

Merkblatt der KfW Bankengruppe, Stand September 2012; Rundschreiben der KfW Bankengruppe vom 26. Juli 2012; Informationen der KfW Bankengruppe, Stand September 2012 (Kfw-Programm Erneuerbare Energien – Standard)

Merkblatt des Ministeriums für Innovation, Wissenschaft, Forschung und Technologie des Landes Nordrhein-Westfalen, Stand November 2009; Informationen des Ministeriums für Innovation, Wissenschaft und Forschung, Stand Februar 2013 (Innovationsassistent)

Presse- und Informationsamt der Bundesregierung, Berlin; Steuerwandel, Volkswirtschaftliche Bedeutung der Technologie- und Innovationsförderung im Mittelstand, Projekt Nr.: 49/10, Schlussbericht, Im Auftrag des Bundesministeriums für Wirtschaft und Technologie, Wissenschaftliche Bearbeiter: Heike Belitz, Alexander Eickelpasch, Anna Lejpras, unter Mitarbeit von Nataliya Barasinska, Kathleen Toepel,

Pressemitteilung des Ministeriums für Finanzen und Wirtschaft Baden-Württemberg vom 12. Juli 2012; Informationen des Ministeriums für Finanzen und Wirtschaft Baden-Württemberg, Stand Oktober 2012, Begleitende Gründungsberatung (Exi-Gründungs-Gutscheine)

Richtlinie der Senatsverwaltung für Wirtschaft, Technologie und Forschung vom 1. Januar 2012 in der Fassung vom 1. Juni 2012 (Beschäftigung von Innovationsassistenten)

Richtlinie der Senatsverwaltung für Wirtschaft, Technologie und Forschung vom 14. Januar 2013, Amtsblatt für Berlin Nr. 5 vom 1. Februar 2013, S. 163 (Coaching in der Vorgründungsphase)

Richtlinie des Bayerischen Staatsministeriums für Umwelt und Gesundheit vom 22. Juni 2012; Pressemitteilung des Bayerischen Staatsministeriums für Umwelt und Gesundheit vom 14. August 2012 (Förderung der Niederlassung von Hausärzten im ländlichen Raum)

Richtlinie des Bayerischen Staatsministeriums für Wirtschaft, Infrastruktur, Verkehr und Technologie vom 19. Dezember 2007, Allgemeines Ministerialblatt Nr. 1 vom 30. Januar 2008, S. 21 (Existenzgründercoaching)

Richtlinie des Bundesministeriums für Ernährung, Landwirtschaft und Verbraucherschutz (BMELV) vom 7. Mai 2010, Bundesanzeiger Nr. 198 vom 29. Dezember 2010, S. 4370. Informationen der Bundesanstalt für Landwirtschaft und Ernährung (BLE), Stand September 2012 (Förderung des Modellvorhabens Demonstrationsbetriebe integrierter Pflanzenschutz)

Richtlinien des Bundesministeriums für Ernährung, Landwirtschaft und Verbraucherschutz (BMELV) vom 20. Oktober 2010, Bundesanzeiger Nr. 171 vom 11. November 2010, S. 3786 (Förderung von Investitionen in der Seefischerei (IRS-BMELV)

Richtlinie des Bundesministeriums für Ernährung, Landwirtschaft und Verbraucherschutz (BMELV) vom 22. Oktober 2009, Bundesanzeiger Nr. 165 vom 3. November 2009, S. 3764 (Messe- und Ausstellungsbeiträge zum ökologischen Landbau)

Richtlinie des Bundesministeriums für Ernährung, Landwirtschaft und Verbraucherschutz (BMELV) vom 9. August 2011, Bundesanzeiger Nr. 127 vom 24. August 2011, S. 2972 (Messe- und Ausstellungsbeiträge zur nachhaltigen Landwirtschaft)

Richtlinien des Bundesministeriums für Umwelt, Naturschutz und Reaktorsicherheit (BMU) vom 1. Februar 2013, Bundesanzeiger Amtlicher Teil vom 31. Mai 2013, B6 (Klimaschutzinitiative – Maßnahmen an gewerblichen Kälteanlagen)

Richtlinie des Bundesministeriums für Wirtschaft und Technologie (BMWi) vom 1. August 2011, Bundesanzeiger Nr. 118 vom 9. August 2011, S. 2792, geändert durch Bekannmachung vom 19. Dezember 2011, Bundesanzeiger Nr. 194 vom 23. Dezember 2011, S. 4577; Informationen der demea, Stand Juni 2013 (BMWi-Innovationsgutschein)

Richtlinie des Bundesministeriums für Wirtschaft und Technologie (BMWi) vom 1. Dezember 2011, Bundesanzeiger Nr. 189 vom 15. Dezember 2011, S. 4411; geändert durch Bekanntmachung vom 15. August 2012, Bundesanzeiger Amtlicher Teil vom 17. August 2012, B3; Pressemitteilung des Bundesamts für Wirtschaft und Ausfuhrkontrolle (BAFA) vom 10. August 2012 (Förderung unternehmerischen Know-hows für kleine und mittlere Unternehmen sowie Freie Berufe durch Unternehmensberatungen)

Richtlinie des Bundesministeriums für Wirtschaft und Technologie (BMWi) vom 1. Februar 2005, Bundesanzeiger Nr. 47 vom 9. März 2005, S. 3445; Merkblatt der KfW Bankengruppe, Stand Februar 2012 (ERP-Exportfinanzierungsprogramm)

Richtlinien des Bundesministeriums für Wirtschaft und Technologie (BMWi) vom 11. August 2009, Bundesanzeiger Nr.122 vom 19. August 2009, S. 2842; Richtlinien des Bundesministeriums für Wirtschaft und Technologie (BMWi) vom 4. Dezember 2012, Bundesanzeiger Amtlicher Teil vom 14. Dezember 2012, B1; Pressemitteilung des AUMA vom 19. März 2013 (Teilnahme junger innovativer Unternehmen an internationalen Leitmessen in Deutschland)

Richtlinie des Bundesministeriums für Wirtschaft und Technologie (BMWi) vom 11. August 2009, Bundesanzeiger Nr. 135 vom 10. September 2009, S. 3217; Merkblatt der KfW Bankengruppe, Stand September 2011; Rundschreiben der KfW Bankengruppe vom 17. Oktober 2011

Richtlinien des Bundesministeriums für Wirtschaft und Technologie (BMWi) vom 15. März 2011, Bundesanzeiger Nr. 50 vom 30. März 2011, S. 1157; Richtlinien des Bundesministeriums für Arbeit und Soziales (BMAS) vom 25. März 2011, Bundesanzeiger Nr. 52 vom 1. April 2011, S. 1231; geändert durch Bekanntmachung vom 12. März 2012, Bundesanzeiger Nr. 45 vom 20. März 2012, S. 1105; Merkblatt der KfW Bankengruppe, Stand Mai 2012; Rundschreiben der KfW Bankengruppe vom 27. April 2012

Richtlinie des Bundesministeriums für Wirtschaft und Technologie (BMWi) vom 21. April 2009, Bundesanzeiger Nr. 65 vom 30. April 2009, S. 1570; Merkblatt der KfW Bankengruppe, Stand Mai 2011; Rundschreiben der KfW Bankengruppe vom 9. Mai 2011 (Turn-Around-Beratung)

Richtlinie des Bundesministeriums für Wirtschaft und Technologie (BMWi) vom 28. Mai 2008, Bundesanzeiger Nr. 93 vom 25. Juni 2008, S. 2202; Merkblatt der KfW Bankengruppe, Stand Januar 2013; Rundschreiben der KfW Bankengruppe vom 20. Dezember 2011, (ERP-Innovationsprogramm)

Richtlinien des Bundesministeriums für Wirtschaft und Technologie (BMWi) vom 29. November 2011, Bundesanzeiger Nr. 187 vom 13. Dezember 2011, S. 4356; Merkblatt der KfW Bankengruppe, Stand Juni 2013; Rundschreiben der KfW Bankengruppe vom 17. Oktober 2011; Pressemitteilung der KfW vom 7. Juni 2013

Richtlinien des Bundesministeriums für Wirtschaft und Technologie (BMWi) vom 29. November 2011, Bundesanzeiger Nr. 187 vom 13. Dezember 2011, S. 4356; Merkblatt der KfW Bankengruppe, Stand September 2012; Rundschreiben der KfW Bankengruppe vom 26. Juli 2012; Pressemitteilung der KfW vom 7. Juni 2013

Richtlinie des Bundesministeriums für Wirtschaft und Technologie (BMWi) vom 5. Januar 2009, Bundesanzeiger Nr. 2 vom 7. Januar 2009, S. 31; Merkblatt der KfW Bankengruppe, Stand Oktober 2012; Rundschreiben der KfW Bankengruppe vom 24. Juli 2012

Richtlinie des Hessischen Ministeriums für Wissenschaft und Kunst vom 10. September 2008, Staatsanzeiger für das Land Hessen Nr. 40 vom 29. September 2008, S. 2563 (Denkmalförderrichtlinie)

Richtlinie des Hessischen Ministeriums für Wirtschaft, Verkehr und Landesentwicklung vom 27. Februar 2010, Staatsanzeiger für das Land Hessen Nr. 12/2010, S. 886 (Richtlinien des Landes Hessen zur Förderung der regionalen Entwicklung)

Richtlinie des Ministeriums für Arbeit, Integration und Soziales vom 31. Mai 2011, Ministerialblatt für das Land Nordrhein-Westfalen Nr. 13 vom 8. Juni 2011, S. 152; zuletzt geändert durch Runderlass des Ministeriums für Arbeit, Integration und Soziales vom 30. Oktober 2012, Ministerialblatt für das Land Nordrhein-Westfalen Nr. 5 vom 7. März 2013, S. 84 (Bildungsscheck)

Richtlinie des Ministeriums für Arbeit, Soziales, Frauen und Familie vom 1. Oktober 2012, Amtsblatt für Brandenburg Nr. 46 vom 21. November 2012, S. 1611 (Beschäftigung von Innovationsassistenten)

Richtlinie des Ministeriums für Arbeit, Soziales, Frauen und Familie vom 30. Dezember 2009; Amtsblatt für Brandenburg Nr. 4 vom 3. Februar 2010, S. 119 (Förderung der Existenzgründung und Unternehmensnachfolge)

Richtlinie des Ministeriums der Finanzen vom 19. September 2008, Ministerialblatt für das Land Sachsen-Anhalt Nr. 35 vom 6. Oktober 2008, S. 677; geändert durch Bekanntmachung des Ministeriums der Finanzen vom 8. Dezember 2008, Ministerialblatt für das Land Sachsen-Anhalt Nr. 2 vom 26. Januar 2009, S. 18 (Bürgschaften des Landes Sachsen-Anhalt für Betriebsmittelkredite mit regionaler Zielsetzung)

Richtlinie des Ministeriums für Wirtschaft, Arbeit und Technologie vom 18. März 2010, Thüringer Staatsanzeiger Nr. 14 vom 6. April 2010, S. 392; geändert durch Bekanntmachung des Ministeriums für Wirtschaft, Arbeit und Technologie vom 1. Januar 2013, Thüringer Staatsanzeiger Nr. 15 vom 15. April 2013, S. 61 (Existenzgründerpass)

Richtlinie des Ministeriums für Wissenschaft und Wirtschaft vom 2. August 2011, Ministerialblatt für das Land Sachsen-Anhalt Nr. 35 vom 24. Oktober 2011, S. 482 (Förderung von Innovationsassistenten)

Richtlinie des Sächsischen Staatsministeriums für Wirtschaft, Arbeit und Verkehr vom 8. März 2011, Sächsisches Amtsblatt Nr. 12 vom 24. März 2011, S. 440 (Mittelstandsförderung – Gründungsberatung)

Richtlinie des Sächsischen Staatsministeriums für Wissenschaft und Kunst vom 24. Januar 2012, Sächsisches Amtsblatt Nr. 6 vom 9. Februar 2012, S. 163 (Beschäftigung von Innovationsassistenten und von hochqualifiziertem Personal)

Richtlinien vom 19. Juli 2010, Staatsanzeiger für das Land Hessen Nr. 31 vom 2. August 2010, S. 1860; geändert durch Bekanntmachung des Hessischen Ministeriums für Wirtschaft, Verkehr und Landesentwicklung vom 1. Dezember 2011, Staatsanzeiger für das Land Hessen Nr. 51 vom 19. Dezember 2011, S. 1556 (Innovationsförderung – Innovationsassistenten)

Richtlinien vom 26. April 2012, Amtsblatt des Saarlandes Teil Nr. 20 vom 10. Mai 2012, S. 551, (Zuwendungen für Beratungen kleiner und mittlerer Unternehmen, aktives Risikomanagement und Unternehmensnachfolge)

Richtlinie vom 3. Dezember 2008, Staatsanzeiger für das Land Hessen Nr. 52 *vom 22. Dezember 2008*, S. 3476; geändert durch Bekanntmachung des Hessischen Ministeriums für Wirtschaft, Verkehr und Landesentwicklung vom 1. Dezember 2011, Staatsanzeiger für das Land Hessen Nr. 51 vom 19. Dezember 2011, S. 1556 (Gründungs- und Mittelstandsförderung

Runderlass des Ministeriums für Wissenschaft und Wirtschaft vom 25. November 2009, Ministerialblatt für das Land Sachsen-Anhalt Nr. 39 vom 14. Dezember 2009, S. 764; geändert durch Bekanntmachung des Ministeriums für Wissenschaft und Wirtschaft vom 29. September 2010, Ministerialblatt für das Land Sachsen-Anhalt Nr. 31 vom 6. Dezember 2010, S. 610 (Förderung von Unternehmensgründungen)

Runderlass vom 28. Juli 2011; Rundschreiben der NRW.BANK vom 2. August 2011, Regionales Wirtschaftsförderungsprogramm Gewerbliche Wirtschaft Beratungsleistungen

Runderlass vom 30. November 2007, Ministerialblatt für das Land Nordrhein-Westfalen Nr. 37 vom 14. Dezember 2007, S. 861; zuletzt geändert durch Runderlass vom 1. Juli 2010, Ministerialblatt für das Land Nordrhein-Westfalen Nr. 27 vom 13. August 2010, S. 668 (Beratungsprogramm Wirtschaft)

Sygusch, Frank: *Nachfolgefinanzierung mittelständischer Unternehmen*, Wismarer Schriften zu Management und Recht, Band 13, 1. Auflage 2008

Verwaltungsvorschrift vom 13. Januar 2010, Ministerialblatt der Landesregierung Rheinland-Pfalz Nr. 4 vom 26. März 2010, S. 42; Pressemitteilung des Ministeriums für Wirtschaft vom 6. April 2010 (Innovationsassistenten in kleinen und mittleren Unternehmen)

Verwaltungsvorschrift vom 29. März 2010, Ministerialblatt der Landesregierung Rheinland-Pfalz Nr. 8 vom 9. Juli 2010, S. 103; Informationen des Ministeriums für Wirtschaft, Klimaschutz, Energie und Landesplanung, Stand Januar 201 (Betriebsberatungen für Existenzgründer)

Abkürzungsverzeichnis

AG	Aktiengesellschaft
ANBest-P	Allgemeine Nebenbestimmungen für Projektförderung
BMWi	Bundesministerium für Wirtschaft
BOB	Bürgschaft ohne Bank
BRZ	Bruttoraumzahl
ERP	European Recovery Program (Europäisches Wiederaufbauprogramm)
GRW	Geimeinschaftsaufgabe Verbesserung der regionalen Wirtschaftsstruktur
IHK	Industrie- und Handelskammer
KfW	Kreditanstalt für Wiederaufbau
KMU	Kleine und mittlere Unternehmen
LASA	Landesagentur für Struktur und Arbeit (Brandenburg)
u.a.m.	und anderes mehr
WiBank	Wirtschafts- und Infrasturkturbank Hessen
z. B.	zum Beispiel

Kurzporträt der Autorin

Marion Rohwedder (Jhrg. 1971) ist Geschäftsführerin des Unternehmens Grantconsult GmbH (*www.grantconsult.de*). Sie hat sich beginnend im Jahr 2001 inzwischen als Nischenspezialistin für öffentliche Fördermittelberatung etabliert. Neben ihrer beratenden Tätigkeit für Unternehmen unterschiedlichster Größe, Verbände, Start-ups und Berater führt sie einen Fördermittel-Blog (*http://grantconsult.blogspot.de*), hält Vorträge rund um das Thema Fördermittel und schreibt Fachartikel für Wirtschaftsverlage.

Stichwortverzeichnis